电气传动控制技术

钱晓龙　闫士杰　主编

北京
冶金工业出版社
2014

内 容 提 要

本书主要讲述电气传动控制技术。书中遵循理论和实际相结合的原则，针对不同的控制对象及要求，选择合适的控制规律、系统结构、单元部件和系统参数，使学习者建立起系统的工程概念。同时，从理论和实践的角度，阐述了电气传动系统控制的基本理论和相关技术，在强调闭环控制的前提下，介绍了系统的静态和动态性能、设计方法及系统的工程实现；并重点介绍了 PWM 控制技术、电压源型变频器、矢量控制变频器、同步电动机调速系统等传动系统的主流技术，力求反映最前沿的技术成果。

本书内容深入浅出、通俗易懂，非常适合作为自动化和电气工程类专业的本科生与研究生教材，对企业相关专业的工程技术人员也有参考价值。

图书在版编目(CIP)数据

电气传动控制技术/钱晓龙，闫士杰主编．—北京：冶金工业出版社，2013. 2(2014. 1 重印)
普通高等教育"十二五"规划教材
ISBN 978-7-5024-6156-0

Ⅰ.①电… Ⅱ.①钱… ②闫… Ⅲ.①电力传动—控制系统—高等学校—教材 Ⅳ.①TM921. 5

中国版本图书馆 CIP 数据核字(2013)第 024932 号

出 版 人　谭学余
地　　址　北京北河沿大街嵩祝院北巷 39 号，邮编 100009
电　　话　(010)64027926　电子信箱　yjcbs@ cnmip. com. cn
责任编辑　张耀辉　宋　良　美术编辑　李　新　版式设计　孙跃红
责任校对　李　娜　责任印制　牛晓波
ISBN 978-7-5024-6156-0
冶金工业出版社出版发行；各地新华书店经销；北京百善印刷厂印刷
2013 年 2 月第 1 版，2014 年 1 月第 2 次印刷
787mm×1092mm　1/16；12. 75 印张；309 千字；195 页
28. 00 元

冶金工业出版社投稿电话：(010)64027932　投稿信箱：tougao@ cnmip. com. cn
冶金工业出版社发行部　电话：(010)64044283　传真：(010)64027893
冶金书店　地址：北京东四西大街 46 号(100010)　电话：(010)65289081(兼传真)
(本书如有印装质量问题，本社发行部负责退换)

前　言

随着科技及其工程应用的发展，特别是数字化技术的实现，原有《自动控制系统》教材中的大部分内容已和当今工业实际系统不能吻合，教材内容严重滞后于当前的应用技术。而交流调速系统借助计算机技术、功率电子技术及现代控制理论的飞速进步，在生产生活中的应用越来越广泛，已成为传动领域的主流。这就促使着高校在基础教学中必须做出相应的调整或改革。交流传动系统对专业知识的要求很高，它涉及的知识面广、理论基础性强、实践应用性强，且需要创新能力，因此对教材进行改革创新不但势在必行，而且迫在眉睫。正是在这样的背景下，我们着手编写了本教材。根据教学大纲的要求，在编写过程中，我们力求做到教材内容的精选和完整，分析和论述的深入浅出与准确，理论与工程实践经验的融合。

本书以电机传动系统为研究对象，对自动控制系统的概念、系统的工作原理及其分析方法、系统的工程设计方法等进行了全面深入的介绍。全书共分6章：第1章是电气传动系统的基础，梳理了后续章节将要用到的交直流电动机基本理论的分析方法；第2章为自动控制系统的设计，着重介绍了系统的基本概念、组成原理及设计思路；第3章以闭环控制直流调速系统为例，讲解了各种多闭环调速系统的工程设计方法；第4章为电压型变频调速系统，详细讲述了PWM变频器的工作原理，介绍了适于大功率电动机的三电平逆变器及其空间矢量调制模式；第5章根据交流电动机的基本原理，通过引入空间矢量方法，经过坐标变换，仿照直流电动机调速系统，建立异步电动机矢量控制系统；第6章以可逆式轧机主传动为背景，分析了目前广泛采用的同步电动机矢量控制系统设计方法。

本书由东北大学教师组织编写，其中，第1章、第4章和第5章由闫士杰副教授编写，第3章由谭树彬副教授编写，第2章和第6章由钱晓龙教授编写。

由于作者水平所限，书中不足之处在所难免，恳请读者批评指正。

编　者

2012年11月

目　录

1　电气传动系统基础

【内容提要】本章在介绍交直流电动机调速类型的基础上，阐述了可控直流电源的控制方式以及直流调速的机械特性；交流电动机调速的恒磁通和恒功率变频原则，以及四象限运行的机械特性；分别讲解180°导电型六拍变频器、120°导电型六拍变频器和PWM型变频器的工作原理和输出波形。

1.1　直流调速概述

1.1.1　直流电机

直流调速系统有着成熟的数学模型，调速精度高，应用范围广，具有极好的运行性能和控制特性，以及良好的启动、制动性能，易于在较大范围内平滑调速。所以，在轧钢机、矿井卷扬机、挖掘机、海洋钻机、金属切削机床、造纸机、高层电梯等需要高性能可控电力拖动的领域中，直流调速系统得到广泛应用，并且在很长一段时间内一直占据垄断地位。

为了更好地分析直流调速系统，这里首先回顾一下直流电机的工作原理以及直流电机的调速方式。

1.1.1.1　直流电机的定义及结构

A　直流电机的定义

输出或输入为直流电能的旋转电机，称为直流电机，它是能实现直流电能和机械能互相转换的电机。当它作电动机运行时是直流电动机，将电能转换为机械能；作发电机运行时是直流发电机，将机械能转换为电能。

B　直流电机的结构

直流电机的结构如图1－1所示。

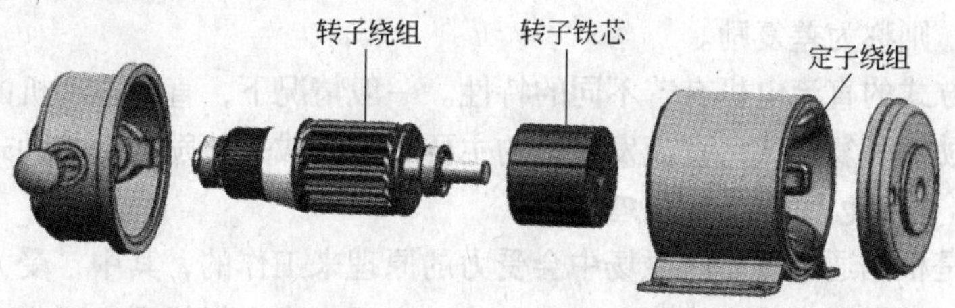

图1－1　直流电机的结构

直流电机由定子和转子两部分组成，其间有一定的气隙。其构造的主要特点是具有一个带换向器的电枢。直流电机的定子由机座、主磁极、换向磁极、前后端盖和刷架等部件组成，其中主磁极是产生直流电机气隙磁场的主要部件，由永磁体或带有直流励磁绕组的叠片铁芯构成。直流电机的转子则由电枢、换向器（又称整流子）和转轴等部件构成，其中电枢由电枢铁芯和电枢绕组两部分组成。电枢铁芯由硅钢片叠成，在其外圆处均匀分布着齿槽，电枢绕组则嵌置于这些槽中。换向器是一种机械整流部件，由换向片叠成圆筒形后，利用金属夹件或塑料紧固成型为一个整体，各换向片间互相绝缘。换向器的质量对运行可靠性有很大影响。

1.1.1.2 直流电机的分类

直流电机的励磁方式是指对励磁绕组如何供电以产生励磁磁通势而建立主磁场的问题。根据励磁方式的不同，直流电机可分为下列几种类型，如图 1－2 所示。

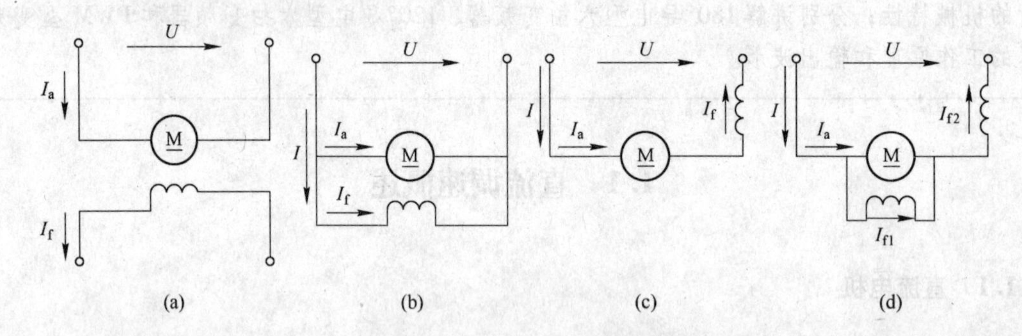

图 1－2 直流电机的励磁方式

（a）他励直流电机；（b）并励直流电机；（c）串励直流电机；（d）复励直流电机

（1）他励直流电机。励磁绕组与电枢绕组无连接关系，而由其他直流电源对励磁绕组供电的直流电机称为他励直流电机，接线如图 1－2（a）所示。图中 M 表示电动机，若为发电机，则用 G 表示。永磁直流电机也可看做他励直流电机。

（2）并励直流电机。并励直流电机的励磁绕组与电枢绕组相并联，接线如图 1－2（b）所示。对于并励发电机来说，其通过电机本身发出来的端电压为励磁绕组供电；对于并励电动机来说，励磁绕组与电枢共用同一电源，从性能上讲与他励直流电动机相同。

（3）串励直流电机。串励直流电机的励磁绕组与电枢绕组串联后，再接于直流电源，接线如图 1－2（c）所示。这种直流电机的励磁电流就是电枢电流。

（4）复励直流电机。复励直流电机有并励和串励两个励磁绕组，接线如图 1－2（d）所示。串励绕组产生的磁通势与并励绕组产生的磁通势方向相同时称为积复励。若两个磁通势方向相反，则称为差复励。

不同励磁方式的直流电机有着不同的特性。一般情况下，直流电动机的主要励磁方式是并励式、串励式和复励式，直流发电机的主要励磁方式是他励式、并励式和复励式。

1.1.1.3 直流电机的工作原理

直流电机是根据通电导体在磁场中会受力的原理来工作的，其中，受力方向由左手定则确定。电动机的转子上绕有线圈，通入电流；定子作为磁场线圈也通入电流，产生定子磁场。通入电流的转子线圈在定子磁场中，就会产生电动力，推动转子旋转。转子电流是通过换向器（整流子）上的炭刷连接到直流电源的。

直流电机的可逆运行原理如下：

一台直流电机原则上既可以作为电动机运行，也可以作为发电机运行，这在电机理论中称为可逆原理。当原动机驱动电枢绕组在主磁极 N、S 之间旋转时，电枢绕组上感生出电动势，经电刷、换向器装置整流为直流后，引向外部负载（或电网），对外供电，此时电机作直流发电机运行。如用外部直流电源，经电刷、换向器装置将直流电流引向电枢绕组，则此电流与主磁极 N、S 产生的磁场互相作用，产生转矩，驱动转子与连接于其上的机械负载工作，此时电机作直流电动机运行。

1.1.2 可控直流电源

直流调速系统中的可控直流电源随着电力电子技术的发展也在不断地更新换代，常用的可控直流电源主要包括旋转变流机组、静止可控整流器、直流斩波器或脉冲调制变换器三类。

1.1.2.1 旋转变流机组

20 世纪 40 年代的可控直流电源是旋转变流机组。它由交流同步电动机或交流异步电动机带动直流发电机，直流发电机直接为直流电动机供电，直流电动机再带动生产机械。通过调节发电机励磁电流的大小，可以方便地改变直流发电机的输出电压，从而达到调节直流电动机转速的目的。改变发电机励磁电流的方向，即可以改变发电机输出电压的极性，从而实现直流电动机的可逆运行。这种系统简称为 G－M 系统。在 G－M 系统中，直流发电机的磁场是由作为功率放大器的交磁放大机直接供电的，所以称之为放大机控制的发电机－电动机组调速系统。由于在这种可控直流电源中旋转设备多，所以简称其为旋转变流机组。

旋转变流机组在 20 世纪 40～60 年代得到广泛应用，在一些不发达的国家或地区，现在也还有这样的调速系统在运行，但其肯定要成为被改造的对象。这种调速系统包含与调速直流电动机容量相当的交流电动机和放大机组，因而设备多，占地大，运行费用高，安装需打地基，运行有噪声，维护不方便。因此，研制静止可控直流电源成为一种必然的需求。

1.1.2.2 静止可控整流器

（1）水银整流器。作为可控直流电源的水银整流器于 20 世纪 50 年代问世。由于水银整流器是静止的，所以它克服了旋转变流机组的许多缺点，但由于水银的泄漏会严重污染环境，危害人身健康，并且造价高、难以维护，因而在 20 世纪 50 年代末期就被另一种静止可控直流电源——晶闸管变流装置所取代。

（2）晶闸管变流装置。1957 年，晶闸管研制成功，晶闸管的诞生使变流技术产生了根本性的变革。到了 20 世纪 60 年代，成套的晶闸管变流装置（整流器）投入生产。由晶闸管变流装置为直流电动机供电的调速系统称为晶闸管－直流电动机调速系统，简称为 V－M 系统。直到如今，V－M 系统仍然显示出强大的生命力，是直流调速系统的主要形式。图1－3为 V－M 系统的原理图。

在图 1－3 中，晶闸管可控整流装置 V 可以是单相、三相或多相整流电路。系统的工作原理是：由转速给定电位器取出转速给定信号（控制信号）U_n^*，控制触发器输出脉冲的相位，从而改变晶闸管整流装置输出电压 U_d 的大小，实现直流电动机的平滑无级调速。与旋转变流机组相比，晶闸管变流装置有以下优点：

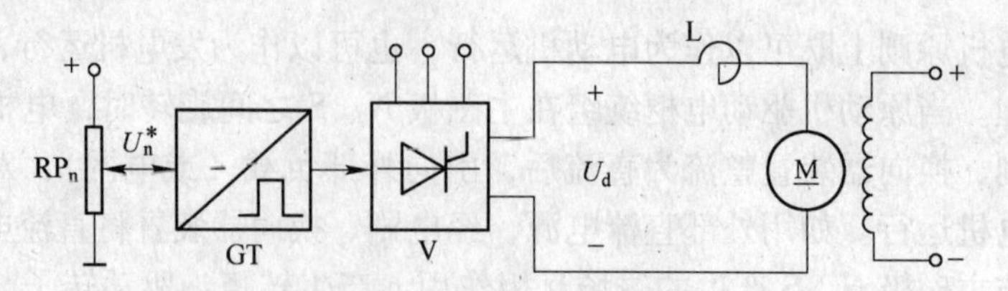

图 1－3 晶闸管－直流电动机调速系统原理图

RP_n—转速给定电位器；GT—触发器；V—晶闸管整流器；

U_n^*—转速给定电压；L—平波电抗器

1）晶闸管变流装置的功率放大倍数在 10^4 以上，比机组放大倍数高三个数量级，且门极控制所需功率也很小，不需要像直流发电机组那样大的功率放大器。

2）晶闸管变流装置的响应速度为毫秒级，机组的响应速度为秒级，大大提高了系统的快速性。

3）晶闸管变流装置的效率高，设备投资及运行费用低。

4）晶闸管变流装置无噪声，无磨损，体积小，重量轻。

5）晶闸管变流装置可靠性高，维护方便。

晶闸管变流装置的缺点是：

1）需要有可靠的保护装置以及符合散热要求的散热条件，如散热片、风冷、水冷等。

2）晶闸管变流装置中的半导体元件对过电压、过电流以及过高电压变化率 $\frac{du}{dt}$ 与电流变化率 $\frac{di}{dt}$ 都很敏感，任何一项指标超过允许范围都可在很短时间内使元件遭到破坏。因此，选择元件时，电流、电压等参数都要有足够的余量，对过高的 $\frac{du}{dt}$ 与 $\frac{di}{dt}$ 要采取限制措施，以保护晶闸管。

3）功率因数低，有较大的谐波，尤其是在晶闸管的导通角较小时尤为严重。当晶闸管变流装置的容量在电网中占有较大的比重时，就要考虑增设无功补偿与滤波装置。

1.1.2.3 直流斩波器或脉冲调制变换器

直流斩波器是将恒定的直流电压斩波为有一定宽度的脉冲电压加在负载两端的装置。显然它是接在恒定直流电压与负载之间、用以改变负载直流电压平均值的。若负载为直流电动机，则构成直流斩波器或脉冲调制变换器供电的直流调速系统，如图 1－4 所示。晶闸管斩波器是把晶闸管作为开关，用以接通或关断电路。

在图 1－4（a）中，作为开关使用的晶闸管 VT 在电路中总是承受正向恒定直流电压的。当给晶闸管控制极施加脉冲时，晶闸管 VT 导通，相当于开关闭合，恒定直流电源电压施加在负载两端。晶闸管 VT 一旦导通，就不能再采用门极触发信号使其关断，只能采用强迫关断电路，才能使晶闸管承受反向电压而关断。晶闸管关断期间，电路中电感 L 贮存的能量从续流二极管 VD 中释放。

在图 1－4（b）中，t_{on} 为晶闸管的导通时间，T 为晶闸管的通断周期。在 t_{on} 时间内，脉冲幅值为恒定直流电源电压，加在负载两端电压的平均值 U_d 低于恒定直流电源电压值。由图 1－4（b）可见，输出到负载两端脉冲电压的平均值为

$$U_d = \frac{t_{on}}{T} U_s = \rho U_s \tag{1-1}$$

式中 ρ——负载电压系数或占空比，$\rho=\frac{t_{on}}{T}=t_{on}f=\frac{U_d}{U_s}$（$0\leqslant\rho\leqslant1$）。

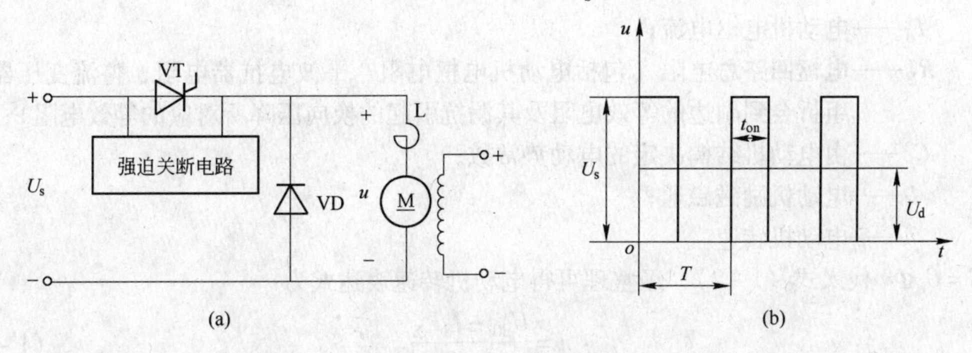

图1-4 斩波器-电动机系统的原理与电压波形
（a）原理；（b）电压波形

由式（1-1）可以看出，改变输出电压 U_d的大小有两种办法：

（1）脉冲周期 T保持不变，改变晶闸管 VT 的导通时间 t_{on}，即改变脉冲宽度，一般称其为脉冲宽度调制（Pulse Width Modulation，简称为 PWM）；

（2）晶闸管 VT 导通时间 t_{on}保持不变，改变开关频率或开关周期 T，一般称其为脉冲频率调制（Pulse Frequency Modulation，简称为 PFM）。

普通晶闸管的关断时间比较长，约在100μs以上。所以，由普通晶闸管构成的斩波器开关频率较低（100～200Hz），电路输出的电流脉动较大。采用逆导晶闸管构成的斩波器虽开关频率有所增加，但仍受到一定限制。20世纪70年代以来，全控式电力电子器件问世，如GTO（门极可关断晶闸管）、MOSFET（电力场效应管）、IGBT（绝缘栅双极晶体管）等。全控式器件的关断时间短，由其构成的斩波器，工作频率可达1～4kHz，甚至达到20kHz。采用全控式器件实现关断时，多采用 PWM 控制方式，构成 PWM 装置-电动机系统，简称为 PWM 调速系统或脉宽调速系统。

与 V-M 直流调速系统相比，PWM 调速系统具有如下优越性：

（1）由于 PWM 开关频率较高，仅靠电枢电感这样小的电感就可使负载电流的脉动很小，因此，PWM 调速系统的电枢电流极易连续，系统低速性能好，稳态精度高，调速范围宽；由于谐波少，所以电动机损耗小，发热少。

（2）系统频带宽，快速响应性能好，动态抗扰能力强。

（3）主电路线路简单，损耗小，效率高。

（4）直流电源可采用不控整流，电网功率因数高。

受器件容量的限制，直流 PWM 调速系统只用于中、小功率的系统，在诸如电力机车等驱动装置中得到广泛应用。

1.1.3 直流调速系统的调速方式及机械特性

以 V-M 系统为例，对于晶闸管直流调速系统（见图1-3），在电枢电流连续的情况下，当系统处于稳态运行时，其主电路电压平衡方程为

$$U_{d0}=E+I_dR_{\Sigma} \tag{1-2}$$

式中 U_{d0}——晶闸管变流装置空载输出电压；

E——电动机反电动势，$E=C_e\Phi n$；

I_d——电动机电枢电流；

R_Σ——电枢回路总电阻（包括电动机电枢电阻、平波电抗器电阻、整流变压器绕组折合到副边的等效电阻及其漏抗引起的换向压降所对应的等效电阻）；

C_e——由电动机结构决定的电动势常数；

Φ——电动机励磁磁通；

n——电动机转速。

将 $E=C_e\Phi n$ 代入式（1-2），经整理可得电动机转速表达式为

$$n=\frac{U_{d0}-I_dR_\Sigma}{C_e\Phi} \tag{1-3}$$

由式（1-3）可知，V-M 系统的调速方式有以下三种：

（1）保持电动机磁场为额定值，改变电动机电枢两端电压，实现电动机在一定转速范围的平滑调速，如图 1-5 所示。

（2）电动机电枢两端电压保持额定值不变，减弱电动机磁场（即减弱励磁磁通 Φ），实现在电动机基速（额定转速）以上范围的调速，如图 1-6 所示。

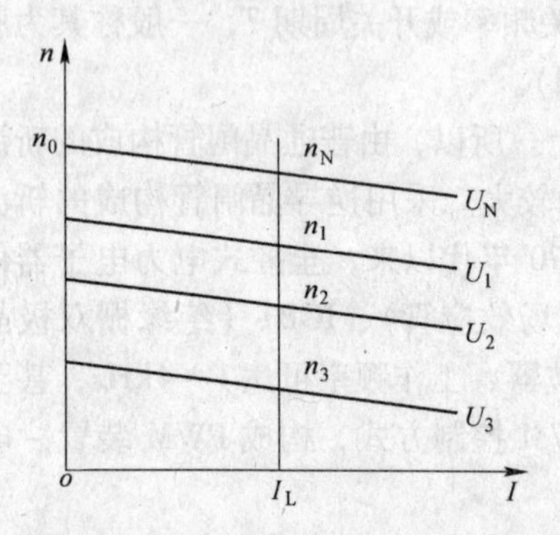

图 1-5 调压调速特性曲线

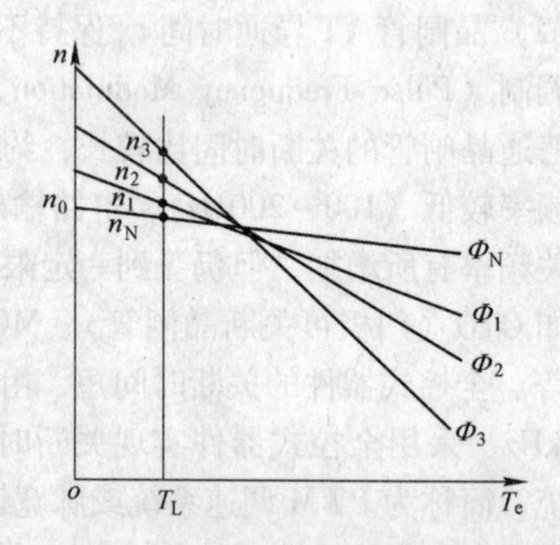

图 1-6 调磁调速特性曲线

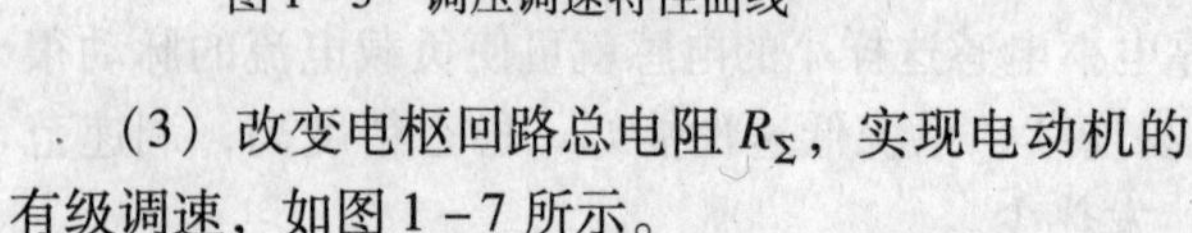

（3）改变电枢回路总电阻 R_Σ，实现电动机的有级调速，如图 1-7 所示。

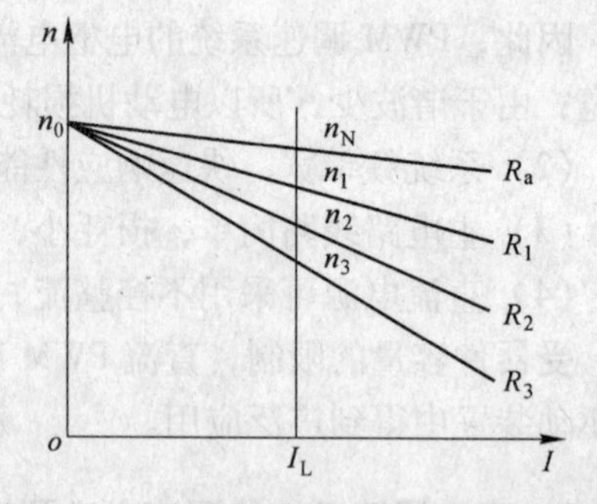

图 1-7 改变电枢回路电阻调速特性曲线

在这几种调速方式中，第一种方式最为常见，调速范围也大；第二种调速方式虽然也能平滑调速，但调速范围不大，而且不能单独作为一种调速方式来使用，需要与第一种调速方式配合使用；第三种调速方式由于电阻本身消耗电能，而且只能实现有级调速，所以一般很少使用。

由式（1-3）可推导出开环 V-M 系统的机械特性如下：

$$n=\frac{U_{d0}-I_dR_\Sigma}{C_e\Phi}=n_0-\Delta n_{op} \tag{1-4}$$

式中 U_{d0}——空载整流电压，$U_{d0}=AU_2\cos\alpha$；对三相零式整流电路，$A=1.17$；对三相全控桥式整流电路，$A=2.34$；

U_2——整流变压器副边相电压有效值；

n_0——对应脉冲移相角 α 的理想空载转速，$n_0=\dfrac{U_{d0}}{C_e\Phi}=\dfrac{AU_2\cos\alpha}{C_e\Phi}$；

Δn_{op}——V-M 系统的开环转速降落；

$\Delta n_{op}=\dfrac{I_d R_\Sigma}{C_e\Phi}$。

开环 V-M 系统的机械特性如图 1-8 所示。

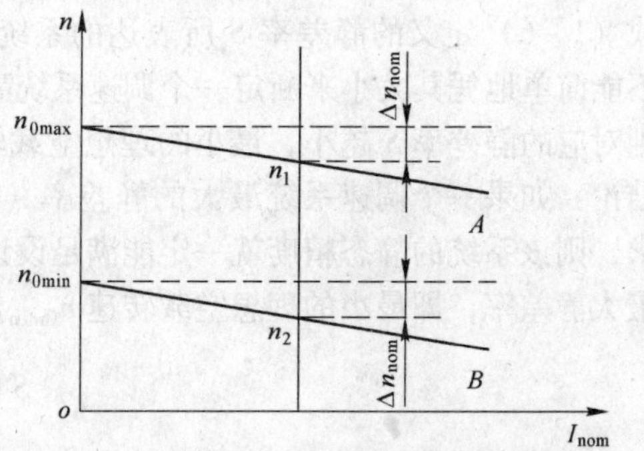

图 1-8 开环 V-M 系统的机械特性
I_{nom}—电动机额定电流；n_{0max}—最高理想空载转速；n_{0min}—最低理想空载转速

1.1.4 生产机械对调速系统的控制要求及调速指标

生产机械对调速系统的控制要求，一般可概括为静态调速指标与动态调速指标。

1.1.4.1 静态调速指标

静态调速指标要求调速系统能在最高转速与最低转速之间调节转速，并且要求系统能在不同转速下稳定地工作。调速系统的静态指标包括调速范围和静差率。下面结合图 1-8 所示的 V-M 系统机械特性，分别给出两个调速系统的静态指标。

A 调速范围

在额定负载时，生产机械要求电动机提供的最高转速 n_{max} 与最低转速 n_{min} 之比称为调速范围，用字母 D 表示：

$$D=\frac{n_{max}}{n_{min}} \tag{1-5}$$

许多生产机械对调速范围有较高的要求。例如，在额定负载下，重型铣床的进给机构快速移动时，最高转速可达到 600mm/min；而精加工时，最低转速却只有 2mm/min，最高转速是最低转速的 300 倍，即 V-M 系统的调速范围为 300。

在不弱磁的调速系统中，电动机的最高转速 n_{max} 就是额定转速 n_{nom}。

B 静差率

当调速系统在某一转速下稳定运行时，负载由零增加到额定值所产生的静态转速降落 Δn_{nom} 与对应的理想空载转速之比称为静差率，用 S 表示：

$$S=\frac{\Delta n_{nom}}{n_0} \tag{1-6}$$

也可用百分数表示为

$$S=\frac{\Delta n_{nom}}{n_0}\times 100\% \tag{1-7}$$

静差率是用来衡量调速系统静态精度的一个性能指标。由式（1-6）或图 1-8 可以看出，在同一理想空载转速下，调速系统的静差率越小，则表明该系统静态速降 Δn_{nom} 越小，即系统的机械特性越硬，也就是说该系统具有越高的静态精度。同时，我们也清楚地看到，对同一调速系统，对应不同的理想空载转速会得到大小不同的静差率，因此，按照式（1-6）定义的静差率 S 所表达的系统静态精度是相对（理想空载转速）静态精度，不能简单地凭其大小来断定一个调速系统静态精度的优劣。显然，理想空载转速 n_0 越大，则对应的静差率 S 越小，最小的理想空载转速 $n_{0\min}$ 将对应最大的静差率。综上不难得出结论：如果一个调速系统最大的静差率（$n_{0\min}$ 所对应的 S）能满足设计对静态精度的要求，则该系统的静态精度就一定能满足设计要求。因此，设计系统时要求的静差率指的是最大静差率，即最小的理想空载转速 $n_{0\min}$ 所对应的静差率：

$$S=\frac{\Delta n_{\mathrm{nom}}}{n_{0\min}} \tag{1-8}$$

应该说明的是，调速范围 D 和静差率 S 是两个相互关联的技术指标，单用其中一个指标是不能完全反映系统静态性能的。下面对调速范围与静差率之间的关系进行推导和分析。

根据调速范围 D 和静差率 S 的定义，可进行如下推导：

$$D=\frac{n_{\max}}{n_{\min}}=\frac{n_{\mathrm{nom}}}{n_{0\min}-\Delta n_{\mathrm{nom}}}=\frac{n_{\mathrm{nom}}}{n_{0\min}\left(1-\dfrac{\Delta n_{\mathrm{nom}}}{n_{0\min}}\right)}=\frac{Sn_{\mathrm{nom}}}{\Delta n_{\mathrm{nom}}(1-S)} \tag{1-9}$$

由式（1-9）可清楚地看出调速系统的两个静态性能指标之间的内在联系。当希望静差率 S 小时，系统允许的调速范围 D 也变小；若要增大调速范围 D，则静差率 S 也随之变大。在一定的静差率 S 下，只有设法减小静态速降 Δn_{nom}，调速范围 D 才能扩大。但是在负载一定时（如额定负载），转速降落是由电枢回路总电阻 R_Σ 决定的，即 $\Delta n_{\mathrm{nom}}=\dfrac{R_\Sigma I_{\mathrm{nom}}}{C_e\Phi}$，而系统一旦组成后 R_Σ 是无法减小的，这就决定了开环系统的静差率较大，而能够达到的调速范围很小，从而使开环系统的实际应用受到了限制。

例如，某开环 V-M 系统，直流电动机额定转速 $n_{\mathrm{nom}}=1450\mathrm{r/min}$，额定负载时的静态速降 $\Delta n_{\mathrm{nom}}=115\mathrm{r/min}$。若工艺要求的静差率 $S=0.2$，则调速范围 $D=\dfrac{1450\times0.2}{115\times(1-0.2)}=3.15$；若要求 $S=0.1$，则 $D=1.4$。

由此可见，调速系统的相对稳态精度越高，即要求的 S 值越小，则系统的开环调速范围也越小。这种矛盾的解决方法只能是减小 Δn_{nom}，使机械特性变硬，直至与横轴平行（$\Delta n_{\mathrm{nom}}=0$）。当然，这是开环系统办不到的。只有按反馈控制原理构成转速闭环系统，才是减小或消除静态速降的有效途径。

1.1.4.2 动态调速指标

动态调速指标要求系统启动、制动快而平稳，即当电动机在某一转速下稳定运行时，若受负载变化、交流电源电压波动等外界因素的影响，转速波动应尽量小。调速系统的动态指标请参见第 2.2.2 节。

1.2 交流调速概述

1.2.1 交流电动机调速的基本类型

交流电动机的同步转速表达式为

$$n_1=\frac{60f_1}{p} \tag{1-10}$$

根据异步电动机转差率的定义

$$s=\frac{n_1-n}{n_1}=1-\frac{n}{n_1} \tag{1-11}$$

可知异步电动机的转速为

$$n=n_1(1-s)=\frac{60f_1}{p}(1-s) \tag{1-12}$$

异步电动机的调速方法可以有变极对数、变转差率及变频三种。其中变转差率的方法又可以通过调定子电压、转子电阻、转差电压以及定、转子供电频率差等方法来实现。

同步电动机的调速可以用改变供电频率，从而改变同步转速的方法来实现。这样，交流电动机就有很多不同的调速方法，如下所示：

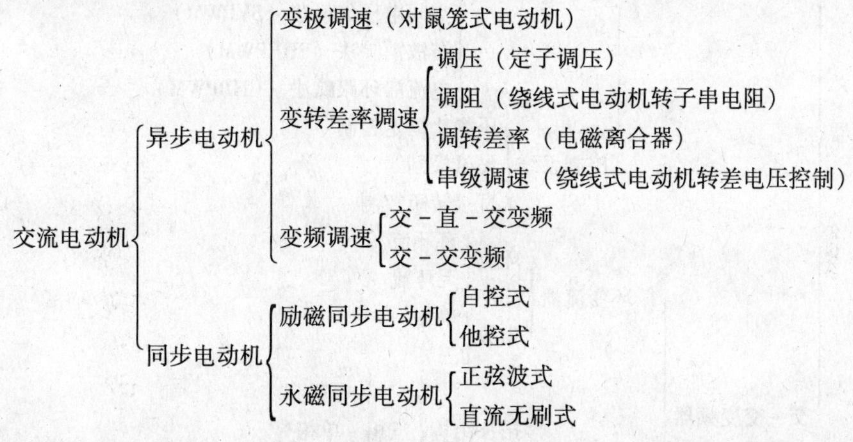

在上述各种调速方法中，异步电动机的变频调速及同步电动机的变频调速很受人们重视，并且已在工业中获得了广泛应用。

靠改变转差率对异步电动机进行调速时，由于低速时转差率大，转差损耗也大，所以效率低。在串级调速中通过“能量回馈”的办法将这部分功率加以利用，可以提高效率。

变频调速方法与变转差率调速方法有本质的不同。变频调速时，从高速到低速都可以保持转差率基本不变，因而变频调速具有高效率、宽范围和高精度的调速性能。可以认为变频调速是交流电动机的一种比较合理和理想的调速方法。

为了使交流电动机供电频率可变，需要一套变频电源。早期的变频电源是采用一整套旋转变频机组来改变电源频率，这套设备不但投资大、效率低，而且可靠性也差。现在的变频电源是采用可关断功率器件和应用先进计算机的频率可连续调节的变频器。随着电力电子技术、微型计算机和控制理论的发展，变频器也得到了快速发展，其在系统效率、可靠性、控制精度和调速范围等方面不断提高。从小到几毫瓦的仪表执行器、几千瓦的电机调速器，大到几百兆瓦的轧钢机、大型轮船驱动和铁路机车牵引等，变频器的应用领域不断扩大。目前变频调速是交流电动机调速的主要发展方向。

变频器可以分为交－直－交变频器与交－交变频器两大类。前者又称为间接式变频器，后者又称为直接式变频器。每一类又可以根据不同分类方法加以区分，如下所示：

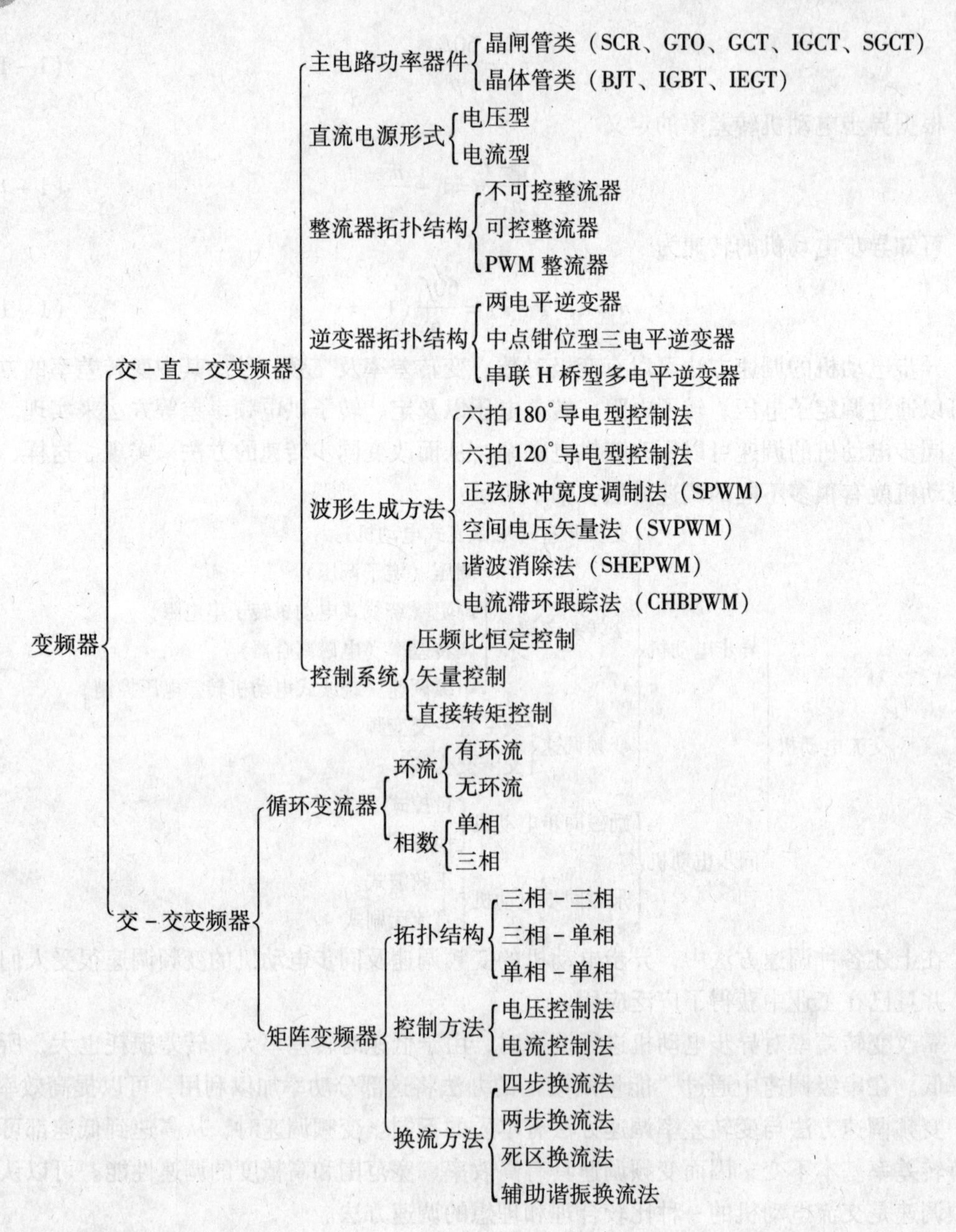

1.2.2　变频调速的原则

三相异步电动机当极对数一定时，其同步转速与定子电源的频率 f_1 成正比，改变 f_1 即可改变同步转速，达到调速的目的。通常把异步电动机定子的额定频率称为基频（特殊情况下，可以定义基频为指定频率）。变频调速时，通常在基频以下采用恒磁通变频调速，在基频以上采用恒功率变频调速。

根据控制方式的不同，主要有两种不同的变频调速原则：

（1）恒磁通变频调速。

（2）恒功率变频调速。

下面分别讨论各变频调速原则的控制条件及其机械特性。

1.2.2.1 恒磁通变频调速

依据电磁感应定律，三相异步电动机的导体基波电势 e_1 的表达式为

$$e_1 = E_{1m}\sin \omega t \tag{1-13}$$

其中

$$E_{1m} = B_{1m} l v \tag{1-14}$$

$$v = 2p\tau \frac{n_1}{60} \tag{1-15}$$

每极磁通和磁通密度为

$$\Phi_m = B_{av}\tau l = \left(\frac{2}{\pi}B_{1m}\right)\tau l \tag{1-16}$$

$$B_{1m} = \frac{\pi\Phi_m}{2\tau l} \tag{1-17}$$

式中 Φ_m——每极磁通幅值；

E_{1m}——导体基波电势的最大值；

B_{av}——平均磁通密度；

B_{1m}——磁通密度最大值，它是平均磁通密度的$\frac{\pi}{2}$倍；

v——切割线速度；

τ——极距；

l——导体长度；

p——极对数。

将式（1-15）、式（1-17）和式（1-10）代入式（1-14）中，并考虑匝电势的有效值是导体电势的2倍，$E_1 = \frac{2E_{1m}}{\sqrt{2}}$，以及电动机绕组的绕组系数，则三相异步电动机的每相电势有效值为

$$E_1 = 4.44k_{w1}N_1 f_1 \Phi_m \tag{1-18}$$

从式（1-18）可得电动机磁通为

$$\Phi_m = \frac{1}{4.44k_{w1}N_1}\frac{E_1}{f_1} \tag{1-19}$$

式中，$\frac{1}{4.44k_{w1}N_1}$为常数。

如果忽略定子压降，则 $U_1 \approx E_1$，上式可写成

$$\Phi_m = \frac{1}{4.44k_{w1}N_1}\frac{U_1}{f_1} \tag{1-20}$$

在变频调速时，如果只降低定子频率 f_1 而定子每相电压保持额定值不变，则 Φ_m 要增大。由于在 $U_1 = U_N$、$f_1 = f_N$ 时电动机的主磁路就已接近饱和，若 Φ_m 再增大，主磁路必然过饱和，这将使励磁电流急剧增大，铁损耗增加，$\cos\varphi$ 下降。反之，如果频率往上升高，磁通减少，则在一定的负载下有过电流的危险，这也是不允许的。为此通常要求磁通保持恒定，即 Φ_m 为恒定值。

从式（1－20）可见，若在降低 f_1 时，U_1 也随之降低，则可保持 Φ_m 不变，从而可避免上述现象发生。因此在基频以下变频调速时，应采用恒磁通控制，也就是压频比恒定控制。控制曲线如图 1－9 所示。

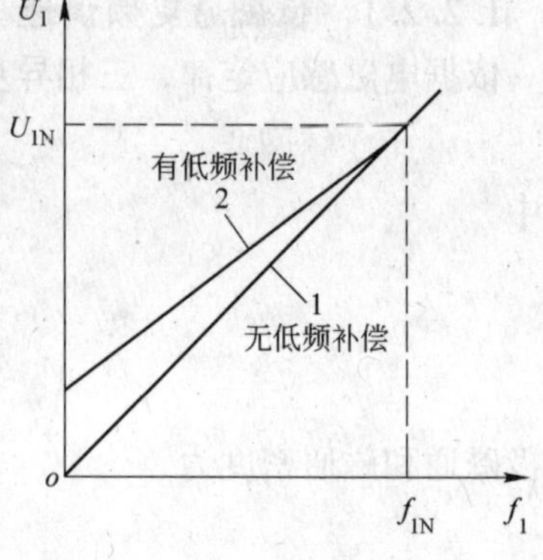

图 1－9 恒压频比控制特性

基频以下调速时，恒压频比控制的方法主要有以下两种。

（1）保持 E_1/f_1 等于常数。当 E_1/f_1 等于常数时，按式（1－19）气隙磁通为常值，这是理想恒磁通控制方式。此时电动机的电磁转矩为

$$T=\frac{P_M}{\Omega_1}=\frac{3I'^2_2\frac{r'_2}{s}}{\frac{2\pi f_1}{p}}=\frac{3p}{2\pi f_1}\left[\frac{E_1}{\sqrt{\left(\frac{r'_2}{s}\right)^2+x'^2_2}}\right]^2\frac{r'_2}{s}$$

$$=\frac{3p}{2\pi}\left(\frac{E_1}{f_1}\right)^2\frac{sf_1r'_2}{r'^2_2+(sx'_2)^2}$$

$$=\frac{3p}{2\pi}\left(\frac{E_1}{f_1}\right)^2\frac{sf_1r'_2}{r'^2_2+(2\pi)^2(sf_1)^2L'^2_{l2}} \tag{1-21}$$

式中，$x'_2=\omega_1L'_{l2}=2\pi f_1L'_{l2}$，$L'_{l2}$ 为转子每相漏电感的折算值。

式（1－21）是保持 E_1/f_1 等于常数进行变频调速时的机械特性方程式。下面根据该式分析此机械特性的特点。

式（1－21）的右边，除 sf_1 以外，其他各量都是常数。当电动机拖动恒定负载 T_L 在不同的 f_1 下稳定运行时，$T=T_L=$ 常数，则由式（1－21）可知，$sf_1=f_2=\frac{p}{60}(n_1-n)=\frac{p}{60}\Delta n=$ 常数。其中，$\Delta n=n_1-n$ 是在不同频率下由负载转矩 T_L 产生的转速降。可见 Δn 仅由 T_L 决定，与 f_1 无关，因此保持 E_1/f_1 等于常数进行变频调速，f_1 为不同值时的各机械特性曲线是互相平行的。将式（1－21）对 s 求导，并令 $\mathrm{d}T/\mathrm{d}s=0$，即可得到产生最大转矩时的转差率，即

$$s_m=\frac{r'^2}{2\pi f_1L'_{l2}} \tag{1-22}$$

将式（1－22）代入式（1－21）中即得最大转矩为

$$T_{max}=\frac{3p}{8\pi^2}\frac{1}{L'_{l2}}\left(\frac{E_1}{f_1}\right)^2 \tag{1-23}$$

以上说明保持 E_1/f_1 等于常数进行变频调速时，不同频率下电动机产生的最大转矩不变。

根据式（1－21）和式（1－23）画出的保持 E_1/f_1 等于常数，即进行恒磁通变频调速时的机械特性如图 1－10 所示。这种调速方法与他励直流电动机调压调速相似，具有机械特性较硬、在一定静差率要求下调速范围宽、低速下运行时稳定性好等优点。由于频率可以连续调节，所以变频调速为无级调速，调速的平滑性好。此外，电动机拖动正常负载在不同转速下运行时，转差率较小，因此转子铜耗小，效率高。

下面分析恒磁通变频调速属于哪一种调速方式。

恒磁通变频调速时保持 E_1/f_1 为常数，令此常数为 C，则 $E_1=Cf_1$。此时转子电流为

$$I'_2=\frac{E_1}{\sqrt{\left(\frac{r'_2}{s}\right)^2+x'^2_2}}=\frac{Csf_1}{\sqrt{r'^2_2+(2\pi)^2(sf_1)^2L'^2_{l2}}}\tag{1-24}$$

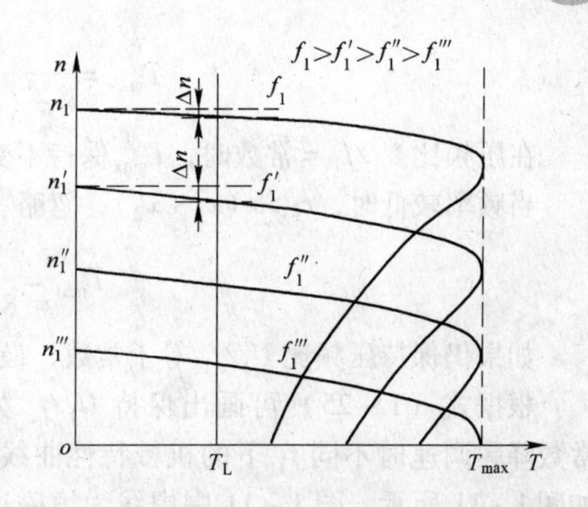

图 1-10 E_1/f_1 为常数时的变频调速机械特性

式中，r'_2、C 及 L'_{l2} 等均为常数，因此 I'_2 仅由 sf_1 决定。由式（1-21）可知，若 T 为常数，sf_1 也为常数，因此根据式（1-24），I'_2 也是常数，与 f_1 无关。当 $T=T_N$ 时，$I'_2=I'_{2N}$，$I_1=I_{1N}$。所以，保持 U_1/f_1 为常数的变频调速属于恒转矩调速方式。

（2）保持 U_1/f_1 等于常数。由于电动机电势 E_1 不能直接检测，常用 $U_1\approx E_1$ 来近似计算，所以 U_1/f_1 等于常数的恒压频比控制是一种近似恒磁通控制方式，也是异步电动机变频调速常采用的一种配合控制方式。

电动机的电磁转矩为

$$T=\frac{3pU_1^2\frac{r'_2}{s}}{2\pi f_1\left[\left(r_1+\frac{r'_2}{s}\right)^2+(x_1+x'_2)^2\right]}$$

$$=\frac{3p}{2\pi}\left(\frac{U_1}{f_1}\right)^2\frac{sf_1r'_2}{(sr_1+r'_2)^2+(2\pi)^2(sf_1)^2(L_{l1}+L'_{l2})^2}\tag{1-25}$$

该式是在基频以下保持 U_1/f_1 为常数时不同频率下的机械特性方程式。其不同频率下的最大转矩为

$$T_{max}=\frac{1}{4\pi f_1}\frac{3pU_1^2}{\left[r_1+\sqrt{r_1^2+(x_1+x'_2)^2}\right]}$$

$$=\frac{3p}{4\pi}\left(\frac{U_1}{f_1}\right)^2\frac{1}{\frac{r_1}{f_1}+\sqrt{\left(\frac{r_1}{f_1}\right)^2+(2\pi)^2(L_{l1}+L'_{l2})^2}}\tag{1-26}$$

$$s_m=\frac{r'_2}{\sqrt{r_1^2+(2\pi f_1)^2(L_{l1}+L'_{l2})^2}}\tag{1-27}$$

式（1-26）表明，保持 U_1/f_1 为常数降低频率调速时，最大转矩 T_{max} 将随 f_1 的降低而减小。这是由定子电阻 r_1 上的压降引起的。当 f_1 与 f_N 接近时，r_1/f_1 相对 $L_{l1}+L'_{l2}$ 较小，对 T_{max} 影响不大，随 f_1 下降，T_{max} 减小不多。但 f_1 较低时，r_1/f_1 相对 $L_{l1}+L'_{l2}$ 来说变大了，对 T_{max} 的影响较大，随 f_1 降低，T_{max} 下降较多。

下面考虑两种极端情况。

当频率较高时，$(x_1+x'_2)\gg r_1$，故 r_1 可忽略，则最大转矩可简化为

$$T_{\max}=\frac{3p}{8\pi^2(L_{l1}+L'_{l2})}\left(\frac{U_1}{f_1}\right)^2 \tag{1-28}$$

在压频比 U_1/f_1 = 常数时，$T_{\max}$ 保持不变。

当频率较低时，$r_1 \gg (x_1+x'_2)$，忽略 $(x_1+x'_2)$，则最大转矩可简化为

$$T_{\max}=\frac{3p}{8\pi r_1}\left(\frac{U_1}{f_1}\right)^2 f_1 \tag{1-29}$$

如果仍保持压频比 U_1/f_1 等于常数，最大转矩 $T_{\max}$ 将随频率 f_1 的降低而减小。

根据式（1－25）可画出保持 U_1/f_1 为常数降频调速时不同 f_1 下的机械特性曲线，如图 1－11 所示。图 1－11 中虚线为恒磁通变频调速时的机械特性。由图 1－11 可见，在低频下 $T_{\max}$ 下降较多，有时可能拖不动负载。

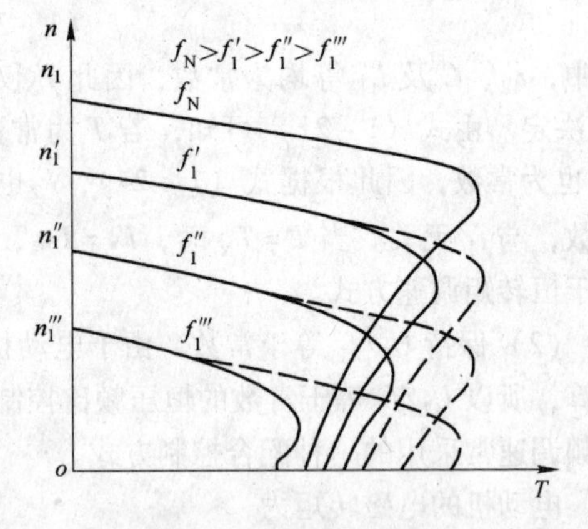

图 1－11　U_1/f_1 为常数时的变频调速机械特性

1.2.2.2　恒功率变频调速

在基频以上变频调速时，若要保持 Φ_m 恒定，则 U_1/f_1 = 常数，定子电压需要高于额定值，这是不允许的。因此，基频以上变频调速时，应使 U_1 保持额定值不变。这样，随着 f_1 升高，气隙磁通将减小，相当于弱磁调速方法。

当 $f_1>f_N$ 时，r_1 比 $x_1+x'_2$ 及 r'_2 都小很多，忽略 r_1，则 $T_{\max}$、s_m 和 Δn_m 分别为

$$T_{\max}=\frac{1}{4\pi f_1}\frac{3pU_N^2}{\left[r_1+\sqrt{r_1^2+(x_1+x'_2)^2}\right]}\approx\frac{3pU_N^2}{8\pi^2(L_{l1}+L'_{l2})}\frac{1}{f_1^2}\propto\frac{1}{f_1^2} \tag{1-30}$$

$$s_m=\frac{r'_2}{\sqrt{r_1^2+(x_1+x'_2)^2}}\approx\frac{r'_2}{2\pi f_1(L_{l1}+L'_{l2})}\propto\frac{1}{f_1} \tag{1-31}$$

$$\Delta n_m=s_m n_1\approx\frac{r'_2}{2\pi f_1(L_{l1}+L'_{l2})}\frac{60f_1}{p}=\frac{60r'_2}{2\pi p(L_{l1}+L'_{l2})}=\text{常数} \tag{1-32}$$

由以上三式可见，当 $U_1=U_N$ 不变，$f_1>f_N$ 变频调速时，$T_{\max}$ 将与 f_1^2 成反比减小；而 Δn_m 则保持不变，即不同频率下各机械特性曲线的稳定运行区段近似平行，其机械特性曲线如图 1－12 所示。

由于异步电动机的功率表达式为

$$P_M=\frac{T_N n_1}{9550} \tag{1-33}$$

由式（1－20）、式（1－33）可知，当频率 f_1 增加时，在保持 $U_1=U_N$ 恒定的情况下，相当于磁通减少，转矩减小，而速度增加，故属恒功率调速性质。对恒功率变频调速原则所要求的电压频率协调

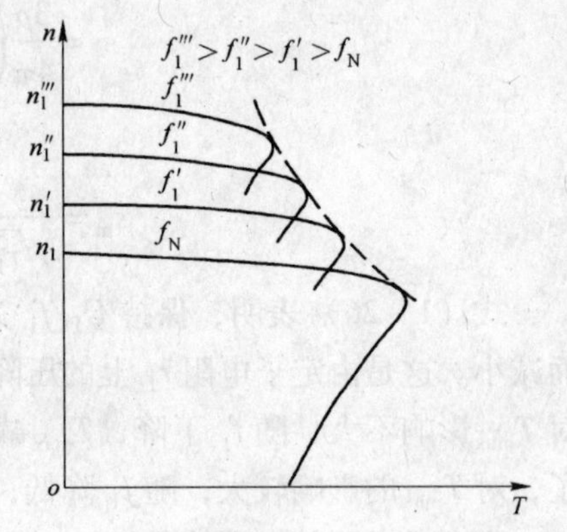

图 1－12　保持 $U_1=U_N$ 恒定时的升频调速机械特性

控制条件，可作如下推导。

根据电动机最大转矩表达式（1-30），如忽略 r_1，则有

$$T_{\max} \propto \frac{U_1^2}{f_1^2} \tag{1-34}$$

$$T_N \propto \frac{U_1^2}{\lambda f_1^2} \tag{1-35}$$

如果频率由 f_1 升频至 f'_1 后，若电动机转矩减小至 T'_N，则有

$$T'_N \propto \frac{U'^2_1}{\lambda' f'^2_1} \tag{1-36}$$

上述式中，$T_{\max} = \lambda T_N$，λ 为电动机的过载能力；T_N 为额定转矩；T'_N、U'_1、λ' 及 f'_1 为变频后的相应值，取式（1-36）与式（1-35）之比，得

$$\frac{T'_N}{T_N} = \left(\frac{U'_1}{U_1}\right)^2 \left(\frac{f_1}{f'_1}\right)^2 \left(\frac{\lambda}{\lambda'}\right) \tag{1-37}$$

设变频前后的过载能力相等，即 $\lambda = \lambda'$，则式（1-37）变为

$$\frac{U'_1}{U_1} = \frac{f'_1}{f_1} \sqrt{\frac{T'_N}{T_N}} \tag{1-38}$$

当恒转矩调速时，即变频前后，额定转矩 $T_N = T'_N$，则有

$$\frac{U_1}{f_1} = \frac{U'_1}{f'_1} \tag{1-39}$$

因此，这和恒磁通（恒转矩）变频调速原则要求的协调控制条件是一致的。

当恒功率调速时，由式（1-33）可得 $T_N f_1 = T'_N f'_1$。将其代入式（1-38）后，得

$$\frac{U_1}{\sqrt{f_1}} = \frac{U'_1}{\sqrt{f_2}} \tag{1-40}$$

式（1-40）就是恒功率变频调速原则要求的电压频率协调控制条件。在频率升高时，要求电压升高相对小一些。实际上在基频以上调速时，由于电动机定子电压受额定电压的限制，因此在升高频率时，定子电压保持额定值不变。随着频率的上升，磁通将减少，转矩也减小。由此可知，在基频以上变频调速时，保持 $U_1 = U_N$ 恒定的情况下，调速为近似恒功率调速。

异步电动机变频变压调速的控制特性如图 1-13 所示。

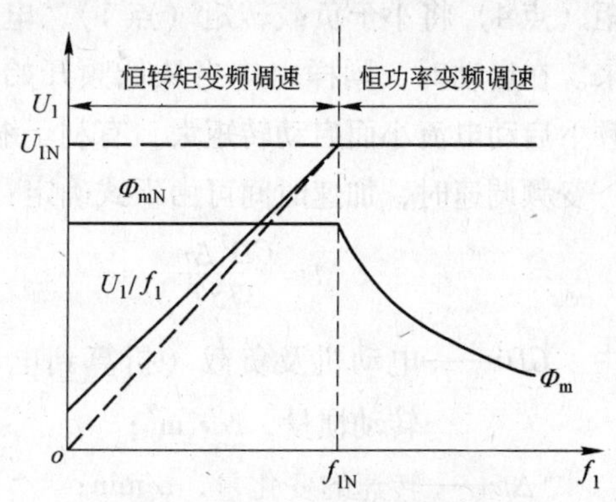

图 1-13 变频变压调速的控制特性

综上所述，三相异步电动机变频调速具有以下特点：

（1）在基频以下变频调速时，应进行定子电压与频率的配合控制。保持 E_1/f_1 为常数的配合控制时为恒磁通变频调速；保持 U_1/f_1 为常数的配合控制时为近似恒磁通变频调速。前者属于恒转矩调速方式，后者属于近似恒转矩调速方式。在基频以上变频调速

时，保持 $U_1=U_N$ 不变，随 f_1 升高，Φ_m 下降，$T_{max}\propto\frac{1}{f_1^2}$，属于近似恒功率调速方式。

（2）机械特性基本平行，属硬特性，调速范围宽，转速稳定性好。

（3）运行时 s 小，转差功率损耗小，效率高。

（4）f_1 可以连续调节，能实现无级调速。

异步电动机变频调速具有很好的调速性能，高性能的异步电动机变频调速系统的调速性能可与直流调速系统相媲美。

1.2.3　变频控制时的电动机运行状态

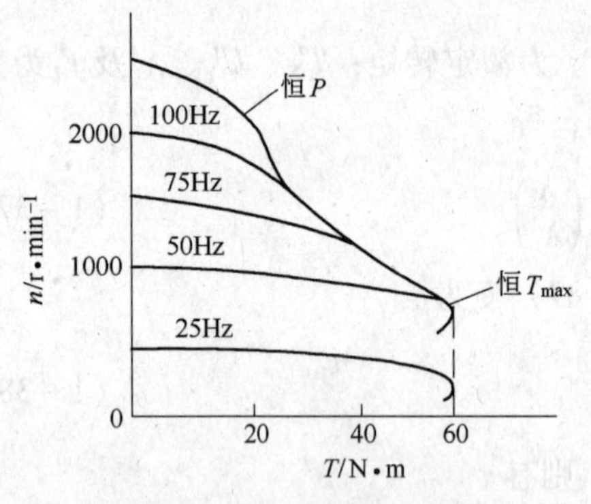

图 1－14　变频器控制电动机时在整个调速范围内的一族机械特性曲线

变频器控制电动机运行时，其运行状态和机械特性与他励直流电动机的调压调速相似。图1－14所示为变频器控制电动机时在整个调速范围内的一族机械特性曲线。在额定转速以下采用恒转矩变频调速，而在额定转速以上采用恒功率变频调速，因此调速范围明显扩大。异步电动机变频调速可以实现四象限运行。如果按照一定的规律控制，异步电动机的启动、制动、反转和调速过程时间都可以缩至很短，因此在变频调速时，异步电动机可具有良好的动态特性。

1.2.3.1　变频时的启动状态

异步电动机变频调速时，其启动电流比电动机直接启动电流小很多。电动机启动过程中如果频率变化太大，就会有启动失败的危险。若要使电动机急剧加速，则应当连续地提高频率。如图 1－15 所示，当频率由 $f_1\to f_2\to f_3$ 时，电动机将沿着图示虚线由点 1→2→3 加速，转速由 $n_1\to n_2\to n_3$，达到新的稳定运行点。为了缩短加速时间，应当使电动机在加速过程中始终保持有最大转矩，即应当使电动机沿着最大转矩的包络线进行加速。

必须注意，在有的场合下频率增加的速度要与电动机实际转速相适应。如图 1－15 中，当频率由 f_1 突变至 f_3 时，在改变后的瞬间，电动机转矩（点 4）将小于负载转矩（点 1），电动机最终会停下来。在启动时，同样也应当从低频开始启动，因为在低频下启动电流小而启动转矩大，有利于缩短启动时间。

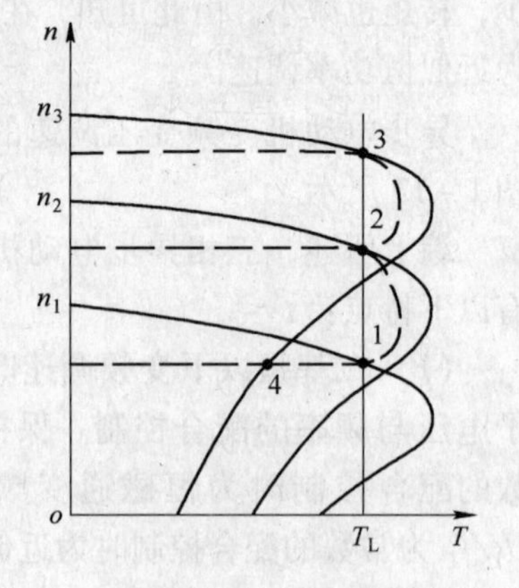

图 1－15　异步电动机变频调速的加速过程

变频调速时，加速时间可由下式确定：

$$t\approx\frac{GD^2\Delta n}{375T}\quad \text{s} \tag{1-41}$$

式中　GD^2——电动机及负载（折算到电动机轴）的总转动惯量，N · m²；

Δn——转速的变化量，r/min；

T——加速转矩，N · m。

1.2.3.2 变频时的再生发电制动状态

在变频调速系统中，电动机转速的下降是通过降低频率来实现的。当异步电动机在某一频率下运转时，如果将频率迅速降低，使转差率变负，则可以使电动机处于再生发电制动状态，此时电动机运行于第二象限，如图 1-16 所示。此时，电能通过逆变器回馈到变频器直流侧。在减速过程中若始终保持频率比电动机转速下降得快，那么电动机就一直维持在再生发电制动状态。现以 4 极异步电动机为例，其基本运行特性为：假设在额定频率 $f_1=50\text{Hz}$ 运行时，电动机额定转速为 1450r/min。当向基频以下变频调速，使频率下降至 $f_1=40\text{Hz}$，在频率刚下降的瞬间，由于惯性原因，转子转速仍为 1450r/min，而与此同时，旋转磁场的转速却已经下降为 1160r/min，转子的实际转速超过了同步转速。此时，电动机处于再生发电制动状态，机械特性在第二象限。下面分析异步电动机再生发电制动状态的工作过程。

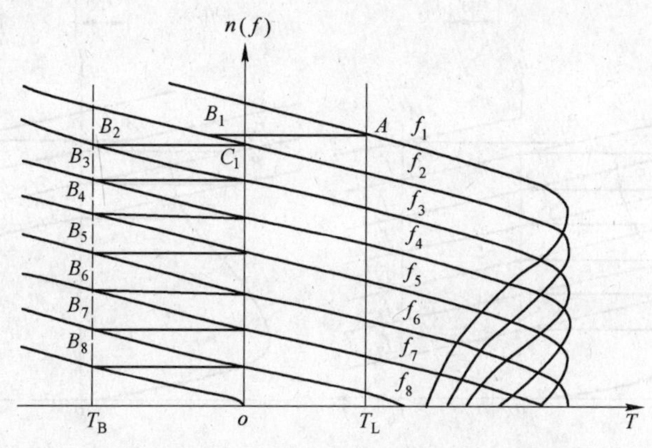

图 1-16 异步电动机再生发电制动状态的机械特性

如图 1-16 所示，假设异步电动机变频调速时的运行频率为 f_1，电动机的机械特性为频率 f_1 曲线，工作点为 A 点。降速过程中，频率先降至 f_2，电动机的机械特性降为频率 f_2 曲线，由于在频率刚下降的瞬间，电动机的转速未变，故工作点从 A 点跳变到 B_1 点。由图可以看出，电动机的制动转矩 T_B 是负值。于是电动机的转速将沿着频率 f_2 曲线下降，直至下降到 C_1 点时，频率又降至 f_3，电动机的机械特性降为频率 f_3 曲线，在转速未变的情况下，工作点又跳变到 B_2 点。依此类推，随着频率的不断下降，机械特性和运行点也不断下移，直至频率下降为零，电动机的转速也不断地下降至完全停止，从而电动机降速过程结束。

变频调速控制异步电动机处于再生发电制动状态时，其制动功率大致可由下式确定：

$$P_B \approx \frac{\eta T_B \Delta n}{9550} \tag{1-42}$$

式中 P_B——电动机制动功率，kW；
η——电动机效率；
Δn——转速的变化量，r/min；
T_B——电动机制动转矩，N·m。

1.2.3.3 变频时的能耗制动状态

交流异步电动机在定子绕组中通入直流电流，就会产生能耗制动。变频控制时，为了加快制动过程，缩短制动时间，防止传动系统在停机后继续爬行，可在再生制动方式下先将转速下降到一定程度，然后通过逆变器向电动机的两相绕组中通入直流，使电动机进行直流能耗制动，如图 1－17 所示。

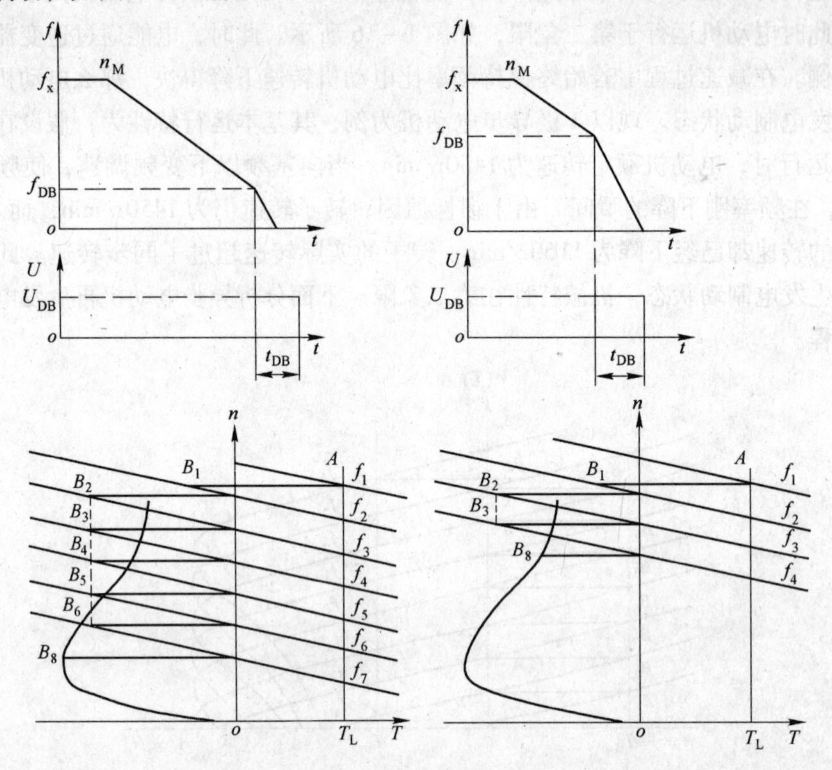

图 1－17　异步电动机能耗制动状态的机械特性

从图中可以看出，能耗制动时，制动转矩与逆变器输出的频率和直流电压有关。如果制动频率在 f_7 的特性曲线上，则制动转矩最大，能耗制动效果最好。如果制动频率在 f_4 的特性曲线上，虽然逆变器输出频率较高，但制动转矩较小，能耗制动效果不理想。当逆变器输出的直流电压较高时，制动转矩较大，电动机制动较快，故直流制动的维持时间较短；反之，如逆变器输出的直流电压较低，则制动转矩也较小，电动机制动较慢，直流制动的维持时间便较长。

异步电动机变频调速也很容易实现电动机反转。为了使电动机在反转过程中产生再生发电制动而把动能回馈给电网，也应当均匀降低频率和电压，到电机停止后，再反向启动电机。如果不降低电压和频率，一下子将定子绕组相序反接，则电机进入反接制动状态，此时动能将消耗在转子回路上，造成损耗和过热。

综上可见，异步电动机变频调速可以实现四象限运行。如果按照一定的规律控制，异步电动机的启动、制动、反转和调速过程时间都可以缩至很短。因此，在变频调速时，异步电动机可具有良好的动态特性。

1.2.4　变频器的控制方式

变频器是一种电力变换装置，可将频率、电压均恒定的交流电变换成频率、电压均可调节的交流电。根据变流的方式，变频器分为交－交变频器和交－直－交变频器。交－交变频器又称为直接变流器，交－直－交变频器又称为间接变流器。目前，实际应用最多的是交－直－交变频器。交－直－交变频器的基本构成如图1－18所示，由整流器、逆变器、滤波器和控制电路组成。

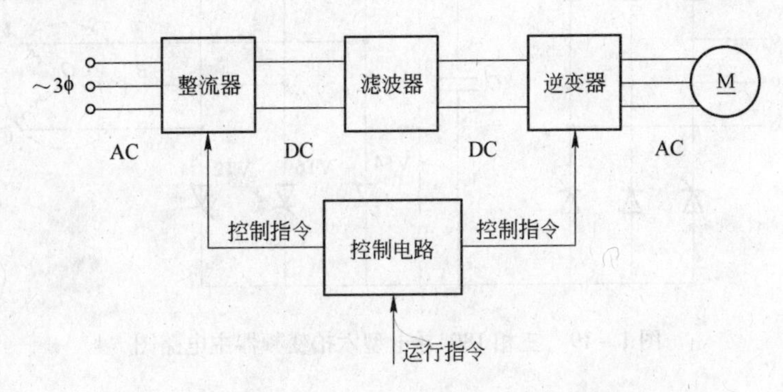

图1－18　交－直－交变频器的基本构成

整流器有二极管不可控整流器、晶闸管可控整流器、PWM整流器，其电路拓扑结构一般为三相桥式整流电路。它的作用是将定压定频交流电变换为可调直流电，然后作为逆变器的直流供电电源。

逆变器的电路拓扑结构是利用六个功率器件组成的三相桥式逆变电路。它的作用是将直流电变换为可调频率的交流电，是变频器的主要组成部分。在逆变器中，所用的功率器件都是作为开关元件使用的，因此要求它们要有可靠的开通和关断能力。

滤波器由电容器或电抗器组成，它的作用是对整流后的电压或电流进行滤波。根据中间滤波环节滤波方法的不同，可以形成两种不同的形式，一种为电压型变频器，一种为电流型变频器。由于电压型变频器采用电容器进行滤波，所以它的特点是电源阻抗很小，类似于电压源，其逆变器输出的电压波形为一排比较平直的脉冲波形，而输出的电流波形是由脉冲电压与电动机正弦感应电势之差形成的齿状波形。电流型变频器由于采用电抗器滤波，故它的特点是电源阻抗很大，类似于电流源，逆变器输出的电流波形为一比较平直的矩形波，输出的电压波形由电动机感应电势决定并近似为正弦波。

控制电路由微型计算机、检测电路、控制信号的输入输出电路、驱动电路、控制电源电路等组成，主要任务是完成对逆变器的电压和频率控制、可控整流器的直流电压控制以及完成各种保护功能。目前，控制电路主要是以微型计算机为主芯片的全数字化控制电路。

根据控制脉冲信号波形的不同，三相桥式变频器电路可以有如下三种不同的工作方式：（1）180°导电型六拍变频器；（2）120°导电型六拍变频器；（3）脉宽调制型变频器。

1.2.4.1　180°导电型六拍变频器

三相180°导电型六拍变频器一般为电压型变频器，整流器为可控整流器，如图1－19所示。在图中，电容C很大，起滤波作用。直流侧电压为一恒定值，相当于电压源。在三相逆变器中，电动机正转时功率管的导通顺序是VT1、VT2、VT3、VT4、VT5、VT6，各功率管驱动信号间相隔60°电角度。180°导电型的特点是每只功率管的导通时间为180°，在任意瞬间有三个功率管同时导通（每条桥臂上有一只功率管导通），它们的换流在同一条桥臂内进行，即在 VT1 - VT4、VT3 - VT6、VT5 - VT2 之间进行相互换流。

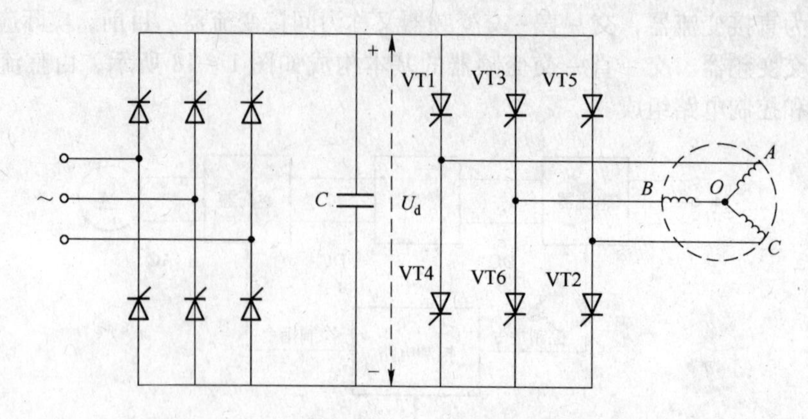

图 1 - 19　三相 180°导电型六拍变频器主电路图

设负载为星形连接，逆变器的换流是瞬间完成的，若以电动机定子绕组中性点 O 点电位为参考点，在不同导通区间的相电压可通过图 1 - 20 中的等值电路求得。功率管 VT1、VT2、VT3、VT4、VT5、VT6 顺次导通时的电压波形见图 1 - 21。

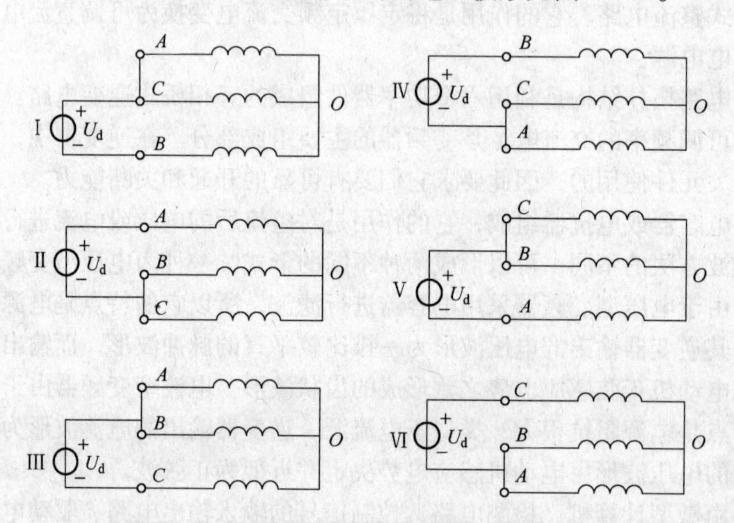

图 1 - 20　三相 180°导电型六拍逆变器供电的等值电路

各个区间电压的电压值分别为：

在区间Ⅰ中，VT5、VT6、VT1 导通，则

相电压：$u_{AO}=u_{CO}=\frac{1}{3}U_d$，$u_{BO}=-\frac{2}{3}U_d$；

线电压：$u_{AB}=u_{AO}-u_{BO}=U_d$，$u_{BC}=u_{BO}-u_{CO}=-U_d$，$u_{CA}=u_{CO}-u_{AO}=0$。

在区间Ⅱ中，VT6、VT1、VT2 导通，则

相电压：$u_{AO}=\frac{2}{3}U_d$，$u_{BO}=u_{CO}=-\frac{1}{3}U_d$；

线电压：$u_{AB}=u_{AO}-u_{BO}=U_d$，$u_{BC}=u_{BO}-u_{CO}=0$，$u_{CA}=u_{CO}-u_{AO}=-U_d$。

在区间Ⅲ中，VT1、VT2、VT3 导通，则

相电压：$u_{AO}=u_{BO}=\frac{1}{3}U_d$，$u_{CO}=-\frac{2}{3}U_d$；

线电压：$u_{AB}=u_{AO}-u_{BO}=0$，$u_{BC}=u_{BO}-u_{CO}=U_d$，$u_{CA}=u_{CO}-u_{AO}=-U_d$。

在区间Ⅳ中，VT2、VT3、VT4 导通，则

相电压：$u_{AO}=u_{CO}=-\frac{1}{3}U_d$，$u_{BO}=\frac{2}{3}U_d$；

线电压：$u_{AB}=u_{AO}-u_{BO}=-U_d$，$u_{BC}=u_{BO}-u_{CO}=U_d$，$u_{CA}=u_{CO}-u_{AO}=0$。

在区间Ⅴ中，VT3、VT4、VT5 导通，则

相电压：$u_{AO}=-\frac{2}{3}U_d$，$u_{BO}=u_{CO}=\frac{1}{3}U_d$；

线电压：$u_{AB}=u_{AO}-u_{BO}=-U_d$，$u_{BC}=u_{BO}-u_{CO}=0$，$u_{CA}=u_{CO}-u_{AO}=U_d$。

在区间Ⅵ中，VT4、VT5、VT6 导通，则

相电压：$u_{AO}=u_{BO}=-\frac{1}{3}U_d$，$u_{CO}=\frac{2}{3}U_d$。

线电压：$u_{AB}=u_{AO}-u_{BO}=0$，$u_{BC}=u_{BO}-u_{CO}=-U_d$，$u_{CA}=u_{CO}-u_{AO}=U_d$。

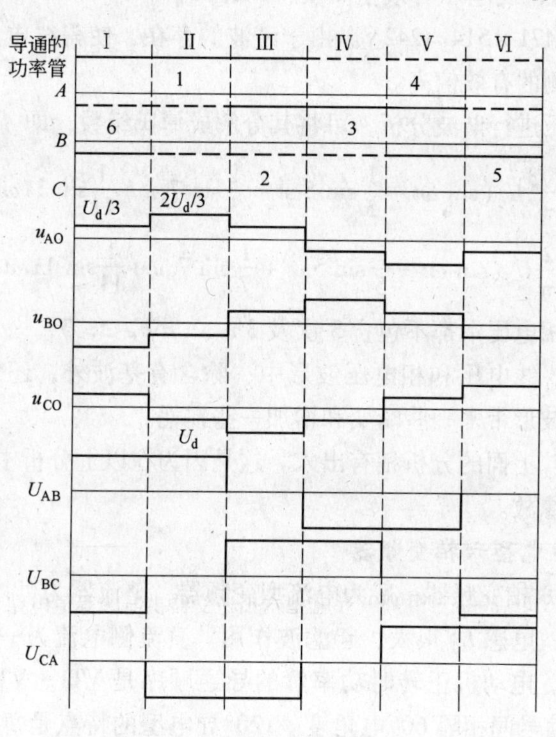

图 1－21　180°导电型六拍逆变器电压波形

从图 1－21 可以看出，相电压波形为阶梯波，线电压波形为矩形波。逆变器的输出为三相交流，各相之间互差 120°，三相是对称的。由于交流频率 $f=\frac{1}{T}$，所以改变周期时间 T 的长短，即可改变频率的大小。在实际变频器中，由给定信号来改变逆变器输出的交流电压的频率，从而实现电动机变频调速。

根据图 1－21，可计算出相电压和线电压的有效值分别为

$$U_{AB}=\sqrt{\frac{1}{T}\int_0^T u_{AB}^2 dt}=\sqrt{\frac{1}{2\pi}\int_0^{2\pi} u_{AB}^2 d(\omega t)}$$

$$=\sqrt{\frac{1}{2\pi}\left[U_d^2\left(\frac{2\pi}{3}-0\right)+(-U_d)^2\left(\frac{5\pi}{3}-\pi\right)\right]}$$

$$=\sqrt{\frac{2}{3}}U_d=0.816U_d \tag{1-43}$$

$$U_{AO}=\sqrt{\frac{1}{T}\int_0^T u_{AO}^2 dt}=\sqrt{\frac{1}{2\pi}\int_0^{2\pi} u_{AO}^2 d(\omega t)}$$

$$=\sqrt{\frac{1}{2\pi}\left[\left(\frac{U_d}{3}\right)^2\frac{4\pi}{3}+\left(\frac{2U_d}{3}\right)^2\frac{2\pi}{3}\right]}$$

$$=\frac{\sqrt{2}}{3}U_d=0.471U_d \tag{1-44}$$

例如，在1－19图中，当变频器的电源侧输入电压为380V，在晶闸管触发角$\alpha=0°$，直流侧电压为514V时，线电压有效值$U_{AB}=0.816U_d=0.816\times514=419V$，相电压有效值$U_{AO}=0.471U_d=0.471\times514=242V$。由于谐波的存在，使得线电压有效值和相电压有效值都比变频器输入侧的有效值高。

对线电压和相电压进行谐波分析，可将其分解成傅氏级数，即

$$u_{AB}=\frac{2\sqrt{3}}{\pi}U_d\left(\sin\omega t-\frac{1}{5}\sin 5\omega t-\frac{1}{7}\sin 7\omega t+\frac{1}{11}\sin 11\omega t+\cdots\right) \tag{1-45}$$

$$u_{AO}=\frac{2}{\pi}U_d\left(\sin\omega t+\frac{1}{5}\sin 5\omega t+\frac{1}{7}\sin 7\omega t+\frac{1}{11}\sin 11\omega t+\cdots\right) \tag{1-46}$$

显然，线电压和相电压中都不包含3次及$3n$（$n=1,2,3,\cdots$）次谐波，故其对电动机的运行影响不大。线电压和相电压波形中，除含有基波外，还含有5，7，11，…高次谐波，这会给电压波形带来一些畸变和增加一些损耗。

实际的电压波形较上面的分析稍有出入。这是因为在以上分析中忽略了开关损耗以及逆变电路中的压降的缘故。

1.2.4.2 120°导电型六拍变频器

三相120°导电型六拍变频器一般为电流型变频器，整流器为可控整流器，如图1－22所示。在图1－22中，电感L_d很大，起滤波作用。直流侧电流为一恒定值，相当于电流源。在三相逆变器中，电动机正转时功率管的导通顺序是VT1、VT2、VT3、VT4、VT5、VT6，各功率管驱动信号间相隔60°电角度。120°导电型的特点是每只功率管的导通时间为120°，任意瞬间有两只功率管同时导通，它们的换流在相邻桥臂中进行。

从换流安全角度来看，120°导电型逆变器比180°导电型逆变器有利。这是因为在180°导电型逆变器中，换流是在同一条桥臂上进行的，例如VT4导通则VT1立即关断，若VT1稍延迟一点关断，则将形成VT1、VT4同时导通，产生逆变器直流侧短路事故。而120°导电型逆变器同一条桥臂上的两只功率管导通之间因有60°的间隔，所以换流比较安全。

设负载为星形连接，120°导电型三相逆变器供电时各区间的等值电路如图1－23所示，各功率管导通区间、相电流波形如图1－24所示。

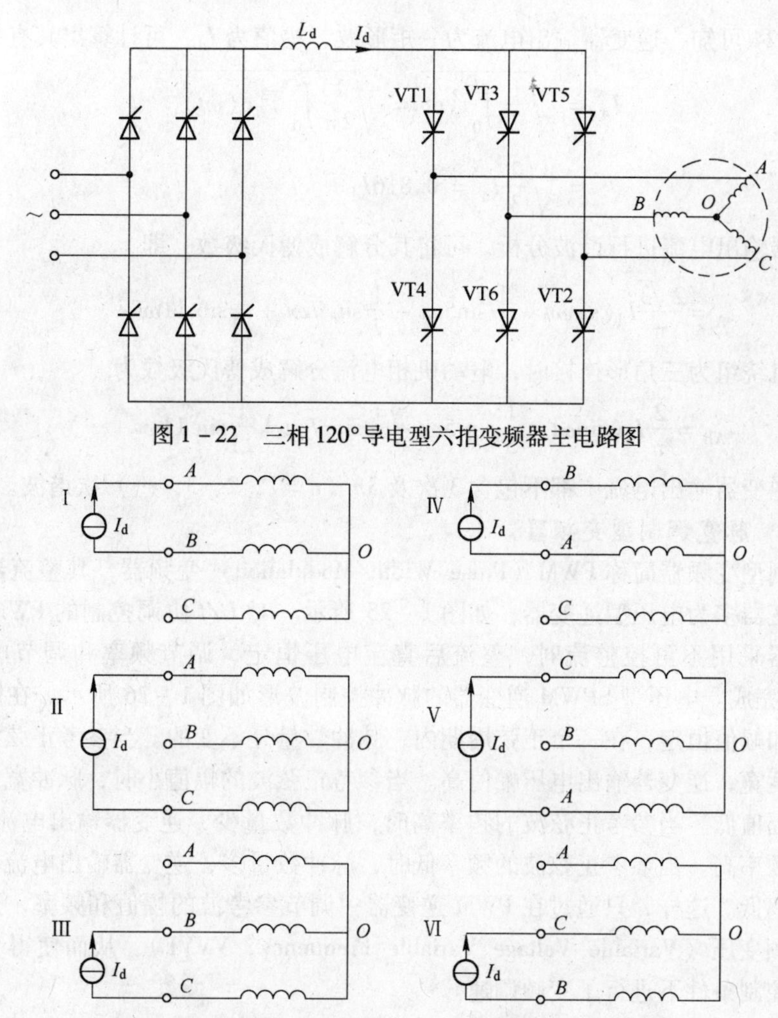

图 1-22　三相 120° 导电型六拍变频器主电路图

图 1-23　三相 120° 导电型六拍逆变器供电的等值电路

各个区间的电压的电压值分别为：

在区间Ⅰ中，VT6 和 VT1 导通，则

相电流：$i_A = I_d$，$i_B = -I_d$，$i_C = 0$。

在区间Ⅱ中，VT1 和 VT2 导通，则

相电流：$i_A = I_d$，$i_B = 0$，$i_C = -I_d$。

在区间Ⅲ中，VT2 和 VT3 导通，则

相电流：$i_A = 0$，$i_B = I_d$，$i_C = -I_d$。

在区间Ⅳ中，VT3 和 VT4 导通，则

相电流：$i_A = -I_d$，$i_B = I_d$，$i_C = 0$。

在区间Ⅴ中，VT4 和 VT5 导通，则

相电流：$i_A = -I_d$，$i_B = 0$，$i_C = I_d$。

在区间Ⅵ中，VT5 和 VT6 导通，则

相电流：$i_A = 0$，$i_B = -I_d$，$i_C = I_d$。

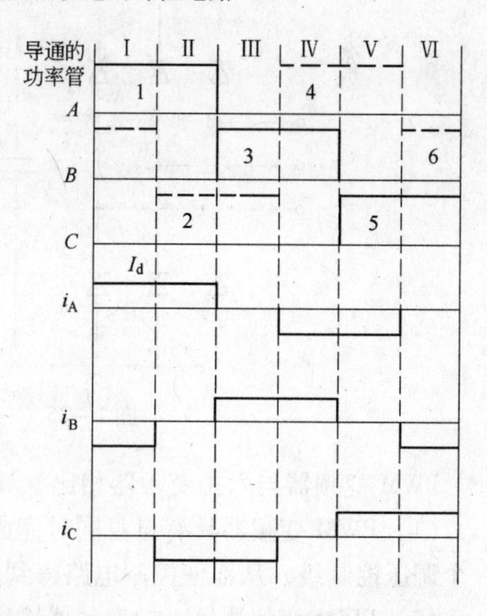

图 1-24　120° 导电型六拍逆变器电流波形

由图 1－24 可知，逆变器输出电流为一矩形波，幅值为 I_d，可计算出其有效值为

$$I_A = \sqrt{\frac{1}{T}\int_0^T i_A^2 dt} = \sqrt{\frac{1}{2\pi}\int_0^{2\pi} i_A^2 d(\omega t)}$$

$$= \sqrt{\frac{2}{3}} I_d = 0.816 I_d \qquad (1-47)$$

对逆变器输出电流进行谐波分析，可将其分解成傅氏级数，即

$$i_A = \frac{2\sqrt{3}}{\pi} I_d \left(\sin\omega t - \frac{1}{5}\sin 5\omega t - \frac{1}{7}\sin 7\omega t + \frac{1}{11}\sin 11\omega t + \cdots\right) \qquad (1-48)$$

当电动机绕组为三角形连接时，电动机相电流分解成傅氏级数为

$$i_{AB} = \frac{2}{\pi} I_d \left(\sin\omega t + \frac{1}{5}\sin 5\omega t + \frac{1}{7}\sin 7\omega t + \frac{1}{11}\sin 11\omega t + \cdots\right) \qquad (1-49)$$

显然，逆变器输出电流中都不包含 3 次及 $3n$（$n=1$，2，3，…）次谐波。

1.2.4.3　脉宽调制型变频器

脉宽调制型变频器简称 PWM（Pulse Width Modulation）变频器，其整流器为不可控整流器，逆变器多为电压型逆变器，如图 1－25 所示。对 U/f 协调控制的 PWM 变频器而言，在整流器采用不可控整流时，整流后直流电压恒定，调节频率和调节电压都通过 PWM 逆变器完成。电压型 SPWM 逆变器的脉冲控制波形如图 1－26 所示。在图中，如果三角波频率和幅值恒定，在一个正弦周期内，脉冲数量是不变的。当参考正弦波的幅值大时，脉冲宽度宽，逆变器输出电压幅值高。当参考正弦波的幅值小时，脉冲宽度窄，逆变器输出电压幅值低。当参考正弦波的频率高时，脉冲数量少，逆变器输出电流波形不好，逆变器输出频率高。当参考正弦波的频率低时，脉冲数量多，逆变器输出电流波形好，逆变器输出频率低。这样，只通过在 PWM 逆变器中调节参考波的幅值和频率，逆变器输出就可进行变频变压（Variable Voltage Variable Frequency，VVVF），从而使得变频器在保证 U/f 协调控制条件下进行了变频调速。

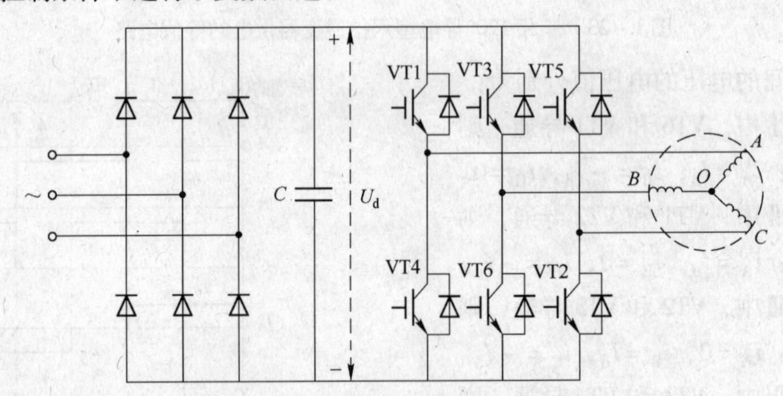

图 1－25　三相 PWM 变频器主电路图

PWM 变频器与六拍变频器相比，具有以下优点：

（1）PWM 变频器具有自身同时完成变频和变压的功能，与六拍变频器相比，节省了一个调压控制级，从而使控制电路得到了简化。

（2）PWM 变频器比六拍变频器输出电压谐波小。驱动电动机时，其输出电流谐波更

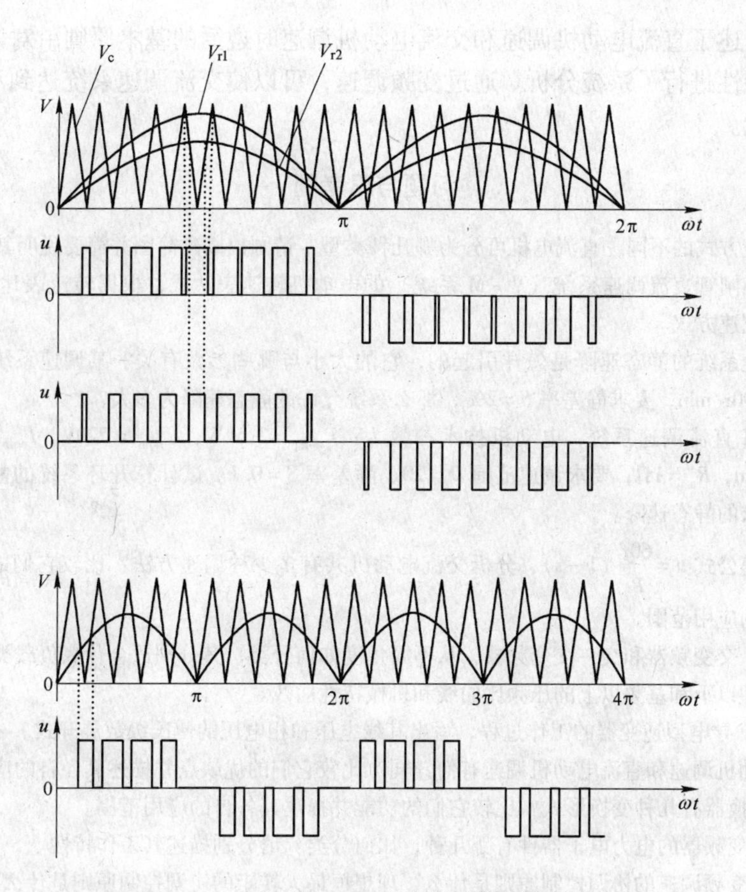

图 1－26　电压型 SPWM 逆变器的脉冲控制波形

是明显改善，从而减小了电动机转矩脉动和损耗。

（3）PWM 变频器由于应用 IGBT 等电压型控制器件，并且开关频率很高，所以比六拍变频器体积小很多。

（4）PWM 变频器控制精度高，系统功能全，适用于高性能的交流调速系统，而六拍变频器的性能要差一些，控制精度也不是很高。

总之，PWM 变频器具有六拍变频器无法比拟的优点。随着电力电子技术、微型计算机技术和先进控制理论的发展，PWM 变频器已经成为通用变频调速系统发展的主流。关于其更详细的内容，将在以后章节中介绍。

1.3　小　　结

电气传动系统主要是以交直流电动机调速为目标的系统，分为直流调速系统和交流调速系统两大类。近年来，由于电力电子器件和计算机技术的飞速发展，使得交直流电动机调速系统在晶闸管直流调速器、180°导电型六拍变频器和 120°导电型六拍变频器的基础上出现了新型的 PWM 型变频器，从而令电气传动系统性能更高，运行更经济。本章从电动机基本原理出发，详细介绍了直流电动机的励磁方式和工作原理，通过调压调速、调磁调速和变电枢回路电阻调速三种直流调速方式，理解调速系统的静态调速指标和动态调速指标；同时描述了直流电动机调速和交流电动机调速时遵循的基本原则，对四象限调速过程中的机械特性进行了系统分析。通过变频调速，可以使交流调速系统达到和直流调速系统相同的性能。

习题与思考题

1-1 根据励磁方式的不同，直流电机可分为哪几种类型？请画出励磁简图并简要说明其励磁特点。

1-2 试写出晶闸管直流调速系统（V-M系统）的电动机转速表达式，根据转速表达式，写出V-M系统的调速方式。

1-3 开环调速系统的静态速降是怎样引起的，它的大小与哪些参数有关？某调速系统的调速范围是150~1500r/min，要求静差率$S=2\%$，那么系统允许的静态速降为多大？

1-4 某V-M直流调速系统，电动机技术参数为：$P_{nom}=2.5kW$，$U_{nom}=220V$，$I_{nom}=15A$，$n_{nom}=1500r/min$，$R_a=1\Omega$，要求调速范围$D=20$，静差率$S=0.1$。试计算开环系统的静态速降和调速指标要求的静态速降。

1-5 根据转速公式$n=\frac{60f}{p}(1-s)$，分析交流电动机共有多少种调速方法？比较它们的优缺点并描述其各自的应用范围。

1-6 交-直-交变频器和交-交变频器，从不同角度如何分类，其分别适合什么负载类型？

1-7 画出基频以下和基频以上的压频比曲线和机械特性曲线。

1-8 描述180°导电型逆变器的工作过程，写出其线电压和相电压的傅氏级数展开式。

1-9 交流电动机调速和直流电动机调速有何异同？比较它们的优缺点并描述其各自的应用范围。

1-10 功率变换器有几种变换形式？比较它们的功能并描述其各自的应用范围。

1-11 适用于变频器的电力电子器件有哪几种，如何分类？请分别描述其工作特性。

1-12 恒磁通变频调速的协调控制原则是什么，理想恒最大转矩的协调控制原则是什么？

1-13 恒功率变频调速的协调控制原则是什么？

1-14 恒磁通变频调速时，函数发生器的作用是什么？

1-15 画出交流电动机变频调速时的启动过程机械特性曲线。如果在启动阶段不连续变频，会出现什么现象？

1-16 画出交流电动机变频调速时的减速过程机械特性曲线。在减速阶段，为何会出现电动机能量反向流动？

1-17 画出交流电动机变频调速时的能耗制动过程机械特性曲线。

1-18 描述120°导电型逆变器的工作过程，写出其电流的傅氏级数展开式。

1-19 描述PWM型逆变器的脉冲波形产生过程，简述其优点。

1-20 在变频调速系统中，交流电动机希望得到的是正弦波电压还是正弦波电流？

2　自动控制系统的设计

【内容提要】在现代科学技术的众多领域中，自动控制技术起着越来越重要的作用。本章将讲述自动控制的基本方法以及如何进行控制器的设计，并给出了自动控制系统的单项性能指标，包括静态指标和动态指标。重点讲述了PID控制器的设计方法，并对数字式PID调节器参数的一般整定方法做出较为全面的总结。

2.1　自动控制系统的基本控制方式

自动控制理论针对控制目标的不同，分为经典控制理论和现代控制理论两类。经典控制理论对于单输入－单输出线性定常系统的分析与综合是比较有效的，而本书重点讨论的也是单输入－单输出系统的设计，故本章主要对经典控制理论展开描述。对于多输入－多输出系统，现代控制理论运用状态空间法描述其输入—状态—输出诸变量间的因果关系，以此对系统进行有效设计。

所谓自动控制，是指在没有人直接参与的情况下，利用外加的设备或装置（称为控制装置或控制器），使机器、设备或生产过程（统称被控对象）的某个工作状态或参数（即被控量）自动地按照预定的规律运行。例如，数控机床按照预定程序自动切削工件；无人驾驶飞机按照预定航迹自动升降和飞行。

为了实现各种复杂的控制任务，首先要将被控对象和控制装置按照一定的方式连接起来，组成一个有机总体，这就是自动控制系统。在自动控制系统中，被控对象的输出量（即被控量）是要求严格加以控制的物理量，它可以要求保持为某一恒定值（如温度、压力、液位等），也可以要求按照某个给定规律运行（如飞行航迹、记录曲线等）。而控制装置则是对被控对象施加控制作用的机构的总体，它可以采用不同的原理和方式对被控对象进行控制，基本的控制方式有以下三种：开环控制、闭环控制、复合控制。下面分别描述这三种控制方式。

2.1.1　开环控制方式

开环控制方式是指控制装置与被控对象之间只有顺向作用而没有反向联系的控制过程，其特点是系统的输出量不会对系统的控制作用发生影响。开环控制系统可以按给定量控制方式组成，也可以按扰动控制方式组成。

（1）按给定量控制的一般性框图，如图2－1所示。

按给定量控制的开环控制系统，其控制作用直接由系统的输入量产生（即给定一个输入量，就有一个输出量与之相对应），控制精度完全取决于所用的原件及校准的精度。

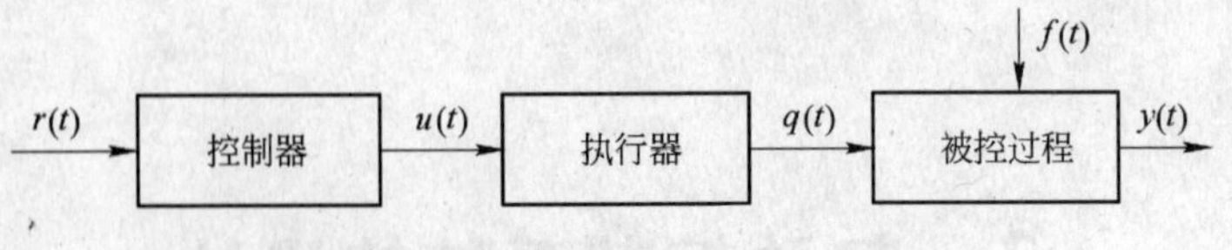

图 2-1　按给定量控制的一般性框图

由于这种开环控制方式没有自动修正偏差的能力，故抗扰动性较差；但由于其结构简单、调整方便、成本低，在精度要求不高或扰动影响较小的情况下，这种控制方式也还有一定的实用价值。目前，用于国民经济各部门的一些自动化装置，如自动售货机、自动洗衣机、数控车床以及指挥交通的红绿灯的转换等，一般都是按给定量控制的开环控制系统。

（2）按扰动控制的一般性框图，如图 2-2 所示。

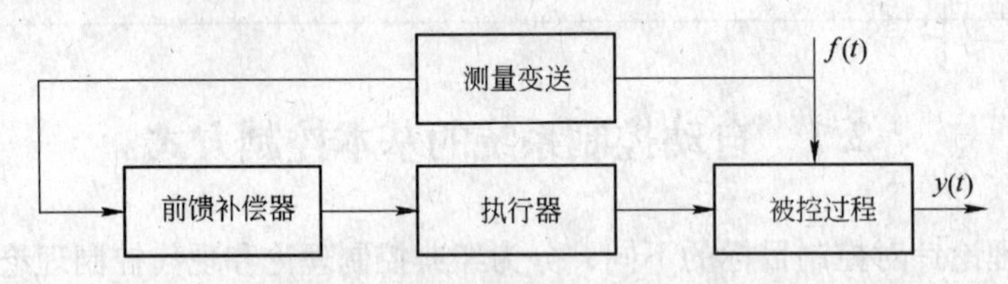

图 2-2　按扰动控制的一般性框图

按扰动控制的开环控制系统，是利用可测量的扰动量，产生一种补偿作用，以减小或抵消扰动对输出量的影响，这种控制方式也称前馈控制（或顺馈控制）。

由于这种开环控制方式是直接从扰动取得信息，并据此改变被控量，因此其抗扰动性好，控制精度也高；但其只适用于扰动是可测量的场合，并且在实际生产过程中不单独使用。

2.1.2　闭环控制方式

闭环控制又称反馈控制。反馈控制方式是按偏差进行控制的，其特点是无论什么原因使被控量偏离期望值而出现偏差时，必定会产生一个相应的控制作用去减小或消除这个偏差，从而使被控量与期望值趋于一致。

按反馈控制的一般性框图，如图 2-3 所示。

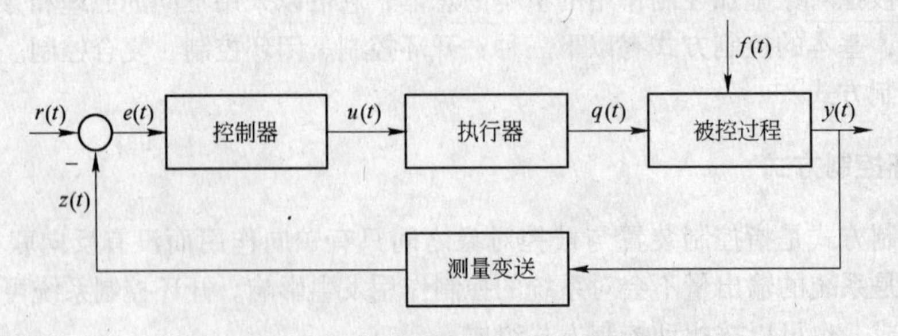

图 2-3　按反馈控制的一般性框图

按反馈控制方式组成的反馈控制系统，具有抑制内、外扰动对被控量产生影响的能力，有较高的控制精度。虽然这种系统使用的元件多，结构复杂，特别是系统的性能分析和设计也较麻烦，但它仍是一种重要的并被广泛应用的控制方式。自动控制的主要研究对象就是用这种控制方式组成的系统。

下面以龙门刨床速度控制系统为例，阐述闭环系统的工作原理。

通常，当龙门刨床加工表面不平整的毛坯时，负载会有很大的波动，但为了保证加工精度和表面光洁度，一般不允许刨床速度变化过大，因此必须对速度进行控制，如图2－4所示。图中，刨床主电动机SM是电枢控制的直流电动机，其电枢电压由晶闸管整流装置KZ提供，并通过调节触发器CF的控制电压 u_k 来改变电动机的电枢电压，从而改变电动机的速度。一般情况下，偏差信号比较微弱，需经放大器FD放大之后才能作为触发器的控制电压。

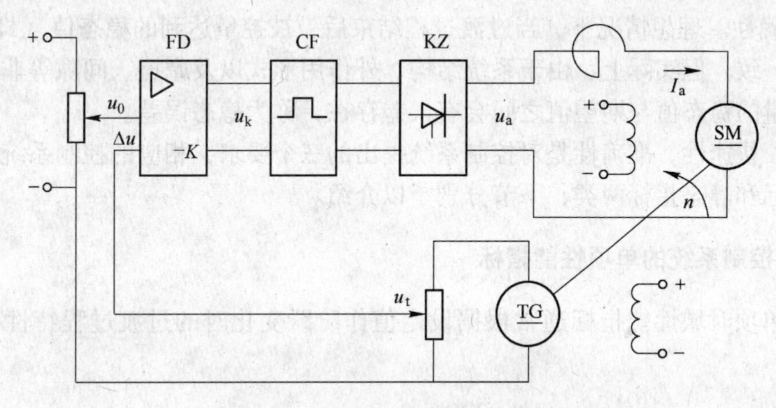

图2－4　龙门刨床速度控制系统

现在具体分析一下刨床速度自动控制的过程。当刨床正常工作时，对于给定电压 u_0，电动机必有确定的速度给定值 n 与之相对应，同时亦有相应的测速发电机电压 u_t、偏差电压 Δu 和触发控制电压 u_k。当负载增加时，刨床速度降低而偏离给定值，同时，测速发电机电压相应减小，偏差电压 Δu 增大，触发控制电压 u_k 也随之增大，从而使晶闸管整流电压 u_a 升高，由此使速度回升到给定值附近；反之，如果刨床速度因负载减小而上升，则控制速度回落的过程也完全一样。

图2－5所示为龙门刨床速度控制系统方框图。

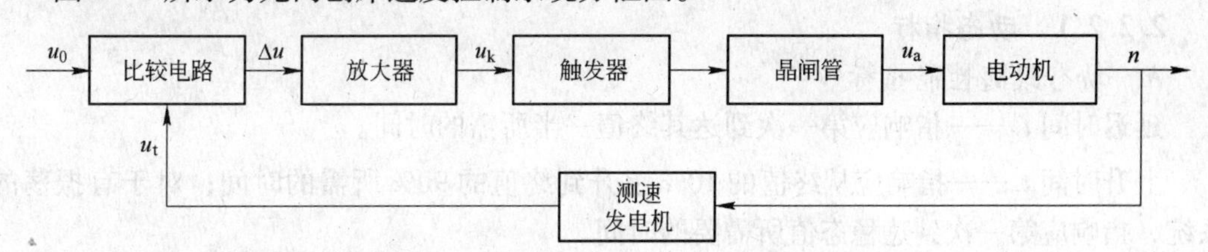

图2－5　龙门刨床速度控制系统方框图

2.2　自动控制系统的指标

2.2.1　对自动控制系统的基本要求

尽管自动控制系统有不同类型，但对每一类系统的被控量的变化全过程提出的共同的基本要求都是一样的，即：稳定性、快速性和准确性。

（1）稳定性。稳定性是保证系统正常工作的先决条件。一个稳定的控制系统，其被控量偏离期望的初始偏差应随时间的增长逐渐减小并趋于零。具体来说，对于稳定的恒值控制系统，被控量因扰动而偏离期望值后，经过一个过渡过程时间，被控量应恢复到原来的期望值；对于稳定的随动系统，被控量应能始终跟踪输入量的变化。反之，不稳定的系统，其被控量偏离期望值的初始偏差将随时间的增长而发散，因此，不稳定的控制系统无法实现预定的控制任务。

（2）快速性。为了很好地完成控制任务，控制系统仅仅满足稳定性要求是不够的，还必须对其过渡过程的形式和快慢提出要求，一般称为动态性能。

（3）准确性。理想情况下，当过渡过程结束后，被控量达到的稳态值（即平衡状态）应与期望值一致。但实际上，由于系统结构、外作用形式以及摩擦、间隙等非线性因素的影响，被控量的稳态值与期望值之间会有误差存在，称为稳态误差。

稳定性、快速性、准确性是对控制系统提出的三个要求，相应的控制系统的性能指标分为动态指标和静态指标两类，下节分别予以介绍。

2.2.2　自动控制系统的单项性能指标

系统的单项时域性能指标通常根据设定值作阶跃变化时的过渡过程特性确定，如图2－6所示。

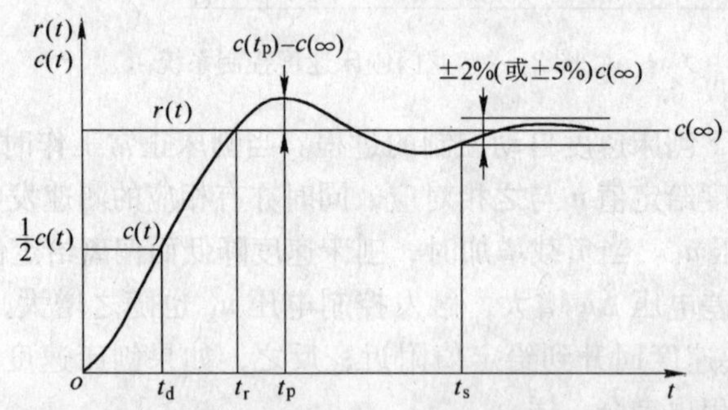

图2－6　单位阶跃响应下的跟随性能指标

2.2.2.1　动态指标

A　动态跟随性能指标

延迟时间 t_d——指响应第一次到达其终值一半所需的时间。

上升时间 t_r——指响应从终值的10%上升到终值的90%所需的时间；对于有振荡的系统，指响应第一次到达稳态值所需要的时间。

峰值时间 t_p——指响应超过其终值到达第一个峰值所需的时间。

调节时间 t_s——指响应到达并保持在终值 ±2%（或 ±5%）内所需的最短时间。

超调量 $\sigma\%$——指响应的最大偏离量 $c(t_p)$ 与终值 $c(\infty)$ 的差与终值 $c(\infty)$ 比的百分数，即 $\sigma\% = \dfrac{c(t_p) - c(\infty)}{c(\infty)} \times 100\%$；若 $c(t_p) < c(\infty)$，则响应无超调。

在线性系统中，超调量与过渡过程时间之间往往是相互矛盾的。对于同一个系统，为了减小其暂态响应的超调量，常常会导致过渡过程时间加长；为了加快响应速度，缩短过渡过程时间，却又会使超调量加大。因此，在设计控制系统时，应充分考虑超调量与过渡过程时间之间的矛盾。

B　抗干扰性能指标

干扰作用在系统的前向通道，如图2－7所示。

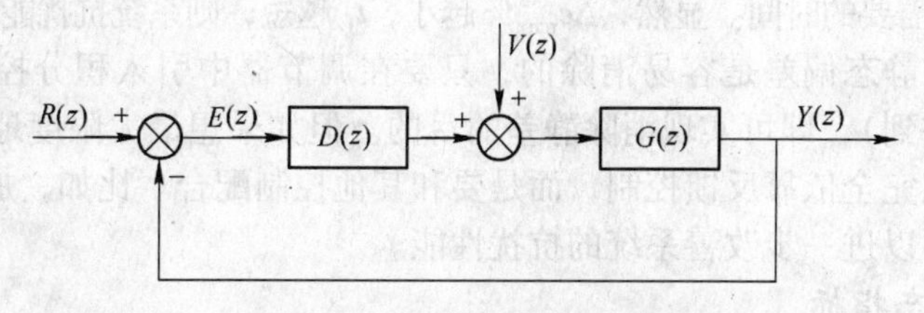

图2－7　干扰作用在前向通道

干扰作用在系统的反馈通道，如图2－8所示。

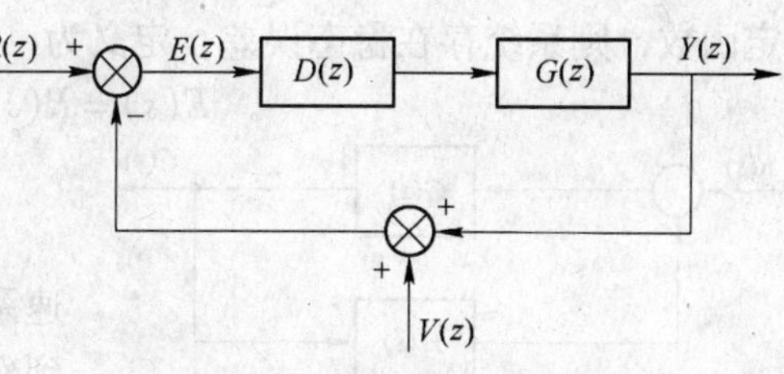

图2－8　干扰作用在反馈通道

闭环系统对包在环里并作用在正向通道内的所有扰动具有抑制作用，但对作用于反馈通道的测量干扰无力调节。

例如，调速系统最主要的扰动是负载扰动和电源电压波动，转速闭环系统的扰动作用如图2－9所示。

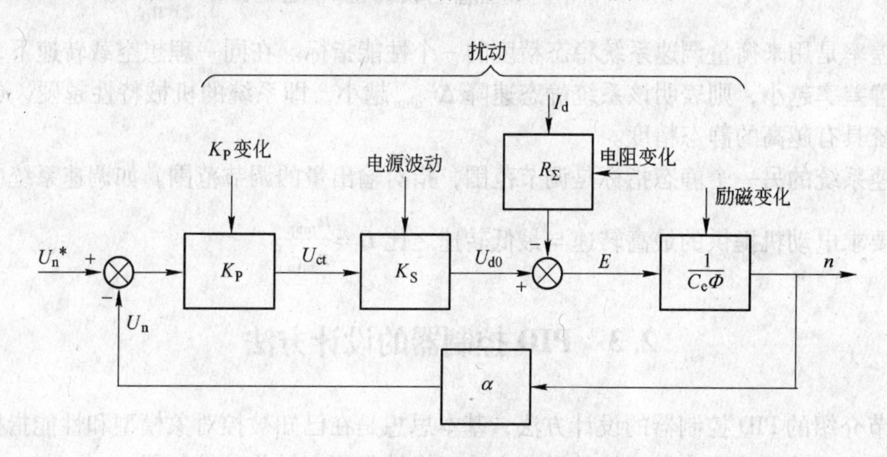

图2－9　转速闭环系统的扰动作用

系统的抗扰性能好坏是通过最大动态转速降落的大小和恢复时间的长短来评价的。扰动响应曲线与抗扰性能指标如图2－10所示。

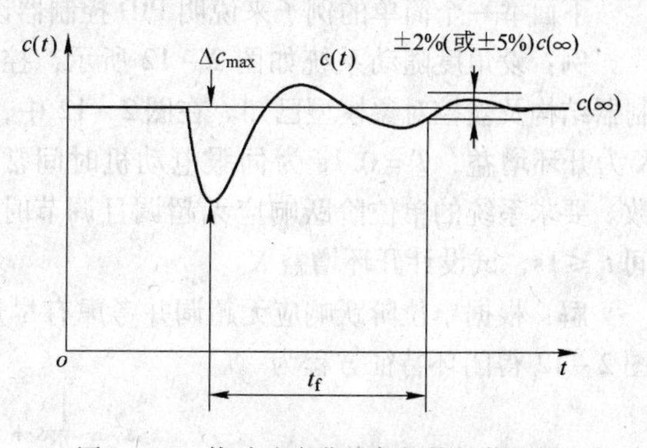

图2－10　扰动响应曲线与抗扰性能指标

a　最大动态降落$\Delta c_{max}\%$

最大动态降落可简称为动态降落，是指突加扰动后在过渡过程中所引起的输出量最大降落值，一般用相对百分数来表示：

$$\Delta c_{max}\% = \frac{\Delta c_{max}}{c(\infty)} \times 100\%$$

b　恢复时间 t_f

从扰动作用时刻开始到输出信号达到并不再超出给定的误差允许范围 $(1 \pm 2\%)c(\infty)$ 或 $(1 \pm 5\%)c(\infty)$ 所需要的时间。显然，$\Delta c_{max}\%$ 越小，t_f 越短，则系统抗扰能力越强。

扰动所引起的静态偏差是容易消除的，只要在调节器中引入积分控制规律（控制器的设计将在下面讲到），即可实现消除静差的目的。但如果想最大限度地减小动态速降和恢复时间，就不能完全依靠反馈控制，而是要和其他控制配合。比如，加前馈控制，即实现复合控制，就可以进一步改善系统的抗扰性能。

2.2.2.2　静态指标

稳态指标——稳态误差。若时间趋于无穷时，系统的输出量不等于输入量或输入量的确定函数，则系统存在稳态误差，定义为

$$E(s) = R(s) - H(s)C(s)$$

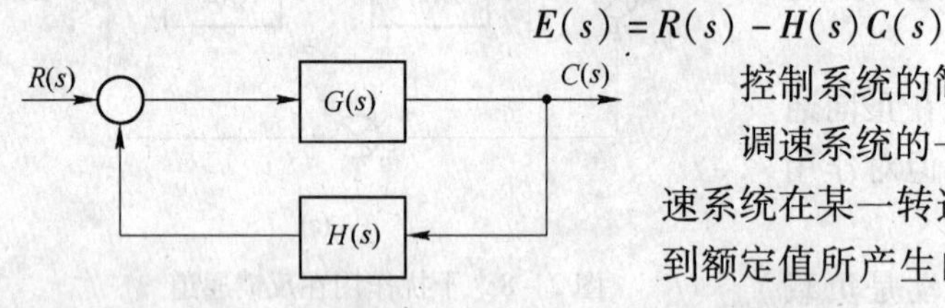

图 2－11　控制系统的简化框图

控制系统的简化框图如图 2－11 所示。

调速系统的一个静态指标是静差率，指当调速系统在某一转速下稳定运行时，负载由零增加到额定值所产生的静态转速降落 Δn_{nom} 与对应的理想空载转速 n_0 之比：$S = \frac{\Delta n_{nom}}{n_0}$。

静差率是用来衡量调速系统稳态精度的一个性能指标。在同一理想空载转速下，调速系统的静差率越小，则表明该系统静态速降 Δn_{nom} 越小，即系统的机械特性越硬，也就是说该系统具有越高的静态精度。

调速系统的另一个静态指标是调节范围，指对输出量的调节范围。如调速系统中，生产机械要求电动机提供的最高转速与最低转速之比 $D = \frac{n_{max}}{n_{min}}$。

2.3　PID 控制器的设计方法

本节介绍的 PID 控制器的设计方法，基本思想是在已知被控对象模型和性能指标的前提下，应用连续系统和离散系统的设计方法，设计得到离散化的控制器。

下面举一个简单的例子来说明 PID 控制器设计的具体过程。

例：设角度随动系统如图 2－12 所示，控制器结构及被控对象模型已知。在图 2－12 中，K 为开环增益，$T = 0.1\text{s}$ 为伺服电动机时间常数。要求系统的单位阶跃响应无超调且调节时间 $t_s \leqslant 1\text{s}$，试设计开环增益 K。

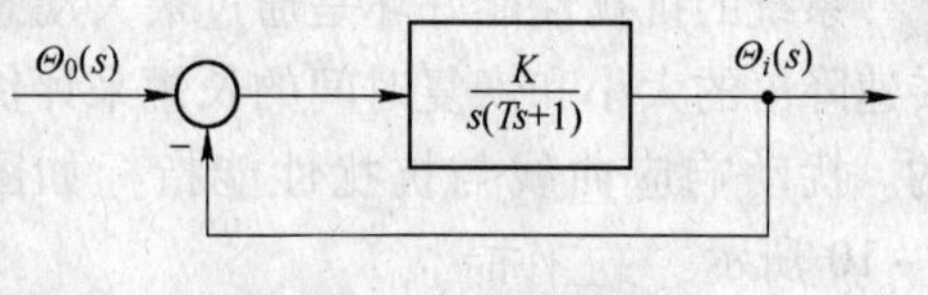

图 2－12　角度随动系统

解：根据单位阶跃响应无超调并考虑有尽量快的响应速度，应取阻尼比为 $\zeta = 1$。由图 2－12 得闭环特征方程为

$$s^2 + \frac{1}{T}s + \frac{K}{T} = 0$$

代入 $T=0.1$，可知当 $\zeta=1$ 时，必有 $\omega_n=\sqrt{10K}=5\text{rad/s}$，求解得开环增益 $K=2.5(\text{rad/s})^2$。

又因为 $\omega_n^2=1/T_1T_2$，而当 $\zeta=1$ 时，$T_1=T_2$，所以得 $T_1=T_2=0.2\text{s}$，从而由临界阻尼二阶系统的调节时间 $t_s=4.75T_1$，$\zeta=1$，得 $t_s=4.75T_1=0.95\text{s}$，满足指标要求。

最后将控制器离散化，即

$$Z\left(\frac{2.5}{s}\right)=\frac{2.5z}{z-1}$$

从而得到数字控制器。

求解本例题采用的是线性系统的时域分析法（未考虑采样开关和零阶保持器的影响），需要读者熟悉二阶系统时间响应的性能指标。

2.3.1 PID 调节规律

在工程实际中，控制器中应用最为广泛的调节规律为比例、积分和微分调节规律，简称 PID。PID 之所以能作为一种基本控制方式获得广泛应用，是因为它具有原理简单、使用方便、鲁棒性强、适应性广等许多优点，尤其适用于可建立精确数学模型的确定性控制系统。在控制理论和技术飞速发展的今天，工业过程控制领域仍有近 90% 的回路在应用 PID 控制策略。下面对 PID 调节规律的数学描述及其特性进行一些简单的介绍。

2.3.1.1 比例调节规律

比例控制的时域数学表达式为

$$\Delta u(t)=K_P e(t) \tag{2-1}$$

实际输出 $u(t)=\Delta u(t)+u(0)$，而传递函数是在零初始条件下定义的，即 $u(0)=0$，故传递函数表达式为

$$G_c(s)=K_P \tag{2-2}$$

纯比例调节器的单位阶跃响应特性如图 2-13 所示。

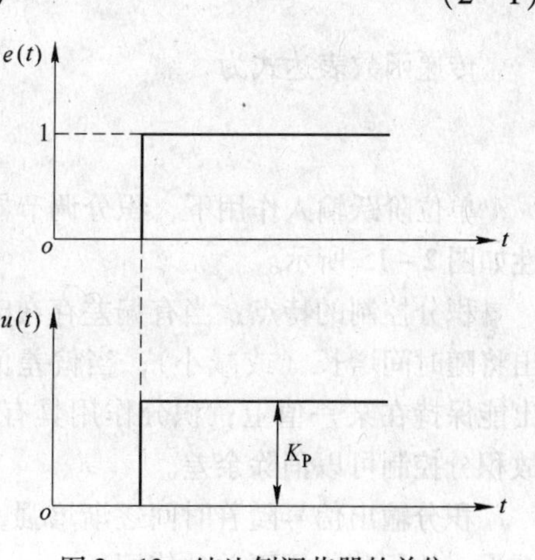

图 2-13 纯比例调节器的单位阶跃响应特性

比例控制的特点：控制及时、适当，只要有偏差，输出立刻成比例地变化，偏差越大，输出的控制作用越强；但控制结果存在静差，即调节作用是以偏差存在为前提条件的，不可能做到无静差调节。

下面以汽轮机速度调节器为例，说明机械式比例调节器的控制作用，其原理如图 2-14 所示。

系统稳态工作时，飞锤在弹簧的弹力和驱动轴旋转产生的离心力共同作用下，受力平衡，浮动杆静止，给油量固定，汽轮机带动负载稳定运转。当负载减少时，叶轮转速升高，驱动轴转速加快，飞锤所受离心力大于弹力，飞锤张开的角度变大，从而使浮动杆上移，汽轮机的燃油进油量减少，于是叶轮转速下降，但恢复不到原来的转速。负载增加时的转速调节规律与上述类似。由于进油量与浮动杆行程成正比，故该调节器起比例控制作用。

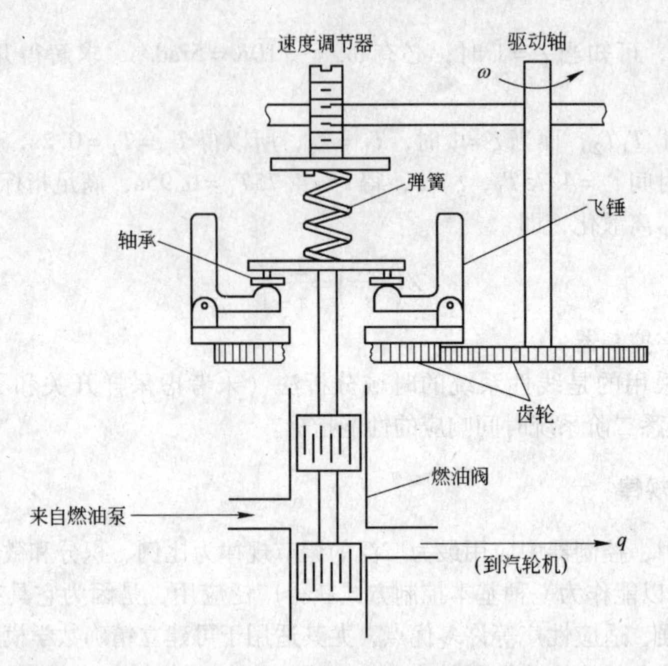

图 2-14　机械式比例调节器

2.3.1.2　积分调节规律

积分控制的时域数学表达式为

$$\Delta u(t) = \frac{1}{T_{\mathrm{I}}}\int_0^t e(t)\,\mathrm{d}t \tag{2-3}$$

传递函数表达式为

$$G_{\mathrm{c}}(s) = \frac{1}{T_{\mathrm{I}}s} \tag{2-4}$$

单位阶跃输入作用下，积分调节器的响应特性如图 2-15 所示。

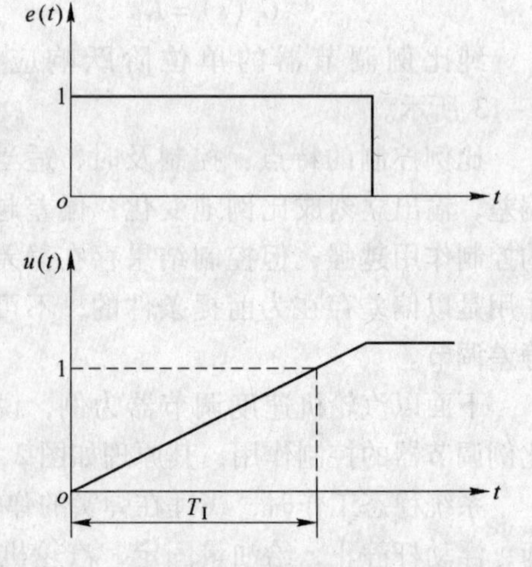

图 2-15　积分调节器的单位阶跃响应特性

积分控制的特点：当有偏差存在时，积分输出将随时间增长（或减小）；当偏差消失时，输出能保持在某一值上；积分作用具有保持功能，故积分控制可以消除余差。

积分输出信号随着时间逐渐增强，控制动作缓慢，故积分作用不单独使用。

2.3.1.3　微分控制调节规律

微分控制时域数学表达式为

$$\Delta u(t) = T_{\mathrm{D}}\frac{\mathrm{d}e(t)}{\mathrm{d}t} \tag{2-5}$$

传递函数表达式为

$$G_{\mathrm{c}}(s) = T_{\mathrm{D}}s \tag{2-6}$$

微分控制的特点：微分作用能超前控制。在偏差出现或变化的瞬间，微分立即产生强烈的调节作用，使偏差尽快地消除于萌芽状态之中。但微分对静态偏差毫无控制能力。当偏差存在，但不变化时，微分输出为零，因此不能单独使用。必须和P或PI结合，组成PD控制或PID控制。

单位阶跃输入作用下，微分调节器的响应特性如图2－16所示。

2.3.1.4 比例积分控制

比例积分控制的传递函数表达式为

$$G_c(s)=K_P\left(1+\frac{1}{T_I s}\right)=K_P+\frac{K_I}{s} \tag{2-7}$$

式中，$K_I=\frac{K_P}{T_I}$，称为积分系数。

比例积分控制的特点：当有偏差存在时，积分输出将随时间增长（或减小）；当偏差消失时，输出能保持在某一值上。将比例与积分组合起来，既能控制及时，又能消除余差。

图2－17所示为比例积分调节器的单位阶跃响应特性。比例积分调节器的输出可看成是比例和积分两项输出的合成，即在阶跃输入的瞬间有一比例输出，随后在比例输出的基础上按同一方向输出不断增加，这就是积分作用。只要输入不为零，输出的积分作用会一直随时间增长，如图中实线所示。而实际的比例积分调节器，由于放大器的开环增益为有限值，输出不可能无限增大，积分作用呈饱和特性，如图中虚线所示。

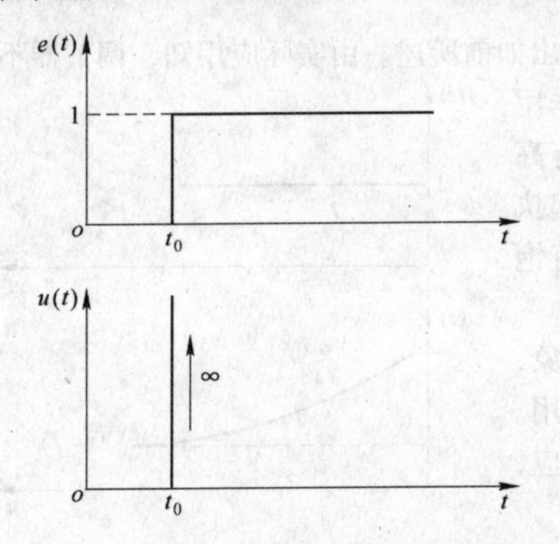

图2－16 微分调节器的单位阶跃响应特性

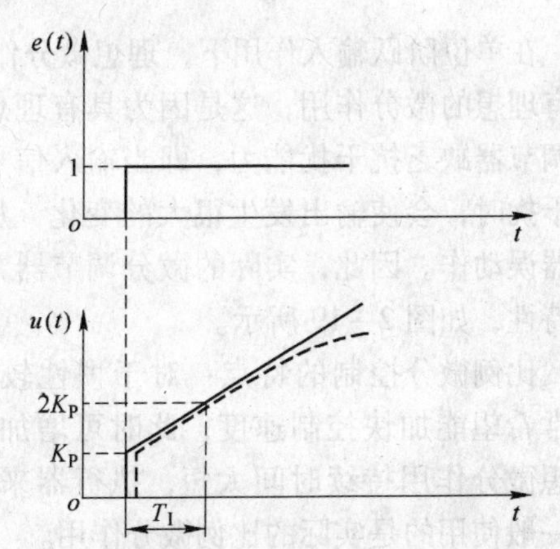

图2－17 比例积分调节器的单位阶跃响应特性

下面仍以汽轮机速度调节器为例，说明机械式调节器的比例积分控制作用，其原理如图2－18所示。

比例积分调节器对负载的转速调节过程与图2－14所示的机械式比例调节器的比例控制作用类似。不同的是，燃油量不再与浮动杆行程成正比，而是要先经过导向阀的充放油过程，控制活塞的上下调节，再由活塞带动浮动杆作用，以比例积分的形式控制燃油阀调节燃油量，最后使速度恢复到原来的设定值，实现无静差调节。

2.3.1.5 比例微分控制

比例微分控制的传递函数表达式为

$$G_c(s)=K_P(1+T_D s)=K_P+K_D s \tag{2-8}$$

式中，$K_D=K_P T_D$，称为微分系数。

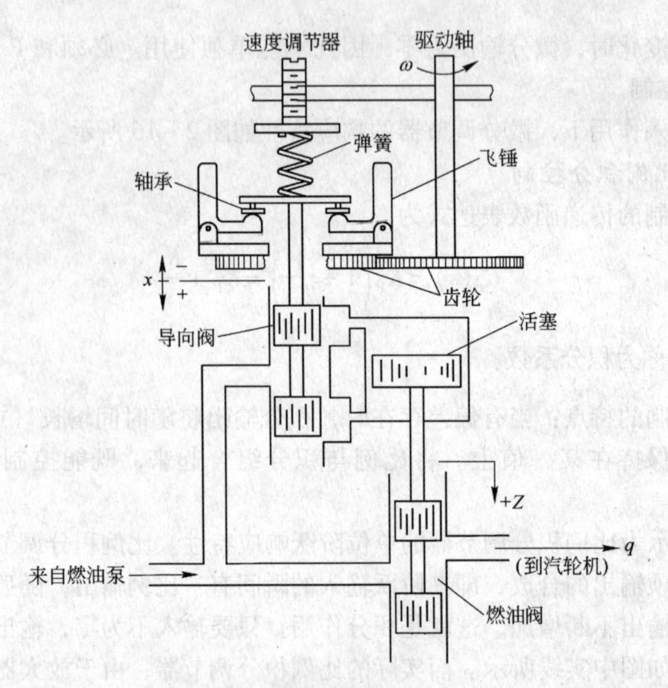

图 2－18　机械式比例积分调节器

在单位阶跃输入作用下，理想微分作用的输出如前所述。由实际应用知，调节器不允许有理想的微分作用，这是因为具有理想微分作用的调节器缺乏抗干扰能力，即当输入信号中含有高频干扰时，会使输出发生很大的变化，从而引起执行器误动作。因此，实际的微分调节器常常具有饱和特性，如图 2－19 所示。

比例微分控制的特点：对于惯性较大的对象，常常希望能加快控制速度，此时可增加微分作用。理想微分作用持续时间太短，执行器来不及响应，故一般使用的是实际的比例微分作用。

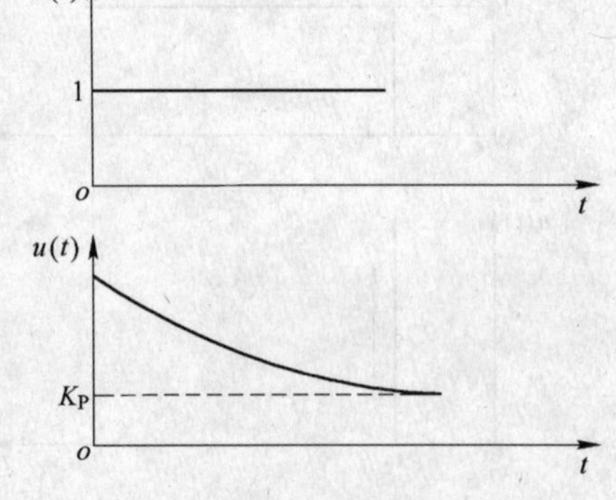

图 2－19　具有饱和特性的比例微分调节器的单位阶跃响应特性

2.3.1.6　比例积分微分控制

模拟 PID 控制器的算法为

$$\Delta u(t) = K_P\left[e(t) + \frac{1}{T_I}\int e(t)\mathrm{d}t + T_D\frac{\mathrm{d}e(t)}{\mathrm{d}t}\right] \tag{2-9}$$

写成传递函数形式为

$$G_c(s) = K_P\left(1 + \frac{1}{T_I s} + T_D s\right) \tag{2-10}$$

式中，$u(t)$ 为调节器的输出；$e(t)$ 为被控参数与给定值之差；第一项为比例（P）部分，第二项为积分（I）部分，第三项为微分（D）部分；K_P 为调节器的比例增益；T_I 为积分时间（以 s 或 min 为单位）；T_D 为微分时间（以 s 或 min 为单位）。

理想 PID 调节器的单位阶跃响应特性如图 2－20 实线所示，而实际的 PID 调节器的积分和微分环节具有饱和作用，如图 2－20 虚线所示。

PID 控制的特点：将比例、积分、微分三种控制规律结合在一起，只要三项作用的强度配合适当，就既能快速调节，又能消除余差，从而得到满意的控制效果。

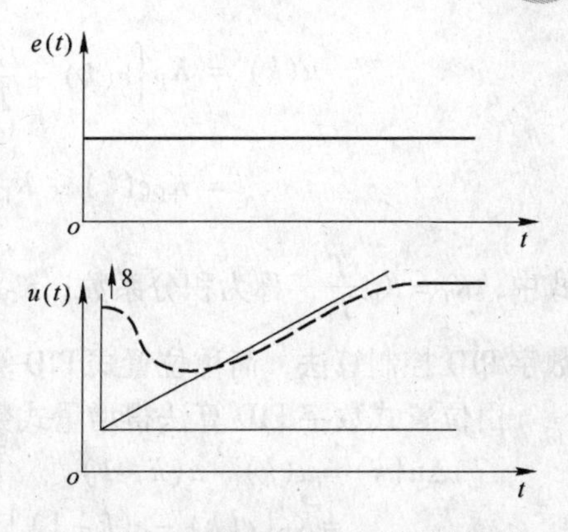

图 2 – 20　比例积分微分调节器的单位阶跃响应特性

2.3.2　数字式 PID 调节器

调节器分模拟调节器和数字调节器两类。

模拟调节器采用模拟信号，确定受控对象参数的模拟形式测量值与给定值的偏差，并根据一定的调节规律产生模拟输出信号推动执行器消除偏差，使受控参数保持在给定值附近或按预定规律变化。

模拟调节仪表按照所用的能源分为气动仪表、液动仪表和电动仪表三类；按照原理和结构又可分为自力式调节器、基地式调节仪表、简易调节仪表、单元组合仪表和组装式综合控制装置等。但随着生产规模的发展和控制要求的提高，模拟调节器的局限性也越来越明显：

（1）功能单一，灵活性差。

（2）信息分散，所用仪表多，且监视操作不方便。

（3）接线过多，系统维护难度大。

随着计算机技术、网络通信技术及显示技术的发展，数字控制器日益成为在工业控制领域中占主导地位的控制器。数字式控制器主要由以微处理器为核心的硬件电路和由系统程序、用户程序构成的软件两部分组成。

下面以数字式 PID 调节器为例，讲述它的控制算法及其 PID 参数对系数性能的影响。

2.3.2.1　数字式 PID 调节器的控制算法

数字 PID 控制器源于模拟 PID 控制器，基本数字 PID 控制算法包括位置式 PID 控制算法和增量式 PID 控制算法。

模拟 PID 控制器的算法为

$$u(t) = K_{\mathrm{P}}\left[e(t) + \frac{1}{T_{\mathrm{I}}}\int_0^t e(t)\,\mathrm{d}t + T_{\mathrm{D}}\frac{\mathrm{d}e(t)}{\mathrm{d}t}\right] \tag{2-11}$$

写成传递函数形式为

$$G_{\mathrm{c}}(s) = K_{\mathrm{P}}\left(1 + \frac{1}{T_{\mathrm{I}}s} + T_{\mathrm{D}}s\right) \tag{2-12}$$

下面对模拟 PID 控制器进行离散化处理，用后向差分近似代替微分，可得

$$\left.\begin{aligned} u(t) &\approx u(kT) \\ e(t) &\approx e(kT) \\ \int_0^t e(t)\,\mathrm{d}t &\approx T\sum_{i=1}^{k} e(iT) \\ \frac{\mathrm{d}e(t)}{\mathrm{d}t} &\approx \frac{e(kT) - e(kT-T)}{T} \end{aligned}\right\} \tag{2-13}$$

省略采用周期 T，即 kT 记为 k（以下同），则

$$u(k) = K_P\left\{e(k) + \frac{T}{T_I}\sum_{j=1}^{k} e(j) + \frac{T_D}{T}[e(k) - e(k-1)]\right\}$$

$$= K_P e(k) + K_I \sum_{j=1}^{k} e(j) + K_D[e(k) - e(k-1)] \quad (2-14)$$

式中，$K_I = K_P \frac{T}{T_I}$，称为积分系数；$K_D = K_P \frac{T_D}{T}$，称为微分系数。式（2-14）即为位置式数字 PID 控制算法，简称位置式 PID 算法。

由位置式数字 PID 算法得增量式数字 PID 算法：

$$\Delta u(k) = u(k) - u(k-1)$$
$$= K_P[e(k) - e(k-1)] + K_I e(k) + K_D[e(k) - 2e(k-1) + e(k-2)] \quad (2-15)$$

实际应用中究竟是用位置式 PID 算法还是增量式 PID 算法，关键是看执行机构的特性。如果执行机构具有积分特性部件（如步进电动机、具有齿轮传递特性的位置执行机构等），则应该采用增量式 PID 算法；如果执行机构没有积分特性部件，则应该采用位置式 PID 算法。

2.3.2.2　数字式调节器的 PID 参数对系统性能的影响

（1）比例系数 K_P 对系统性能的影响。

对系统静态性能的影响：在系统稳定的情况下，K_P 增加，稳态误差减小，进而提高系统的控制精度。

对系统动态性能的影响：K_P 增加，系统响应速度加快；但如果 K_P 偏大，系统输出振荡次数增多，调节时间加长；且 K_P 过大会导致系统不稳定。

（2）积分时间常数 T_I 对系统性能的影响。

对系统静态性能的影响：积分控制能消除系统静差，但如果 T_I 过大，积分作用会太弱，以致不能消除静差。

对系统动态性能的影响：若 T_I 太小，系统将不稳定；若 T_I 太大，对系统动态性能影响减小。

（3）微分常数 T_D 对系统性能的影响。

对系统动态性能的影响：选择合适的 T_D 将使系统的超调量减小，调节时间缩短，允许加大比例控制；但若 T_D 过大或过小都会适得其反。

本书案例所用的调节器就是数字调节器，下面一节将给出数字调节器参数的整定方法。

2.4　数字式 PID 调节器参数的整定

调节器是控制系统的核心单元，它的作用是对偏差信号进行各种控制运算，按一定的调节规律产生调节作用去控制执行器，以使被控量符合生产工艺的要求。所以说，调节器参数的整定对系统控制质量的好坏至关重要。

PID 控制中一个关键的问题便是 PID 参数的整定。在实际应用中，许多被控过程机理复杂，具有高度非线性、时变不确定性和纯滞后等特点；在噪声、负载扰动等因素的影响下，过程参数甚至模型结构均会随时间和工作环境的变化而变化，这就要求在 PID 控制中，不仅 PID 参数的整定应尽量不依赖于对象数学模型，而且要求 PID 参数能够在线调整，以满足实时控制的要求。

2.4.1 PID 整定方法综述

目前工业过程控制中 PID 参数整定的主要方法分为两大类：基于被控对象特性的整定方法和不依赖于被控对象特性的整定方法。简单介绍如下。

2.4.1.1 基于被控对象特性的整定方法

A 基于对象参数模型的整定方法

这种整定方法是利用辨识算法得出被控对象的数学模型，在此基础上用整定算法对控制器参数进行整定。在辨识得到对象的参数模型后，可用的参数整定方法有：极点配置整定法、相消原理法、内模控制法、基于二次型性能指标（ITAE ITE ISE）的参数优化方法。这类方法对特性分明的被控对象的控制参数整定是十分有效的，但这种方法比较复杂，要得到精确的数学模型，需要较复杂的试验手段和数学手段，并且这种方法对被控过程模型有较强的限制，因而对不能用精确数学模型描述的复杂过程难以奏效。

B 基于对象非参数模型的整定方法

利用非参数模型辨识方法获得的模型是对象的非参数模型，即对象的阶跃响应、脉冲响应、频率响应等，其表现形式是以时间或频率为自变量的实验曲线。这种方法在假定过程是线性的前提下，不必事先确定模型的具体结构，因而可适用于任意复杂的过程。其所得的非参数模型经适当的数学处理，可转变为参数模型－传递函数形式，然后再应用适当的整定方法或计算公式可得控制器参数。

C 基于对象输出响应特征值的整定方法

基于对象输出响应特征值来进行 PID 参数整定的方法较多，目前实用的比较著名的是闭环 Z－N 方法。闭环 Z－N 方法（也称临界比例度法、稳定边界法）将对象与一个纯比例控制器接成闭环，将比例作用由小到大变化，直至系统输出出现不衰减的等幅振荡，记录下临界增益和临界周期，则控制器参数可通过查表确定。过程工业中存在许多不确定因素，要得到真正的等幅振荡并保持一段时间是相当困难的，如使用不慎还常常会引起增幅振荡，故对要求较严格的生产过程，这个方法是不实用的。因此，可采用与临界比例度相类似的衰减曲线法，其大致思路是将对象与一个纯比例控制器接成闭环，由小到大调整比例作用，使系统过渡过程达到 4:1 衰减，记下此时的控制器比例带和振荡周期，然后根据由经验公式组成的表格计算出相应的优化整定参数。

第 2.6.2 节介绍的工程实验法中的扩充临界比例度法、扩充响应曲线法和归一参数整定法就属于闭环 Z－N 方法。

2.4.1.2 不依赖于被控对象特性的整定方法

A 参数优化方法

参数优化问题就是调整控制器的参数，在满足一定约束的条件下，使某个目标函数达到最优（最大或最小）。参数优化方法的优点是它不需依赖被控对象的数学模型，而只需用实验测取与目标函数相关的系统动态特征量，如过渡过程时间、超调量或偏差。但用于控制器参数整定寻优的目标函数必须与系统调节指标函数密切相关，以反映系统的调节品质，目前常用的有两类：一类是直接指定系统调节指标；另一类是使用误差目标函数。

B 智能整定法

智能整定法就是将专家系统、模糊控制及人工神经元网络等人工智能技术应用于参数整定，主要有以下两种整定方法。

a 模式识别整定法

模式识别整定法将 PID 控制器与被控对象相连组成闭环系统，观察系统对设定值阶跃变化的响应或干扰的响应，根据实测的响应模式与理想的响应模式的差别调整调节器参数。此方法包括以下工作：

（1）按一定准则将闭环系统在一定输入响应下分为若干模式，并提取其模式特征量。

（2）根据实测特征量与理想模式特征量之间的差别对 PID 调节器参数进行整定。

b 基于控制器自身控制行为的参数整定法

这种整定方法不依赖于对象的数学模型，而是根据自身的控制行为来调整控制参数。系统的控制行为表现为偏差和偏差变化率，整定时根据控制行为的反映来动态地改变 PID 参数，也就是将 PID 控制律转化为比例、积分、微分作用的非线性组合形式，控制器再根据偏差和偏差变化率自动校正 PID 参数，从而获得良好的控制效果。

2.4.2 工程实验法

考虑到实际被控对象的数学模型难以准确确定，这里介绍四种在工程实践中行之有效的 PID 参数实验整定方法：扩充临界比例度法、扩充响应曲线法、归一参数整定法和试凑法。

2.4.2.1 扩充临界比例度法

利用扩充临界比例度法进行 PID 参数整定的具体步骤为：

（1）选择一个合适的采样周期 T。按照采样定理和工程实践经验选择采样周期，如果对象包括纯滞后，通常可选择被控对象纯滞后时间的 1/10 为采样周期。

（2）PID 调节器只投入比例项进行控制，给定输入为单位阶跃信号，逐渐加大比例系数 K_P，使控制系统出现临界振荡，如图 2－21 所示。由临界振荡过程求得相应的临界振荡周期 T_u，并记下此时的比例系数 K_P，将其记为 K_u。

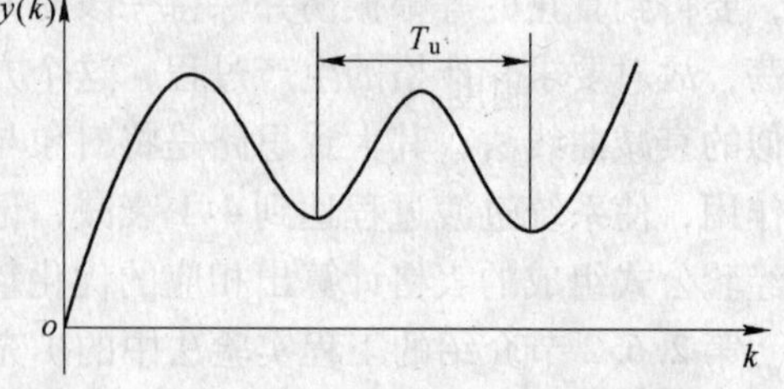

图 2－21 系统的临界振荡曲线

（3）选择控制度。控制度定义为数字控制系统和模拟控制系统所对应过渡过程的误差平方的积分之比，即

$$控制度 = \frac{\left[\min \int_0^{\infty} e^2(t)\,\mathrm{d}t\right]_D}{\left[\min \int_0^{\infty} e^2(t)\,\mathrm{d}t\right]_A} \tag{2-16}$$

控制度表明了数字控制相对模拟控制的控制效果。工程经验表明：当控制度为 1.05 时，数字控制与模拟控制效果相当；当控制度为 2 时，数字控制比模拟控制效果差一倍。

实际应用中不需要具体计算控制度。

（4）根据选定的控制度，按表 2－1 求取采样周期 T 和 PID 参数 K_P、T_I 和 T_D。

表 2－1 扩充临界比例度法整定 PID 参数表

控制度	控制规律	T/T_u	K_P/K_u	T_I/T_u	T_D/T_u
1.05	PI	0.03	0.53	0.88	—
	PID	0.014	0.63	0.49	0.14
1.20	PI	0.05	0.49	0.91	—
	PID	0.043	0.47	0.47	0.16
1.50	PI	0.14	0.42	0.99	—
	PID	0.09	0.34	0.43	0.20
2.00	PI	0.22	0.36	1.05	—
	PID	0.16	0.27	0.40	0.22
模拟控制器	PI	—	0.57	0.83	—
	PID	—	0.70	0.50	0.13

（5）按照求得的整定参数，投入系统运行，观察控制效果，再按照经验适当调整参数，直到获得满意的控制效果。

2.4.2.2 扩充响应曲线法

扩充响应曲线法是在模拟 PID 控制器响应曲线法的基础上推广应用到数字 PID 控制器参数整定的方法。具体步骤如下：

（1）断开数字 PID 控制器，在被控对象接受控制信号的输入端直接接入一个单位阶跃信号，然后测出对象的单位阶跃响应曲线，如图 2－22 所示。

（2）在响应曲线的拐点处作切线，则对象纯滞后时间 τ 和时间常数 T_m 分别为：$\tau = OA$，$T_m = AC$。

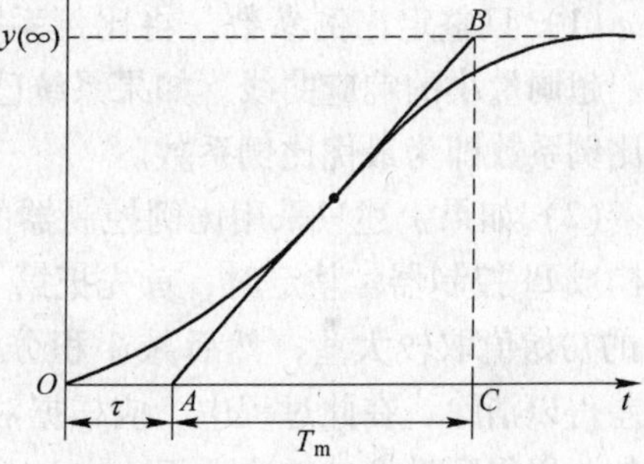

图 2－22 对象单位阶跃响应曲线

（3）选择控制度。

（4）按表 2－2 求取采样周期 T 和 PID 参数 K_P、T_I 和 T_D。

表 2－2 扩充响应曲线法整定 PID 参数表

控制度	控制规律	T/τ	$K_P/(T_m/\tau)$	T_I/τ	T_D/τ
1.05	PI	0.10	0.84	3.40	—
	PID	0.05	1.15	2.00	0.45
1.20	PI	0.20	0.78	3.60	—
	PID	0.16	1.00	1.90	0.55
1.50	PI	0.50	0.68	3.90	—
	PID	0.34	0.85	1.62	0.65
2.00	PI	0.80	0.57	4.20	—
	PID	0.60	0.60	1.50	0.82

（5）按照求得的整定参数，投入系统运行，观察控制效果，再按照经验适当调整参数，直到获得满意的控制效果。

2.4.2.3　归一参数整定法

归一参数整定法是一种简化的扩充临界比例度整定法。

已知位置式 PID 控制算法为

$$u(k) = K_P\left\{e(k) + \frac{T}{T_I}\sum_{j=1}^{k} e(j) + \frac{T_D}{T}[e(k) - e(k-1)]\right\} \tag{2-17}$$

所以增量式 PID 控制算法为

$$\Delta u(k) = K_P\left\{[e(k) - e(k-1)] + \frac{T}{T_I}e(k) + \frac{T_D}{T}[e(k) - 2e(k-1) + e(k-2)]\right\} \tag{2-18}$$

为了减少 PID 整定参数的数目，根据大量实际经验，可人为设定约束条件，如取

$$T \approx 0.1T_u,\ T_I \approx 0.5T_u,\ T_D \approx 0.125T_u$$

其中，T_u 为纯比例控制器时的临界振荡周期，如图 2-21 所示（扩充临界比例度法）。将上述约束条件代入到增量式 PID 控制算法中，整理得

$$\Delta u(k) = K_P[2.45e(k) - 3.5e(k-1) + 1.25(k-2)] \tag{2-19}$$

式（2-19）中只有一个参数 K_P 需要整定，从而使问题大大简化，这时可参考下面试凑法来整定唯一参数 K_P。

2.4.2.4　试凑法

用试凑法整定 PID 参数，首先要熟悉 PID 各个参数变化对系统性能的影响（性能指标的变化趋势），其次按照先比例、后积分、再微分的步骤进行整定。具体步骤如下：

（1）只整定比例参数。将比例系数 K_P 由小变大，观察系统的响应，直到得到反应快、超调量小的响应曲线。如果系统已满足工艺性能指标要求，则只用比例控制器即可，该比例系数即为最优比例系数。

（2）如果上述只采用比例控制器的系统的静差不能满足设计要求，则应加入积分环节构成 PI 控制器。整定时，首先把第一步的比例系数 K_P 适当减小（如取原值的 0.8 倍），T_I 的初始值取较大些，然后减小积分时间常数，使系统在保持良好动态性能的情况下，静差得以消除。在此过程中，应根据对响应曲线的满意程度反复修改比例系数和积分时间常数，以得到满意的响应过程。

（3）若经过上述参数试凑，系统的动态性能仍不能满足设计要求（主要是超调量过大或系统响应速度不够快），则可加入微分环节，构成 PID 控制器。整定时，T_D 应从零逐渐增大，同时相应地改变比例系数和积分时间常数，直到获得满意的控制效果。

针对转速电流反馈控制的直流调速系统调节器的工程设计法，将在第 3 章具体讨论。

2.5　小　　结

本章介绍了自动控制系统的分类和基本控制方法，对闭环控制的原理和单项性能指标的含义，包括峰值时间、调节时间、超调量、最大动态转速降落、恢复时间、稳态误差和静差率等控制指标进行了详细的描述。重点讲解了 PID 控制器的设计方法和 PID 参数的整定规则，强调对数字式 PID 调节器中位置式 PID 算法、增量式 PID 算法的理解。学会运用

PID 调节器参数整定方法中的扩充临界比例度法、扩充响应曲线法和归一参数整定法。

习题与思考题

2-1　图 2-23 是液位自动控制系统原理图。在任意情况下，希望液面高度 c 维持不变，试说明系统工作原理并画出系统方块图。

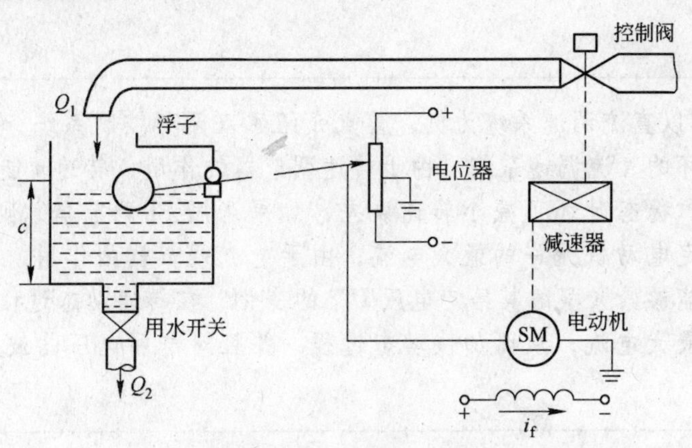

图 2-23　习题 2-1 图

2-2　调速系统的静差率可以衡量系统的哪个指标？如何消除由扰动引起的稳态误差？

2-3　分别写出比例（P）、积分（I）、微分（D）基本调节规律的时域数学表达式和传递函数表达式，并说明其响应特性。

2-4　某比例积分调节器的输入输出范围均为 4～20mA，若设比例度 $\delta=100\%$，$T_I=2$min，稳态时其输出为 6mA；若在某一时刻输入阶跃增加 1mA，试求经过 4min 后调节器的输出。

2-5　简要说明数字式调节器的 PID 参数对系统性能的影响。

2-6　试由模拟 PID 控制器的算法推导出数字 PID 控制器的算法；分别写出位置式 PID 算法和增量式 PID 算法，并简要说明这两种算法的应用场合。

2-7　PID 参数的实验整定方法有哪四种？请给出试凑法的具体步骤。

3 闭环控制的直流调速系统

【内容提要】本章以直流调速系统为例，重点介绍了双闭环控制系统，即以电流环为内环、转速环为外环的直流调速系统。由于转速调节器的作用，转速 n 能够很快地跟随给定电压 U_n^* 变化，稳态时还可减小转速误差，如果采用 PI 调节器，则可实现无静差，其输出限幅值决定电动机允许的最大电流；由于电流调节器的作用，在转速外环的调节过程中，电流能够紧紧跟随其给定电压 U_i^* 的变化，在转速动态过程中，还能保证获得电动机允许的最大电流，从而加快动态过程，并且对电网电压的波动也能起到抗扰动的作用。

3.1 双闭环直流调速系统的组成

转速反馈控制直流调速系统（以下简称单闭环系统）用 PI 调节器实现转速稳态无静差，消除负载转矩扰动对稳态转速的影响，并用电流截止负反馈限制电枢电流的冲击，避免出现过电流现象。但是，转速单闭环系统并不能充分按照理想要求控制电流（或电磁转矩）的动态过程。

对于经常正、反转运行的调速系统，如龙门刨床、可逆轧机等，缩短启动、制动过程的时间是提高生产率的重要因素。为此，在启动（或制动）过渡过程中，希望始终保持电流（电磁转矩）为允许的最大值，使调速系统以最大的加（减）速度运行。当到达稳态转速时，最好又能使电流立即降下来，使电磁转矩与负载转矩相平衡，从而迅速转入稳态运行。理想的启动（制动）过程如图 3-1 所示，启动电流呈矩形波，转速按线性增长，这就是在最大电流（转矩）受限制时调速系统所能获得的最快的启动（制动）过程。

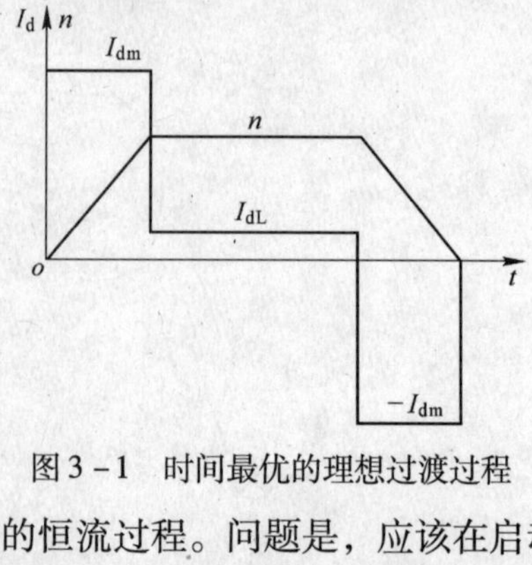

图 3-1　时间最优的理想过渡过程

实际上，由于主电路电感的作用，电流不可能突变，为了实现在允许条件下的最快启动，关键是要获得一段使电流保持为最大值 I_{dm} 的恒流过程。按照反馈控制规律，采用某个物理量的负反馈就可以保持该量基本不变，那么，采用电流负反馈应该能够得到近似的恒流过程。问题是，应该在启动过程中只有电流负反馈，没有转速负反馈，在达到稳态转速后，又希望只要转速负反馈，而电流负反馈不要再发挥作用。怎样才能做到这种既存在转速和电流两种负反馈，又使它们只分别在不同的阶段里起作用呢？显然，只用一个调节器是不可能实现的，为此可以采用转速和电流两个调节器，问题是在系统中如何将其连接。

为了使转速和电流两种负反馈分别起作用，可在系统中设置两个调节器，分别引入转速负反馈和电流负反馈以调节转速和电流，二者之间实行嵌套（或称串级）连接，如图3－2所示。把转速调节器的输出当做电流调节器的输入，再用电流调节器的输出去控制电力电子变换器UPE。从闭环结构上看，电流环在里面，称为内环；转速环在外边，称为外环，这就形成了转速、电流反馈控制直流调速系统（以下简称双闭环直流调速系统）。为了获得良好的静、动态性能，转速和电流两个调节器一般都采用PI调节器。

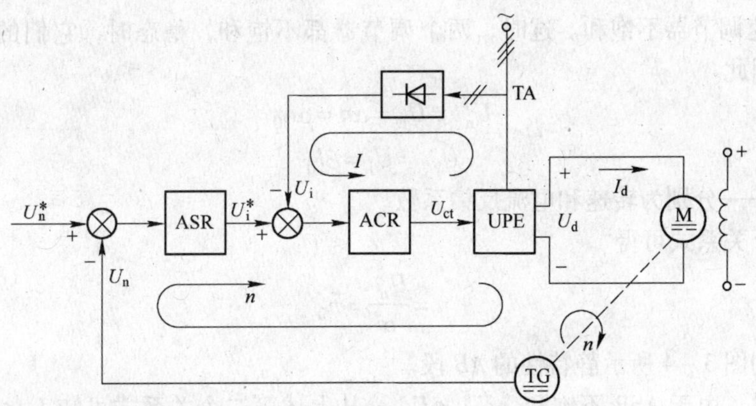

图3－2　转速、电流反馈控制直流调速系统原理图

ASR—转速调节器；ACR—电流调节器；TG—测速发电机；

TA—电流互感器；UPE—电力电子变换器；U_n^*—转速给定电压；

U_n—转速反馈电压；U_i^*—电流给定电压；U_i—电流反馈电压

3.2　双闭环直流调速系统稳态结构图与参数计算

3.2.1　稳态结构图和静特性

双闭环直流调速系统的稳态结构如图3－3所示，两个调节器均采用带限幅作用的PI调节器。转速调节器ASR的输出限幅电压U_{im}^*决定了电流给定U_i^*的最大值，电流调节器

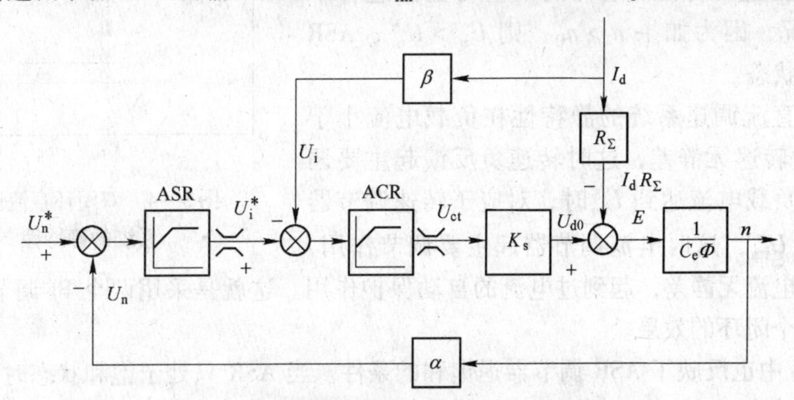

图3－3　双闭环直流调速系统的稳态结构图

α—转速反馈系数；β—电流反馈系数

ACR 的输出限幅电压 U_{ctm} 限制了电力电子变换器的最大输出电压 U_{d0m}，图 3－3 中用带限幅的输出特性表示 PI 调节器的作用。当调节器饱和时，输出达到限幅值，输入量的变化不再影响输出，除非有反向的输入信号使调节器退出饱和。换句话说，饱和的调节器暂时隔断了输入和输出间的联系，相当于使该调节环开环。当调节器不饱和时，PI 调节器工作在线性调节状态，其作用是使输入偏差电压 ΔU 在稳态时为零。

为了实现电流的实时控制和快速跟随，希望电流调节器不要进入饱和状态，因此，对于静特性来说，只有转速调节器饱和与不饱和两种情况。

（1）转速调节器不饱和。这时，两个调节器都不饱和，稳态时，它们的输入偏差电压都是零。因此

$$U_n^* = U_n = \alpha n = \alpha n_0$$

$$U_i^* = U_i = \beta I_d$$

式中　α，β——分别为转速和电流反馈系数。

由第一个关系式可得

$$n = \frac{U_n^*}{\alpha} = n_0 \tag{3-1}$$

从而得到图 3－4 所示静特性的 AB 段。

与此同时，由于 ASR 不饱和，$U_i^* < U_{im}^*$，从上述第二个关系式可知 $I_d < I_{dm}$。这就是说，AB 段静特性从理想空载状态的 $I_d = 0$ 一直延续到 $I_d = I_{dm}$，而 I_{dm} 一般都是大于额定电流 I_{dN} 的。这就是静特性的运行段，呈现为水平的特性。

（2）转速调节器饱和。ASR 输出达到限幅值 U_{im}^* 时，转速外环呈开环状态，转速的变化对转速环不再产生影响，双闭环系统变成一个电流无静差的单电流闭环调节系统。稳态时

$$I_d = \frac{U_{im}^*}{\beta} = I_{dm} \tag{3-2}$$

式中，最大电流 I_{dm} 是由设计者选定的，取决于电动机的容许过载能力和系统要求的最大加速度。

式（3－2）所描述的静特性是图 3－4 中的 BC 段，呈现为垂直的特性。这样的下垂特性只适合于 $n < n_0$ 的情况，因为如果 $n > n_0$，则 $U_n > U_n^*$，ASR 将退出饱和状态。

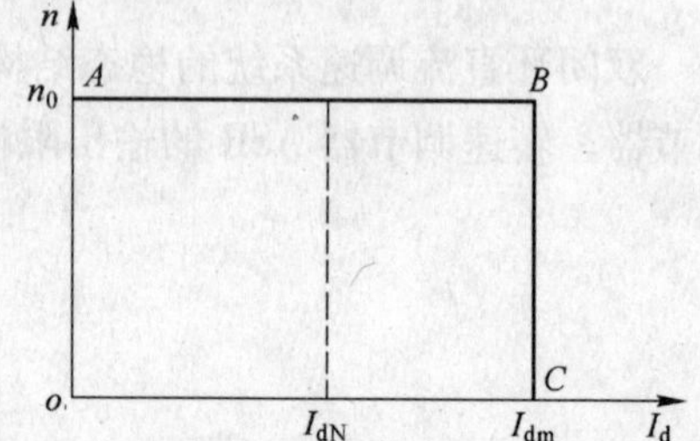

图 3－4　双闭环直流调速系统的静特性

双闭环直流调速系统的静特性在负载电流小于 I_{dm} 时表现为转速无静差，这时转速负反馈起主要调节作用。当负载电流达到 I_{dm} 时，对应于转速调节器为饱和输出 U_{im}^*，这时电流调节器起主要调节作用，系统表现为电流无静差，起到过电流的自动保护作用。这就是采用两个 PI 调节器分别形成内、外两个闭环的效果。

图 3－4 中也反映了 ASR 调节器退饱和的条件。当 ASR 只处于饱和状态时，$I_d = I_{dm}$，若负载电流减小，$I_{dL} < I_{dm}$，使转速上升，$n > n_0$，$\Delta n < 0$，ASR 反向积分，从而使 ASR 调节器退出饱和，又回到线性调节状态，即使系统回到静特性的 AB 段。

3.2.2 各变量的稳态工作点和稳态参数计算

由图3－3可以看出，双闭环直流调速系统在稳态工作中，当两个调节器都不饱和时，各变量之间有下列关系：

$$U_n^* = U_n = \alpha n = \alpha n_0 \tag{3-3}$$

$$U_i^* = U_i = \beta I_d = \beta I_{dL} \tag{3-4}$$

$$U_{ct} = \frac{U_{d0}}{K_s} = \frac{C_e \Phi n + I_d R_\Sigma}{K_s} = \frac{C_e \Phi U_n^* / \alpha + I_{dL} R_\Sigma}{K_s} \tag{3-5}$$

上述关系表明，在稳态工作点上，转速 n 是由给定电压 U_n^* 决定的，ASR 的输出量 U_i^* 是由负载电流 I_{dL}决定的，而控制电压 U_{ct}的大小则同时取决于 n 和 I_d，或者说，同时取决于 U_n^* 和 I_{dL}。这些关系反映了 PI 调节器不同于 P 调节器的特点。P 调节器的输出量总是正比于其输入量的，而 PI 调节器则不然，其饱和输出为限幅值，而非饱和输出的稳态值取决于输入量的积分，它最终将使控制对象的输出达到其给定值，并使 PI 调节器的输入误差信号为零，否则 PI 调节器将会继续积分，而未到达稳态。

双闭环调速系统的稳态参数计算与单闭环无静差系统的稳态计算相似，即根据各调节器的给定与反馈值计算有关的反馈系数：

转速反馈系数
$$\alpha = \frac{U_{nm}^*}{n_{max}} \tag{3-6}$$

电流反馈系数
$$\beta = \frac{U_{im}^*}{I_{dm}} \tag{3-7}$$

两个给定电压的最大值 U_{nm}^*和 U_{im}^*由设计者根据实际情况进行选定。

3.3 双闭环直流调速系统数学模型与动态过程

3.3.1 双闭环直流调速系统的动态数学模型

双闭环直流调速系统的动态结构图如图3－5所示，图中 $W_{ASR}(s)$ 和 $W_{ACR}(s)$ 分别表示转速调节器和电流调节器的传递函数。为了引出电流反馈，在电动机的动态结构框图中必须把电枢电流 I_d 标示出来。

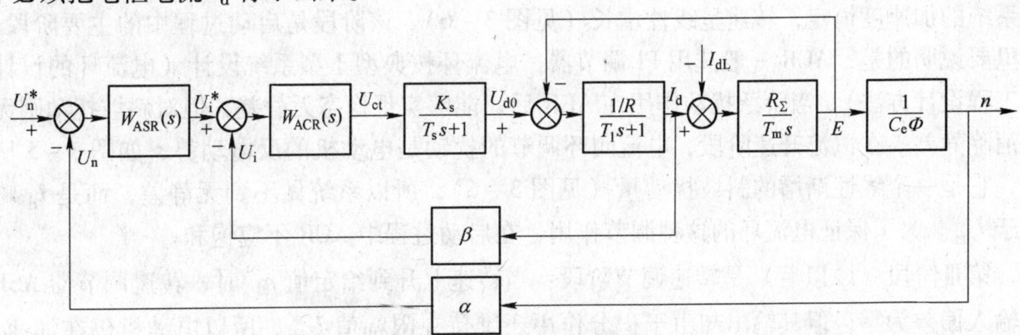

图3－5 双闭环直流调速系统的动态结构图

3.3.2 双闭环直流调速系统的动态过程分析

3.3.2.1 启动过程分析

对调速系统而言，被控制的对象是转速。它的跟随性能可以用阶跃给定下的动态响应描述，图 3-1 即描绘了时间最优的理想过渡过程。能否实现所期望的恒加速过程，并最终以时间最优的形式达到所要求的性能指标，是设置双闭环控制的一个重要的追求目标。

在恒定负载条件下，转速变化的过程与电动机电磁转矩（或电流）有关，对电动机启动过程 $n=f(t)$ 的分析离不开对 $I_d(t)$ 的研究。图 3-6 是双闭环直流调速系统在带有负载 I_{dL} 条件下启动过程的转速波形和电流波形。

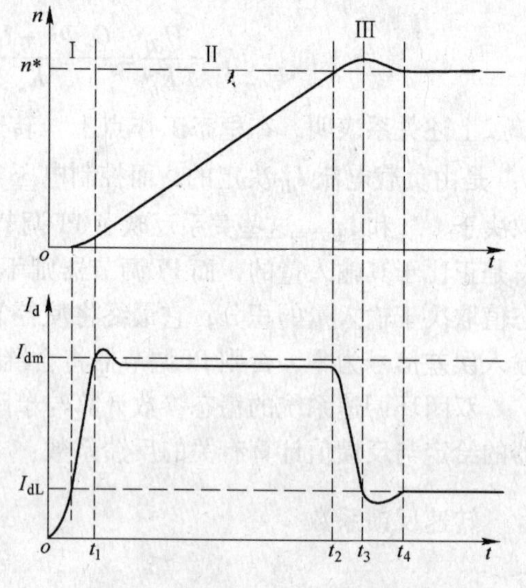

图 3-6 双闭环直流调速系统启动过程的转速波形和电流波形

从图 3-6 可以看到，电流 I_d 从零增长到 I_{dm}，然后在一段时间内维持其值等于 I_{dm} 不变，之后又下降并经调节后到达稳态值 I_{dL}。转速波形先是缓慢升速，然后以恒加速上升，产生超调后，达到给定值 n^*。从电流与转速变化过程所反映出的特点可以把启动过程分为电流上升、恒流升速和转速调节三个阶段，转速调节器在此三个阶段中经历了不饱和、饱和及退饱和三种情况。

第Ⅰ阶段（$0\sim t_1$）是电流上升阶段：突加给定电压 U_n^* 后，经过两个调节器的跟随作用，U_{ct}、U_{d0}、I_d 都上升，但是在 I_d 没有达到负载电流 I_{dL} 以前，电动机还不能转动。当 $I_d \geqslant I_{dL}$ 后，电动机开始启动，由于惯性的作用，转速不会很快增长，因而转速调节器 ASR 的输入偏差电压（$\Delta U_n = U_n^* - U_n$）的数值仍较大，其输出电压保持限幅值 U_{im}^*，强迫电枢电流 I_d 迅速上升。直到 $I_d \approx I_{dm}$，$U_i \approx U_{im}^*$，电流调节器又很快压制了 I_d 的增长，此时标志着这一阶段的结束。在这一阶段中，ASR 很快进入并保持饱和状态，而 ACR 一般不饱和。

第Ⅱ阶段（$t_1\sim t_2$）是恒流升速阶段：在这个阶段中，ASR 始终是饱和的，转速环相当于开环，系统成为在恒值电流给定 U_{im}^* 下的电流调节系统，基本上保持电流 I_d 恒定，因而系统的加速度恒定，转速呈线性增长（见图 3-6）。该阶段是启动过程中的主要阶段。这里要说明的是，ACR 一般选用 PI 调节器，电流环按典型Ⅰ型系统设计（电流环的设计见工程设计方法），当阶跃扰动作用在 ACR 后，能够实现稳态无静差，但对斜坡扰动则无法消除静差。在恒流升速阶段，电流闭环调节的扰动是电动机的反电动势，如图 3-5 所示，它是一个线性渐增的斜坡扰动量（见图 3-6），所以系统做不到无静差，而是 I_d 略低于 I_{dm}。为了保证电流环的这种调节作用，在启动过程中 ACR 不应饱和。

第Ⅲ阶段（t_2 以后）是转速调节阶段：当转速上升到给定值 n^* 时，转速调节器 ASR 的输入偏差为零，但其输出却由于积分作用还维持在限幅值 U_{im}^*，所以电动机仍在加速，使转速超调。转速超调后，ASR 输入偏差电压变负，使它开始退出饱和状态，U_i^* 和 I_d 便很快下降。但是，只要 I_d 仍大于负载电流 I_{dL}，转速就会继续上升。直到 $I_d = I_{dL}$ 时，转矩 $T_e = T_L$，$\frac{dn}{dt} = 0$，即转速 n 到达峰值（$t = t_3$）。此后，在 $t_3 \sim t_4$ 时间内，$I_d < I_{dL}$，电动机开始在负载的阻力下减速，直到稳态。如果调节器参数整定得不够好，也会有一段振荡过程。在这最后的转速调节阶段内，ASR 和 ACR 都不饱和，ASR 起主导的转速调节作用，而 ACR 则力图使 I_d 尽快地跟随其给定值 U_i^*，或者说，电流内环是一个电流跟随子系统。

综上所述，双闭环直流调速系统的启动过程有以下三个特点：

（1）饱和非线性控制。随着 ASR 的饱和与不饱和，整个系统处于完全不同的两种状态，在不同情况下表现为不同结构的线性系统，这时不能简单地用线性控制理论来分析整个启动过程，也不能简单地用线性控制理论来笼统地设计这样的控制系统，而只能采用分段的方法来分析。

（2）转速超调。当转速调节器 ASR 采用 PI 调节器时，转速必然有超调。转速略有超调一般是允许的，而对于完全不允许超调的情况，应采用别的控制措施来抑制超调。

（3）准时间最优控制。在设备物理上允许的条件下实现最短时间的控制称作“时间最优控制”，对于调速系统，在电动机允许过载能力限制下的恒流启动，就是时间最优控制。但由于在启动过程Ⅰ、Ⅲ两个阶段中电流不能突变，所以实际启动过程与理想启动过程相比还有一些差距，不过这两段时间只占全部启动时间中很小的一部分，无伤大局，故可称为“准时间最优控制”。采用饱和非线性控制的方法实现准时间最优控制是一种很有实用价值的控制策略，其在各种多环控制系统中已得到普遍应用。

最后，应该指出，对于不可逆的电力电子变换器，双闭环控制只能保证良好的启动性能，却不能产生回馈制动，在制动时，当电流下降到零以后，只能自由停车。若必须加快制动时，则只能采用电阻能耗制动或电磁抱闸。必须回馈制动时，可采用可逆的电力电子变换器。

3.3.2.2 动态抗扰性能分析

一般来说，双闭环直流调速系统具有比较令人满意的动态性能。对于调速系统，另一个重要的动态性能是抗扰性能，主要是抗负载扰动和抗电网电压扰动的性能。

A 抗负载扰动

由图 3-5 可以看出，负载扰动作用在电流环之后，只能靠转速调节器 ASR 来产生抗负载扰动的作用，所以在设计 ASR 时应要求有较好的抗扰性能指标。

B 抗电网电压扰动

电网电压变化对调速系统也会产生扰动作用。在单闭环调速系统的动态结构图上表示出的电网电压扰动 ΔU_d 和负载扰动 I_{dL}，如图 3-7（a）所示。图中，ΔU_d 和 I_{dL} 都作用在被转速负反馈环包围的前向通道上，仅就表示转速稳态调节性能的静特性而言，系统对它们的抗扰效果是一样的。但从动态性能上看，由于扰动作用点不同，存在着能否及时调节的差别。负载扰动能够比较快地反映到被调量 n 上，从而得到调节，而电网电压扰动的作用点离被调量稍远，调节作用受到延滞，因此单闭环调速系统抵抗电网电压扰动的性能要差一些。

在图 3-7（b）所示的双闭环系统中，由于增设了电流内环，电压波动可以通过电流反馈得到比较及时的调节，而不必等它影响到转速以后才反馈回来，因而使抗扰性能得到

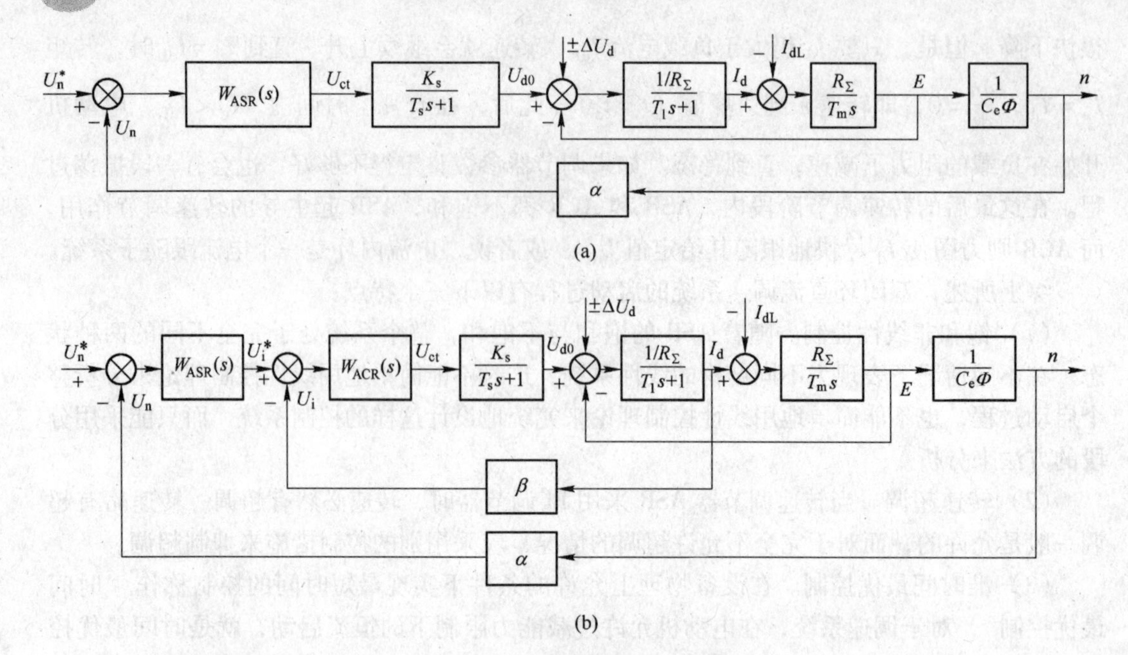

图 3-7 直流调速系统的动态抗扰作用

(a) 单闭环系统；(b) 双闭环系统

$\pm\Delta U_d$—电网电压波动在可控电源电压上的反应

改善。所以，在双闭环系统中，由电网电压波动引起的转速变化会比单闭环系统小得多。

综上所述，转速调节器和电流调节器在双闭环直流调速系统中的作用可分别归纳如下：

(1) 转速调节器的作用：

1) 转速调节器是调速系统的主导调节器，它能使转速 n 很快地跟随给定电压 U_n^* 变化，稳态时还可减小转速误差，如果采用 PI 调节器，则可实现无静差。

2) 对负载变化起抗扰作用。

3) 其输出限幅值决定电动机允许的最大电流。

(2) 电流调节器的作用：

1) 作为内环的调节器，在转速外环的调节过程中，它的作用是使电流紧紧跟随其给定电压 U_i^*（即外环调节器的输出量）变化。

2) 对电网电压的波动起及时抗扰的作用。

3) 在转速动态过程中，能够保证获得电动机允许的最大电流，从而加快动态过程。

4) 当电动机过载甚至堵转时，可限制电枢电流的最大值，起快速的自动保护作用，一旦故障消失，系统立即自动恢复正常。

3.4 双闭环直流调速系统的工程设计

用经典的动态校正方法设计调节器必须同时解决稳、准、快、抗干扰等方面的静、动态性能要求，这就需要设计者有扎实的控制理论基础、丰富的实践经验和熟练的设计技巧。然而，工程设计中人们所希望和易于接受的设计方法应该是理论上概念清楚、易于掌握，实际设计又便于操作的实用性较强的方法；当然，这也是初涉系统设计者所欢迎的方法，故下面内容主要介绍简便实用的工程设计方法。

3.4.1 调节器的工程设计方法

现代的电力拖动自动控制系统，除电动机外，都是由惯性很小的电力电子器件、集成电路等组成的。经过合理的简化处理，整个系统可以近似为低阶系统，而用运算放大器或计算机数字控制可以精确地实现比例、积分、微分等控制规律，于是就有可能将多种多样的控制系统简化或近似成少数典型的低阶结构。如果事先对这些典型系统作比较深入的研究，把它们的开环对数频率特性当做预期的特性，弄清楚它们的参数与系统性能指标的关系，写成简单的公式或制成简明的图表，则在设计时，只要把实际系统校正或简化成典型系统，就可以利用现成的公式和图表来进行参数计算，设计过程就要简便得多，这就是工程设计方法。

调节器工程设计方法所遵循的原则是：

（1）概念清楚、易懂。

（2）计算公式简明、好记。

（3）不仅给出参数计算的公式，而且指明参数调整的方向。

（4）能考虑饱和非线性控制的情况，同样给出简单的计算公式。

（5）适用于各种可以简化成典型系统的反馈控制系统。

如果要求更精确的动态性能，则在典型系统设计的基础上，利用 MATLAB/SIMULINK 进行计算机辅助分析和设计，也可设计出实用有效的控制系统。

作为工程设计方法，首先要使问题简化，突出主要矛盾。简化的基本思路是把调节器的设计过程分作两步：

第一步，先选择调节器的结构，以确保系统稳定，同时满足所需的稳态精度。

第二步，再选择调节器的参数，以满足动态性能指标的要求。

这样，就能把稳、准、快、抗干扰之间互相交叉的矛盾问题分成两步来解决，首先在第一步中解决主要矛盾，即动态稳定性和稳态精度，然后在第二步中再进一步满足其他动态性能指标。

许多控制系统的开环传递函数都可以表示成

$$W(s) = \frac{K\prod_{i=1}^{m}(\tau_i s + 1)}{s^r \prod_{j=1}^{n}(T_j s + 1)}$$

式中，分母中的 s^r 项表示该系统在 $s=0$ 处有 r 重极点，或者说，系统含有 r 个积分环节，称为 r 型系统。

为了使系统对阶跃给定无稳态误差，不能使用 0 型系统（$r=0$），而至少应是Ⅰ型系统（$r=1$）；当给定是斜坡输入时，则要求是Ⅱ型系统（$r=2$）才能实现稳态无差。所以选择调节器的结构，使系统能满足所需的稳态精度，是设计过程的第一步。由于Ⅲ型（$r=3$）和Ⅲ型以上的系统很难稳定，而 0 型系统的稳态精度又较低，因此常把Ⅰ型和Ⅱ型系统作为系统设计的目标。

Ⅰ型和Ⅱ型系统都有多种多样的结构，它们的区别就在于除原点以外的零、极点具有不同的个数和位置。如果在Ⅰ型和Ⅱ型系统中各选择一种结构作为典型结构，再把实际系统校正成典型系统，显然可使设计方法简单得多。因为只要事先找到典型系统的参数和系统动态性能指标之间的关系，求出计算公式或制成备查的表格，再在具体选择参数时，只需按现成的公式和表格中的数据计算一下就可以了。这样就使得设计方法规范化，并大大减少了设计工作量。

3.4.2 Ⅰ型典型系统

Ⅰ型典型系统，即二阶典型系统，如图3-8（a）所示，其开环传递函数为

$$W(s)=\frac{K}{s(Ts+1)} \tag{3-8}$$

式中 K——系统开环增益；

T——系统的惯性时间常数。

选择Ⅰ型系统作为典型系统不仅是因为其结构简单，而且还在于只要参数选择能保证足够的频带宽度，该系统就一定是稳定的。为此，Ⅰ型典型系统的开环对数频率特性应如图3-8（b）所示。

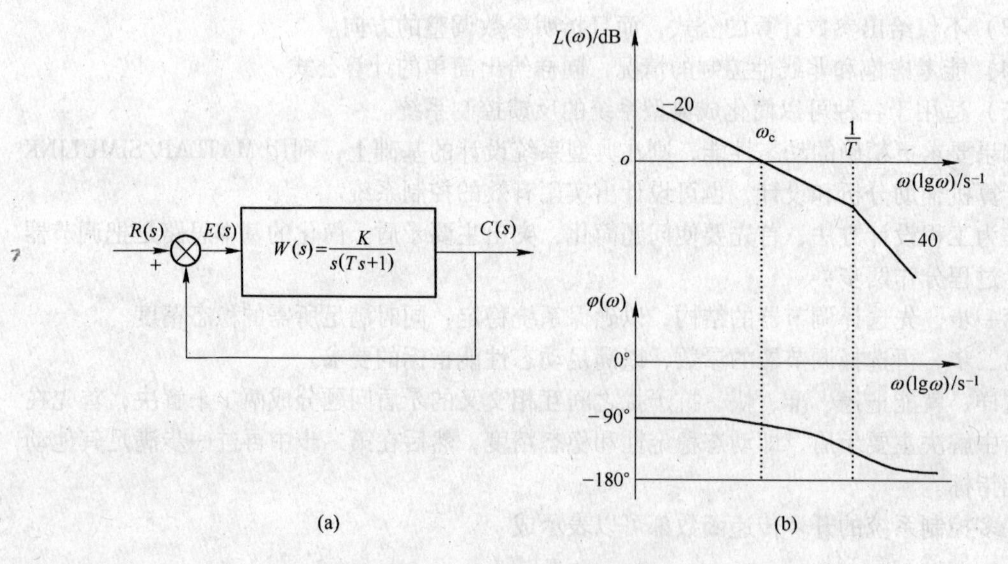

图3-8 二阶典型系统

（a）闭环系统结构；（b）开环对数频率特性

该系统中，只要 $\omega_c<\frac{1}{T}$ 或 $\omega_c T<1$，即

$$\arctan\omega_c T<45°$$

那么相角稳定余量便满足

$$\begin{aligned}\gamma(\omega_c)&=180°-90°-\arctan\omega_c T\\&=90°-\arctan\omega_c T>45°\end{aligned} \tag{3-9}$$

由此可见，合理地选择参数可保证Ⅰ型典型系统具有足够的稳定余量。具体的各种性能指标如下所述。

3.4.2.1　Ⅰ型典型系统的稳态跟随性能指标

Ⅰ型典型系统（见图3－8（a））的给定误差拉氏变换为

$$E(s)=\frac{s(Ts+1)}{s(Ts+1)+K}R(s) \tag{3-10}$$

故系统稳态跟随误差为

$$e(\infty)=\lim_{t\to\infty}e(t)=\lim_{s\to0}sE(s)=\lim_{s\to0}\frac{s^2(Ts+1)}{s(Ts+1)+K}R(s) \tag{3-11}$$

显然，不同输入信号作用下的系统稳态误差是不同的，表3－1给出几种典型输入情况下系统的稳态误差。

表3－1　Ⅰ型典型系统的稳态误差

输入信号	单位阶跃输入	单位斜坡输入	加速度输入
	$r(t)=1(t),\ R(s)=\frac{1}{s}$	$r(t)=t,\ R(s)=\frac{1}{s^2}$	$r(t)=\frac{1}{2}t^2,\ R(s)=\frac{1}{s^3}$
稳态误差	0	$\frac{1}{K}$	∞

显然，Ⅰ型典型系统只对阶跃输入是无静差的，而不宜用于具有加速度输入的随动系统。能否用于具有斜坡输入的随动系统，则要视系统对稳态跟随性能的要求而定。

3.4.2.2　Ⅰ型典型系统的动态跟随性能指标

前已指出，当$\omega_c<\frac{1}{T}$时，Ⅰ型典型系统的开环对数幅频特性如图3－8（b）所示。在幅频特性的截止频率ω_c处有

$$L(\omega_c)=20\lg K-20\lg(\omega_c)=0$$

即

$$\omega_c=K\qquad（当\ \omega_c<\frac{1}{T}时） \tag{3-12}$$

由式（3－12）可知，系统开环增益K越大，则截止频率ω_c也越大，即系统响应也越快。也就是说从加快系统响应速度的角度来说，应使开环增益K尽可能大些。但由式（3－9）可知，当$\omega_c=K$增加时，系统的相角稳定余量$\gamma(\omega_c)$将减小，即从稳定性的角度来说，应使K尽量小些。可见，系统的快速性与稳定性对开环增益K的要求是相互矛盾的，因此必须适当地选择K值，以兼顾两者的不同需要。这从一个侧面反映了系统开环增益K是Ⅰ型典型系统的一个关键参数，下面具体讨论Ⅰ型典型系统的K值与各时域指标之间的关系。

Ⅰ型系统的标准闭环传递函数为

$$W_{cl}(s)=\frac{C(s)}{R(s)}=\frac{\omega_n^2}{s^2+2\zeta\omega_n s+\omega_n^2} \tag{3-13}$$

式中　ω_n——自然振荡角频率；

　　ζ——阻尼比。

自然振荡角频率ω_n和阻尼比ζ是两个与系统动态性能指标直接相关的重要参数。在欠阻尼（$0<\zeta<1$）的情况下，当初始条件为零时，由式（3－13）可推导出标准Ⅰ型系统单位阶跃给定的输出响应为

$$c(t)=1-\frac{1}{\sqrt{1-\zeta^2}}\mathrm{e}^{-\zeta\omega_n t}\sin\left(\sqrt{1-\zeta^2}\,\omega_n t+\arctan\frac{\sqrt{1-\zeta^2}}{\zeta}\right) \tag{3-14}$$

由式（3－14）可推导出标准Ⅰ型典型系统的时域指标：

上升时间为

$$t_r=\frac{\pi-\arctan\frac{\sqrt{1-\zeta^2}}{\zeta}}{\omega_n\sqrt{1-\zeta^2}} \tag{3-15}$$

峰值或最大值时间为

$$t_m=\frac{\pi}{\sqrt{1-\zeta^2}\,\omega_n} \tag{3-16}$$

超调量为

$$\sigma\% = \mathrm{e}^{-\frac{\zeta\pi}{\sqrt{1-\zeta^2}}}\times 100\% \tag{3-17}$$

调节时间为

$$t_s(5\%)\approx\frac{3}{\zeta\omega_n}\quad（当0<\zeta<0.9时） \tag{3-18}$$

$$t_s(2\%)\approx\frac{4}{\zeta\omega_n}\quad（当0<\zeta<0.9时） \tag{3-19}$$

由式（3－8）得Ⅰ型典型系统的闭环传递函数为

$$W_{cl}(s)=\frac{\frac{K}{T}}{s^2+\frac{1}{T}s+\frac{K}{T}} \tag{3-20}$$

比较式（3－20）和式（3－13），得Ⅰ型典型系统的自然振荡角频率和阻尼比分别为

$$\omega_n=\sqrt{\frac{K}{T}} \tag{3-21}$$

$$\zeta=\frac{1}{2\sqrt{KT}} \tag{3-22}$$

由式（3－12）可知，当$\omega_c<\frac{1}{T}$时，$KT<1$，故$0<\zeta<0.5$。因此，可将式（3－21）、式（3－22）分别代入式（3－15）～式（3－19），得到Ⅰ型典型系统的动态时域指标算法，由这些算法便可得到Ⅰ型典型系统在不同开环增益K下的动态跟随性能指标，如表3－2所示。

表3－2　Ⅰ型典型系统动态跟随性能指标和相角稳定余量

开环增益 K	$\frac{1}{4T}$	$\frac{1}{3.24T}$	$\frac{1}{2.56T}$	$\frac{1}{2T}$	$\frac{1}{1.44T}$	$\frac{1}{T}$
阻尼比 ζ	1.0	0.9	0.8	0.707	0.6	0.5
$\sigma\%$	0	0.15	1.5	4.3	9.5	16.3
t_m	—	13.14	8.33	6.28	4.71	3.62
$\frac{t_r}{T}$	—	11.12	6.67	4.72	3.33	2.42
$\frac{t_s(5\%)}{T}$	9.5	7.2	5.4	4.2	6.3	5.3

续表 3-2

开环增益 K	$\frac{1}{4T}$	$\frac{1}{3.24T}$	$\frac{1}{2.56T}$	$\frac{1}{2T}$	$\frac{1}{1.44T}$	$\frac{1}{T}$
$\frac{t_s(2\%)}{T}$	11.7	8.4	6.0	8.4	7.1	8.1
$\gamma(\omega_c)$	76.3°	73.5°	69.9°	65.5°	59.2°	51.8°

表 3-2 中同时给出系统相角稳定余量 $\gamma(\omega_c)$，以示参数变化对系统快速性和稳定性的不同影响。$\gamma(\omega_c)$ 是根据精确公式（式（3-23））计算出来的。

$$\gamma(\omega_c) = \arctan \frac{2\zeta}{(\sqrt{4\zeta^4+1}-2\zeta^2)^{\frac{1}{2}}} \tag{3-23}$$

表 3-2 中的动态跟随性能指标也可不用上述算法计算，而直接利用式（3-14）、式（3-21）和式（3-22），根据性能指标的定义，通过适当的软件程序上机计算求得。在设计和调试系统过程中，应掌握改变参数时各性能指标的变化趋势。例如，若要减小超调量，则应减小 K 值；若要求无超调，则可取 $K=\frac{1}{4T}$；若要加快动态响应过程，则应适当增大 K 值，如 $K=\frac{1}{2T}\sim\frac{1}{T}$。显然，调整参数 K 时，应特别注意其对不同性能指标的不同影响，以免顾此失彼。

若无特殊要求，即按超调量不大，调节时间较小的一般原则来设计Ⅰ型典型系统时，可取 $K=\frac{1}{2T}(\zeta=0.707)$，它是工程设计中推荐的典型参数，一般称其为“二阶工程最佳”参数。对“工程最佳”参数的理解应避免片面性。实际上，由表 3-2 不难看出，所谓最佳只不过是兼顾各性能指标的一种折中的参数选择，而绝不是唯一的最佳选择。严格说来，参数选择是否恰到好处要由控制对象的工艺要求来决定。

还要说明，由表 3-2 不难想象可能会出现这样的情况，即找不到一个折中的参数能使所有的性能指标都满足工艺要求，在这种情况下，应放弃选择Ⅰ型典型系统，而选择其他控制系统。

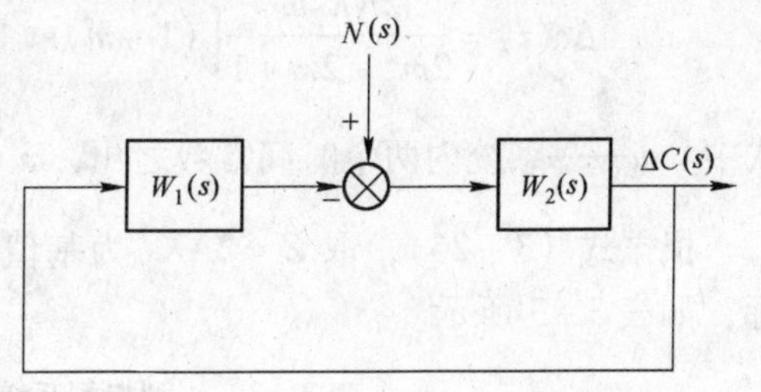

图 3-9 有扰动作用时的Ⅰ型典型系统

$N(s)$—扰动输入；$\Delta C(s)$—扰动作用下的输出响应；

$W_1(s)$—扰动作用点前的传递函数；

$W_2(s)$—扰动作用点后的传递函数

3.4.2.3 Ⅰ型典型系统的抗扰性能指标

在系统输入保持不变的情况下，有扰动作用时的Ⅰ型典型系统如图 3-9 所示。

由图 3-9 可推导出扰动作用下的系统闭环传递函数为

$$\frac{\Delta C(s)}{N(s)} = \frac{W_2(s)}{1+W_1(s)W_2(s)} = \frac{1}{W_1(s)} \cdot \frac{W(s)}{1+W(s)}$$

$$= \frac{1}{W_1(s)} W_{cl}(s) \tag{3-24}$$

式中 $W(s)$——系统开环传递函数，$W(s)=W_1(s)W_2(s)=\frac{K}{s(Ts+1)}$；

$W_{cl}(s)$——系统闭环传递函数。

由式（3-24）可知，系统的抗扰性能与其跟随性能密切相关，同时，也与 $W_1(s)$ 或 $W_2(s)=\frac{W(s)}{W_1(s)}$ 直接相关，也就是说与扰动的作用点有关。因此，抗扰性能有其自身的特点，我们无法像分析系统跟随性能那样根据系统开环增益 K 来唯一确定抗扰性能指标，还必须考虑扰动作用点。

可见，对系统抗扰性能的分析更加复杂。要考虑各种扰动作用点下的抗扰性能，就得针对各种不同情况分别加以研究，这不仅使问题复杂化，而且也不一定具有实际意义。比较实用的做法是针对实际研究系统的特点，考虑主要扰动，只对该主要扰动作用点的抗扰性能进行分析即可。对系统研究和设计者来说，更主要的是要掌握分析抗扰性能的方法。这里根据直流调速系统的特定情况，将 $W_2(s)$ 设定为一惯性环节，即

$$W_2(s)=\frac{K_2}{T_2s+1}$$

式中　K_2——惯性环节增益；

T_2——惯性环节时间常数。

扰动作用下的系统闭环传递函数为

$$\frac{\Delta C(s)}{N(s)}=\frac{\frac{K_2}{T_2s+1}}{1+\frac{K}{s(Ts+1)}}=\frac{K_2s(Ts+1)}{(T_2s+1)(Ts^2+s+K)} \tag{3-25}$$

若Ⅰ型典型系统取“工程最佳”参数，即 $K=\frac{1}{2T}$；扰动输入为阶跃输入，即 $N(s)=\frac{N}{s}$；则由式（3-25）经拉氏反变换可得扰动作用下的输出时间响应函数为

$$\Delta c(t)=\frac{2NK_2m}{2m^2-2m+1}\left[(1-m)e^{-\frac{t}{T_2}}-(1-m)e^{-\frac{t}{2T}}\cos\frac{t}{2T}+me^{-\frac{t}{2T}}\sin\frac{t}{2T}\right] \tag{3-26}$$

式中　m——系统内两个时间常数之比，$m=\frac{T}{T_2}(0<m<1)$。

根据式（3-26），取 $Z=2NK_2$ 为基值，则每取一个 m 值便可得到一组抗扰性能指标，如表3-3所示。

表3-3　Ⅰ型典型系统的抗扰性能指标（$K=\frac{1}{2T}$）

$m=\frac{T}{T_2}$	$\frac{1}{4}$	$\frac{1}{6}$	$\frac{1}{8}$	$\frac{1}{10}$	$\frac{1}{20}$	$\frac{1}{30}$
$\frac{\Delta c_m}{Z}\%$	16.1	12.2	9.9	8.3	4.2	3.2
$\frac{t_m}{T}$	2.7	3.0	3.2	3.4	3.8	4.0
$\frac{t_f(5\%)}{T}$	12.5	18.8	24.9	30.9	60.9	90.9
$\frac{t_f(2\%)}{T}$	16.4	24.3	32.2	40.1	79.2	118.4

在计算抗扰性能指标时，利用基值 $Z=2NK_2$，不仅可使 $\frac{\Delta c_m}{Z}\%$ 落在比较合理的范围内，而且还可使表中的性能指标能更广泛地适合于不同的参数（K_2）和不同的扰动量（N）。

由表 3-3 不难看出，m 值越小，即 T_2 越大，扰动输出响应的动态降落越小，而恢复时间则越长，反之亦然。

上述求取抗扰性能指标的方法可推广到其他情况，读者可自行试之。

3.4.3　Ⅱ型典型系统

Ⅱ型典型系统，即三阶典型系统，如图 3-10（a）所示，其开环传递函数为

$$W(s)=\frac{K(\tau s+1)}{s^2(Ts+1)}\qquad(3-27)$$

式中　K——系统的开环增益；

τ——系统的微分时间常数；

T——系统的惯性时间常数。

Ⅱ型典型系统的开环对数频率特性如图 3-10（b）所示。显然，为获得该特性，应满足

$$\frac{1}{\tau}<\omega_c<\frac{1}{T}$$

考虑到 T 为系统的固有时间常数，从图 3-10（b）的频率特性上不难看出，Ⅱ型典型系统的动态性能完全由参数 K 和 τ 来决定。K 的大小将会使幅频特性上下平移，进而改变系统截止频率 ω_c 及相角稳定余量等。与 τ 有关的系统的一个重要参数是中频宽 h，其表达式为

$$h=\frac{\omega_2}{\omega_1}=\frac{\tau}{T}\qquad(3-28)$$

h 或 τ 的变化对系统快速性和稳定性将产生直接影响。

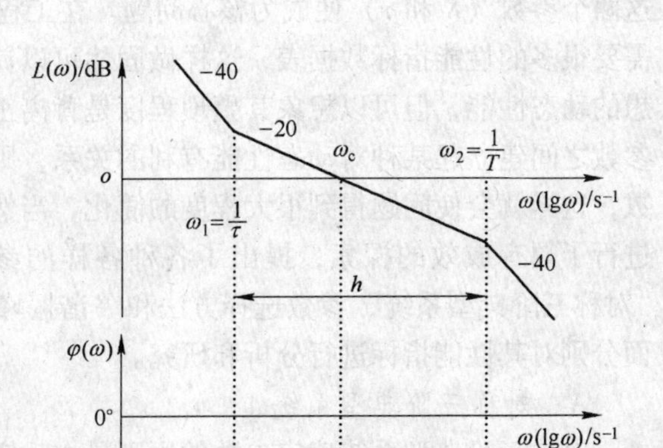

图 3-10　三阶典型系统

（a）闭环系统结构；（b）开环对数频率特性

3.4.3.1　Ⅱ型典型系统的稳态跟随性能指标

Ⅱ型典型系统（见图 3-10（a））给定误差拉氏变换为

$$E(s)=\frac{1}{1+w(s)}R(s)=\frac{s^2(Ts+1)}{s^2(Ts+1)+K(\tau s+1)}R(s)$$

系统稳态误差为

$$\mathrm{e}(\infty)=\lim_{t\to\infty}e(t)=\lim_{s\to0}sE(s)$$

$$=\lim_{s\to0}\frac{s^3(Ts+1)}{s^2(Ts+1)+K(\tau s+1)}R(s)$$

由上式求得的不同输入信号下的稳态误差如表 3-4 所示。

表 3-4　Ⅱ型典型系统的稳态跟随性能

输入信号	单位阶跃输入	单位斜坡输入	加速度输入
	$R(t)=I(t)$，$R(s)=\frac{1}{s}$	$R(t)=t$，$R(s)=\frac{1}{s^2}$	$R(t)=\frac{1}{2}t^2$，$R(s)=\frac{1}{s^3}$
稳态误差	0	0	$\frac{1}{K}$

Ⅱ型典型系统对阶跃和斜坡输入均是无静差的，但是在加速度输入信号作用下，稳态误差的大小则与系统开环增益成反比。比较而言，Ⅱ型典型系统的稳态跟随性能要强于Ⅰ型典型系统。

3.4.3.2　Ⅱ型典型系统的动态跟随性能指标

Ⅱ型典型系统的可选择参数有两个（τ 和 K）。从频率特性（见图 3-10（b））上看，由于 T 一定，改变 τ 就相当于改变中频宽 h；在 τ 确定之后，再改变 K 则相当于使开环对数幅频特性上下平移，从而改变截止频率 ω_c。因此，在设计Ⅱ型典型系统时，如何协调这两个参数（K 和 τ）便成为核心问题。在工程设计中，如果这两个参数都任意选择，就需要很多的性能指标数据表，这样做固然可以针对不同的情况来选择参数，并获得比较理想的动态性能，但可以想象其繁琐程度是背离工程设计宗旨的。因此，如果能够在这两个参数之间建立起某种对动态性能有利的关系，则选择其中一个参数就可以计算出另一个参数，这样就会使问题得到很大程度的简化，当然也更有利于掌握和使用。为此，许多学者进行了颇有成效的探索，提出了各种各样的参数确定原则和方法。常用的两种方法是“对称三阶典型系统”参数选择方法和“谐振峰值最小三阶典型系统”参数选择方法，下面分别对其性能指标进行分析和研究。

A　对称三阶典型系统

对称三阶典型系统确定参数的原则是在一定中频宽 h 下，保证系统得到最大的相角稳定余量 $\gamma(\omega_c)$。这对稳定余量相对较小的三阶系统来说当然是有道理的。

对于图 3-10（b）所示的开环对数频率特性，即在 $\frac{1}{\tau}<\omega_c<\frac{1}{T}$ 的条件下，三阶典型系统的相角稳定余量为

$$\gamma(\omega_c)=\arctan hT\omega_c-\arctan T\omega_c$$

当 $\gamma(\omega_c)$ 最大时，应满足 $\frac{d\gamma(\omega_c)}{d\omega_c}=0$，经推导得

$$\gamma_m(\omega_c)=\arctan\sqrt{h}-\arctan\frac{1}{\sqrt{h}}$$

$$\omega_c=\frac{1}{T\sqrt{h}}$$

式中　$\gamma_m(\omega_c)$——最大相角稳定余量。

将式（3-28）代入表达式 $\omega_c=\frac{1}{T\sqrt{h}}$，并考虑到 $\omega_2=\frac{1}{T}$，得

$$\omega_c=\sqrt{\omega_1\omega_2}=\omega_1\sqrt{h}$$

因此

$$\frac{\omega_2}{\omega_c}=\frac{\omega_c}{\omega_1}=\sqrt{h}$$

对上式两边分别取对数得

$$\lg\omega_2-\lg\omega_c=\lg\omega_c-\lg\omega_1=\frac{1}{2}\lg h$$

由此可知，在波德图中，$\lg\omega_c$ 正好位于两个转折频率 $\lg\omega_1$ 和 $\lg\omega_2$ 的中间，即对于截止频率 ω_c，波德图是对称的。

现在来分析在对称三阶典型系统中，系统开环增益 K 与中频宽 h 和时间常数 T 之间的关系。由前述知三阶典型系统在截止频率 ω_c 处的开环幅频特性为

$$A(\omega_c)=\frac{K\sqrt{(\tau\omega_c)^2+1}}{\omega_c^2\sqrt{(T\omega_c)^2+1}}\approx\frac{K\tau}{\omega_c}=\frac{KhT}{\omega_c}=1$$

满足上式的近似条件为$\frac{1}{\tau}\ll\omega_c\ll\frac{1}{T}$。由式 $\lg\omega_2-\lg\omega_c=\lg\omega_c-\lg\omega_1=\frac{1}{2}\lg h$ 得

$$K=\frac{\omega_c}{hT}$$

若系统为对称三阶典型系统，则可将式 $\omega_c=\frac{1}{T\sqrt{h}}$代入式 $K=\frac{\omega_c}{hT}$，并经变形得

$$K=\frac{1}{h\sqrt{h}T^2}$$

至此，三阶典型系统的两个可变参数已蜕化为一个可变参数，这样，就很容易仿照二阶典型系统性能指标的求取方法来确定对称三阶典型系统的性能指标。将式 $K=\frac{1}{h\sqrt{h}T^2}$及 $\tau=hT$ 代入式（3－27），得对称三阶典型系统的开环传递函数为

$$W(s)=\frac{1}{h\sqrt{h}T^2}\cdot\frac{hTs+1}{s^2(Ts+1)}$$

对称三阶典型系统的闭环传递函数为

$$W_{cl}(s)=\frac{hTs+1}{h\sqrt{h}T^3s^3+h\sqrt{h}T^2s^2+hTs+1}$$

由上述式可求出零初始条件下，单位阶跃输入时对称三阶典型系统的时间响应函数，进而求得对应不同中频宽 h 下的系统动态跟随性能指标，如表 3－5 所示。

表 3－5　对称三阶典型系统的动态跟随性能指标与稳定余量

h	3	4	5	6	7	8	9	10
$\sigma\%$	52.5	43.4	37.3	32.9	29.6	27.0	24.9	23.2
$\frac{t_m}{T}$	5.1	5.8	6.5	7.1	7.8	8.4	9.0	9.6
$\frac{t_r}{T}$	2.7	3.1	3.5	3.9	4.2	4.6	4.9	5.2
$\frac{t_s(5\%)}{T}$	13.5	14.7	12.1	14	15.9	17.8	19.7	21.5

续表 3－5

h	3	4	5	6	7	8	9	10
$\frac{t_s(2\%)}{T}$	19	16.6	17.5	15.4	18.1	20.9	23.7	26.4
$\gamma_m(\omega_c)$	30°	36.9°	41.8°	45.6°	48.6°	51.1°	53.1°	54.9°

从表 3－5 中可明显看出，随着中频宽 h 的增加，超调量 $\sigma\%$ 单调减少，最大相角稳定余量 $\gamma_m(\omega_c)$ 单调增加。参数的具体选择要视工艺要求而定。

按照模最佳——闭环系统幅频特性的模 $M(\omega)=W_{cl}(j\omega)$ 恒等于 1 准则，可以推导出所谓"三阶工程最佳"或"对称最佳"参数 $h=4$。此时，系统的性能指标为：$\sigma\%=43.4\%$，$t_r=5.8T$，$t_s(2\%)=16.6T$。

可见，对称三阶典型系统的超调量较大，而如此大的超调量一般是不能满足工艺要求的。限制系统超调量的办法有三种：一是加给定积分器；二是引入微分反馈；三是加给定滤波器。

B　谐振峰值最小三阶典型系统

图 3－11 为控制系统的闭环幅频特性 $M(\omega)$，M_p 是闭环幅频特性的最大值，对应的频率 ω_p 为谐振频率，ω_b 为系统的闭环截止频率。M_p 是一个与系统的超调量 $\sigma\%$ 密切相关、反应系统相对稳定性的一个重要参数。M_p 越小，$\sigma\%$ 也越小，系统的动态相对稳定性就越强，反之亦然。二者之间的关系可近似如下：

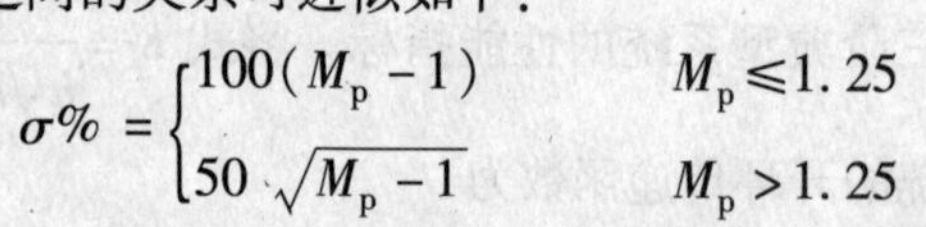

$$\sigma\%=\begin{cases}100(M_p-1) & M_p\leqslant 1.25\\ 50\sqrt{M_p-1} & M_p>1.25\end{cases}$$

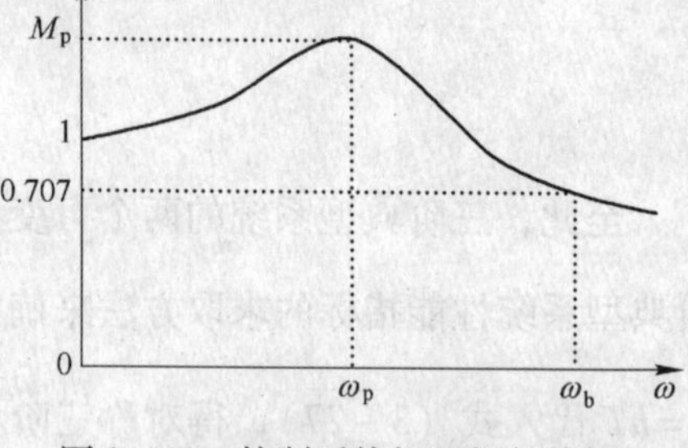

图 3－11　控制系统闭环幅频特性

因此，按谐振峰值最小准则来设计三阶典型系统便成为一种重要的系统设计方法。谐振峰值最小准则简称为 M_{pmin} 准则，也称为振荡指标法，用这种方法设计出来的系统称为谐振峰值最小三阶典型系统。

三阶典型系统的闭环传递函数为

$$W_{cl}(s)=\frac{K(hTs+1)}{Ts^3+s^2+KhTs+K}$$

首先，把两个可变参数 K、h 化为一个可变参数；然后，再确定系统的性能指标。假设中频宽 h 一定，则三阶典型系统的闭环幅频特性为

$$M(\omega,K)=\frac{K\sqrt{1+(hT\omega)^2}}{\sqrt{(K-\omega^2)^2+(Kh-\omega^2)^2T^2\omega^2}} \tag{3-29}$$

为使 $M(\omega,K)$ 最小，应满足

$$\frac{\partial M(\omega,K)}{\partial\omega}=0,\ \frac{\partial M(\omega,K)}{\partial K}=0$$

由此可推导出，对应最小谐振峰值 M_{pmin} 的角频率 ω_p 和系统开环增益 K 为

$$\omega_p=\frac{1}{T\sqrt{h}} \tag{3-30}$$

$$K = \frac{h+1}{2h^2T^2} \tag{3-31}$$

将式（3－30）、式（3－31）代入式（3－29），得最小谐振峰值为

$$M_{pmin} = \frac{h+1}{h-1} \tag{3-32}$$

式（3－32）表明，M_{pmin}可完全由中频宽h来确定，h越大，M_{pmin}越小，系统相对稳定性越好。M_{pmin}的极限值为1。

将式（3－31）代入式（3－27），并考虑$\tau = hT$，得M_{pmin}三阶典型系统的开环传递函数为

$$W(s) = \frac{h+1}{2h^2T^2} \cdot \frac{hTs+1}{s^2(Ts+1)} \tag{3-33}$$

所以，M_{pmin}三阶典型系统的结构如图3－12所示。

M_{pmin}系统的闭环传递函数为

$$W_{cl} = \frac{hTs+1}{\frac{2h^2}{h+1}T^3s^3 + \frac{2h^2}{h+1}T^2s^2 + hTs + 1} \tag{3-34}$$

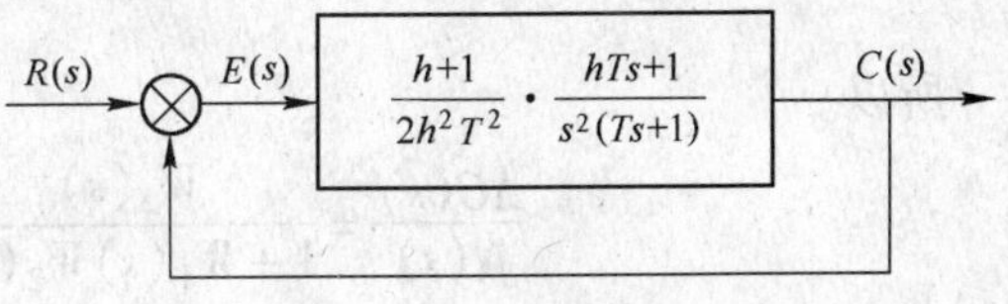

图3－12 M_{pmin}系统

由此，便可求得系统输出的时间响应函数，经上机计算求出的零初始条件下单位阶跃输入的系统动态跟随性能指标如表3－6所示。

表3－6 M_{pmin}系统的动态跟随性能指标

h	3	4	5	6	7	8	9	10
$\sigma\%$	52.6	43.6	37.6	33.2	29.8	27.2	25	23.3
$\frac{t_s(5\%)}{T}$	12	11	9	10	11	12	13	14
振荡次数	3	2	2	1	1	1	1	1

由表3－6可以看出，M_{pmin}系统动态跟随性能指标的变化规律是：超调量随中频宽h的增加而减少，而调节时间则在$h=5$的两侧呈现不同的变化趋势，并在$h=5$时调节时间最小。综合表3－6的性能指标，工程设计中选$h=5$为“工程最佳参数”。此种情况下，M_{pmin}系统也存在超调量过大问题，解决方法有三种：一是加给定积分器；二是引入微分反馈；三是加给定滤波器。

这里介绍一个有趣的现象，即在M_{pmin}系统中，其波德图的两个转折频率与截止频率之间存在对称性，M_{pmin}系统的截止频率ω_c恰好位于转折频率ω_1和ω_2的算术中心点。我们可以这样理解：所谓M_{pmin}系统，即按使M_p最小准则确定系统参数，实际上是调整系统的开环增益K，使截止频率ω_c正好处于两个转折频率ω_1和ω_2的算术中心点。

3.4.3.3 Ⅱ型典型系统的抗扰性能指标

扰动作用下的Ⅱ型典型系统结构的一般形式如图3－13所示。

正如分析Ⅰ型典型系统抗扰性能指标时指出的那样，Ⅱ型典型系统的抗扰性能指标也

与扰动作用点密切相关，因此，这里主要侧重于介绍抗扰性能指标的确定方法。针对调速系统的特点，假设扰动与输出点之间是一个积分环节，即

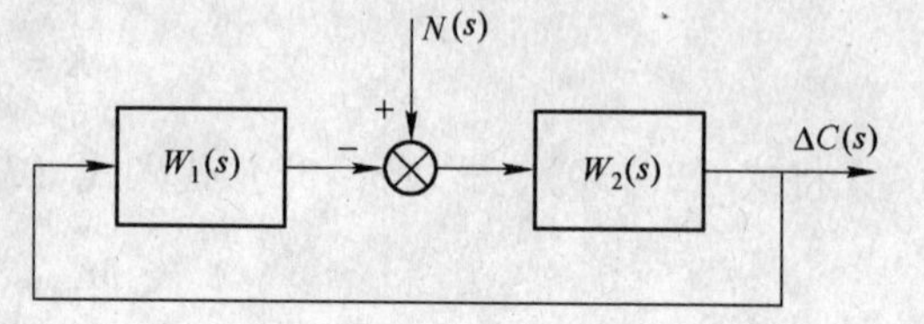

图3-13　扰动作用下的Ⅱ型典型系统

$$W_2(s)=\frac{K_2}{T_2 s}$$

式中　K_2——积分增益；

T_2——积分时间常数。

由式（3-33）可知，对 $M_{\rm pmin}$ Ⅱ型典型系统，有

$$W_1(s)=\frac{\dfrac{h+1}{2h^2T^2}\cdot\dfrac{hTs+1}{s^2(Ts+1)}}{\dfrac{K_2}{T_2 s}}$$

所以

$$\frac{\Delta C(s)}{N(s)}=\frac{W_2(s)}{1+W_1(s)W_2(s)}$$

$$=\frac{2K_2\dfrac{T}{T_2}h^2Ts(Ts+1)}{2h^2T^3s^3+2h^2T^2s^2+(h+1)hTs+h+1} \tag{3-35}$$

设 $N(s)$ 为阶跃扰动，即 $N(s)=\dfrac{N}{s}$，则由式（3-35）可求得扰动作用下 $M_{\rm pmin}$ Ⅱ型典型系统的输出时间响应函数 $c(t)$。取基值为

$$Z=2NK_2\frac{T}{T_2} \tag{3-36}$$

则通过上机计算可求得 $M_{\rm pmin}$ Ⅱ型典型系统的抗扰性能指标，如表3-7所示。同理，可求得对称Ⅱ型典型系统的抗扰性能指标，如表3-8所示。

表3-7　$M_{\rm pmin}$ Ⅱ型典型系统的抗扰性能指标

h	3	4	5	6	7	8	9	10
$\frac{\Delta c_{\rm m}}{Z}\%$	72.2	75.5	81.2	84.0	86.3	88.1	89.6	90.8
$\frac{t_{\rm m}}{T}$	2.4	2.7	2.9	3.0	3.1	3.2	3.3	3.4
$\frac{t_{\rm f}\ (5\%)}{T}$	13.3	10.5	8.8	13	17	20	23	26

表3-8　对称Ⅱ型典型系统的抗扰性能指标

h	3	4	5	6	7	8	9	10
$\frac{\Delta c_{\rm m}}{Z}\%$	78.5	88.5	97.5	105.3	112.6	119.5	126	132.2
$\frac{t_{\rm m}}{T}$	2.7	3.1	3.5	3.9	4.2	4.6	4.9	5.2
$\frac{t_{\rm f}\ (5\%)}{T}$	15.6	13.7	14.3	12.9	15.9	19.2	22.7	26.3

比较表 3－7 和表 3－8 不难发现，对于同样的扰动，在中频宽 h 相同的情况下，M_{pmin} Ⅱ型典型系统抗扰性能指标要好于对称Ⅱ型典型系统。同时，在取工程最佳参数的情况下，同样存在上述结论。再结合跟随性能指标情况，可以说 M_{pmin} Ⅱ型典型系统的动态性能指标要好于对称Ⅱ型典型系统。当然，设计系统要遵循的原则是满足工艺要求的性能指标，而不是简单地使某种性能指标最好。

另外，与Ⅰ型典型系统进行比较，Ⅱ型典型系统的抗扰性能较好，而动态跟随性能则远不如Ⅰ型典型系统。

3.4.4 工程设计中的近似处理

由于有些系统不能用调节器校正成典型系统形式，或在校正成典型系统后，调节器结构过于复杂，甚至难以实现，所以，在工程设计中常常有必要对被控对象的参数或结构进行近似处理。

3.4.4.1 高频段小惯性环节的近似处理

在电力拖动自动控制系统中，许多惯性环节的时间常数相对较小，如晶闸管整流装置、各种滤波器等，简称这些惯性环节为小惯性环节。小惯性环节的转折频率（小时间常数的倒数）处于系统开环对数频率特性的高频段，故又称其为高频段小惯性环节。

例如，某系统的开环传递函数为

$$W(s)=\frac{K(\tau s+1)}{s(T_1 s+1)(T_2 s+1)(T_3 s+1)} \tag{3-37}$$

式中，$T_1>\tau$，T_2 和 T_3 是小时间常数，即 $T_1>>T_2$，$T_1>>T_3$。系统的开环对数幅频特性如图 3－14 所示。

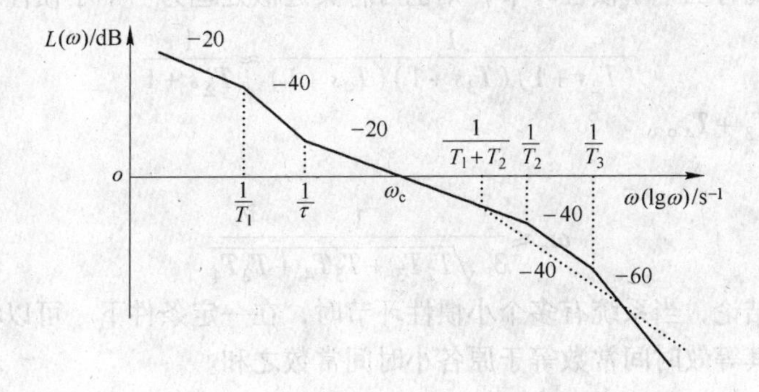

图 3－14 高频段小惯性环节的近似处理

两个小惯性环节的频率特性为

$$\frac{1}{(j\omega T_2+1)(j\omega T_3+1)}=\frac{1}{(1-T_2T_3\omega^2)+j\omega(T_2+T_3)}$$

$$\approx\frac{1}{1+j\omega(T_2+T_3)} \tag{3-38}$$

近似条件为

$$T_2T_3\omega^2\ll 1 \tag{3-39}$$

工程设计中一般允许存在 10% 以内的误差，所以式（3－39）可表示为

$$\omega \leqslant \sqrt{\frac{1}{10T_2T_3}} \approx \frac{1}{3\sqrt{T_2T_3}} \tag{3-40}$$

考虑到在截止频率 ω_c 附近的频率特性对系统性能指标影响最大，所以近似条件式（3-40）可改写为

$$\omega_c \leqslant \frac{1}{3\sqrt{T_2T_3}} \tag{3-41}$$

在此条件下

$$\frac{1}{(T_2s+1)(T_3s+1)} \approx \frac{1}{(T_\Sigma s+1)} \tag{3-42}$$

式中，$T_\Sigma = T_2 + T_3$。

近似处理后的高频段幅频特性如图 3-14 中的虚线所示，也可以按等效前后保持相角稳定余量基本不变的原则来进行等效处理。假设进行式（3-42）的近似处理后系统的相角稳定余量不变，则

$$\arctan T_2\omega_c + \arctan T_3\omega_c = \arctan(T_2+T_3)\omega_c \tag{3-43}$$

若

$$\frac{1}{T_2},\ \frac{1}{T_3},\ \frac{1}{T_2+T_3} \gg \omega_c \tag{3-44}$$

则式（3-43）可近似处理为

$$T_2\omega_c + T_3\omega_c = (T_2+T_3)\omega_c \tag{3-45}$$

式（3-45）为恒等式，故可反过来推证只要满足式（3-44）条件，则两个小惯性环节可近似为一个小惯性环节。

同理，若系统有三个小惯性环节，则也可将其近似处理为一个小惯性环节，即

$$\frac{1}{(T_2s+1)(T_3s+1)(T_4s+1)} \approx \frac{1}{T_\Sigma s+1}$$

式中，$T_\Sigma = T_2 + T_3 + T_4$。

近似条件为

$$\omega_c \leqslant \frac{1}{3\sqrt{T_2T_3 + T_3T_4 + T_2T_4}} \tag{3-46}$$

由此可得出结论，当系统有多个小惯性环节时，在一定条件下，可以将它们近似为一个小惯性环节，其等效时间常数等于原各小时间常数之和。

3.4.4.2　低频段大惯性环节的近似处理

大惯性环节可近似为积分环节。例如，某系统开环传递函数为

$$W(s) = \frac{K(T_2s+1)}{s(T_1s+1)(T_3s+1)} \tag{3-47}$$

其中，$T_1 > T_2 > T_3$，且 $\frac{1}{T_1} \ll \omega_c$，则可近似认为 $\frac{1}{T_1s+1} \approx \frac{1}{T_1s}$，近似后的系统开环传递函数为

$$W(s) = \frac{K(T_2s+1)}{T_1s^2(T_3s+1)} \tag{3-48}$$

近似处理前后的开环对数幅频特性如图 3-15 所示。

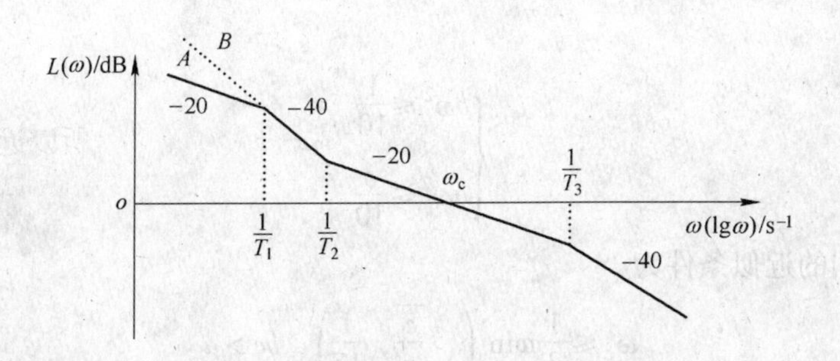

图3-15　低频段大惯性环节的近似处理

A—等效前；B—等效后

从频率特性上看，上述近似相当于

$$\frac{1}{\sqrt{\omega^2 T_1^2+1}} \approx \frac{1}{T_1\omega} \tag{3-49}$$

近似条件为$\omega^2 T_1^2 \gg 1$。按工程设计惯例，近似条件为$\omega T_1 \geqslant \sqrt{10}$。考虑到在截止频率附近的频率特性对系统性能影响最大，故近似条件可表示为

$$\omega_c \geqslant \frac{3}{T_1} \tag{3-50}$$

对大惯性环节的近似处理应注意以下两点：

（1）从表面形式上看，若原系统是一阶无差（Ⅰ型）系统，则近似处理后就变成了Ⅰ型无差（Ⅱ型）系统。毫无疑问，这是一种虚假现象，所以，这样的近似只适用于动态性能的分析与设计，当分析系统稳态精度时，还必须采用原系统的传递函数。

（2）近似处理对动态稳定性的影响。对于式（3-47）和式（3-48）两个传递函数，即近似处理前后，系统的相角稳定余量分别为

$$\gamma_A(\omega_c)=90^\circ-\arctan T_1\omega_c+\arctan T_2\omega_c-\arctan T_3\omega_c$$

$$\gamma_B(\omega_c)=\arctan T_2\omega_c-\arctan T_3\omega_c$$

由于$\arctan T_c\omega_1<90^\circ$，所以$\gamma_A(\omega_c)>\gamma_B(\omega_c)$，即近似处理前的相角稳定余量更大，故不必担心近似处理对系统稳定性的影响。

3.4.4.3　降阶处理

前面把多个小惯性近似为一个小惯性，实际上是一种特殊的降阶处理。这里讨论更一般的情况。以Ⅱ型系统为例，设

$$W(s)=\frac{K}{as^3+bs^2+cs+1} \tag{3-51}$$

式中，a、b、c都是正的系数，且$bc>a$，即系统是稳定的。

一般来说，若高次项系数小到一定程度，就可忽略特征方程中对应的高次项。若忽略式（3-50）中的高次项，则

$$W(s)=\frac{K}{cs+1} \tag{3-52}$$

从频率特性来看，就是

$$\frac{K}{a(\mathrm{j}\omega)^3+b(\mathrm{j}\omega)^2+c(\mathrm{j}\omega)+1} \approx \frac{K}{1+\mathrm{j}c\omega}$$

条件是

$$\begin{cases} b\omega^2 \leqslant \dfrac{1}{10} \\ a\omega^2 \leqslant \dfrac{c}{10} \end{cases}$$

而实际应用的近似条件为

$$\omega_c \leqslant \frac{1}{3}\min\left(\sqrt{\frac{c}{a}},\ \frac{1}{\sqrt{b}}\right),\ bc > a \tag{3-53}$$

3.4.5　双闭环直流调速系统的设计

根据工艺要求选择典型系统后，就可按前面讨论的方法设计系统了。设计多环控制系统的一般原则是：从内环开始向外一环一环地逐环进行设计。本节以转速、电流双闭环直流调速系统为例，先设计电流环，再把设计好的电流环作为转速环的一个环节设计转速环。值得一提的是，该方法可以推广到多环系统的设计。

3.4.5.1　电流环的设计

一般情况下，电流调节器都是按电流连续情况设计的。如果电枢电流经常工作在断续状态，则要设计电流自适应调节器。这里按电流连续情况进行设计。

A　电流环的动态结构图

电流环的动态结构图如图 3－16 所示。

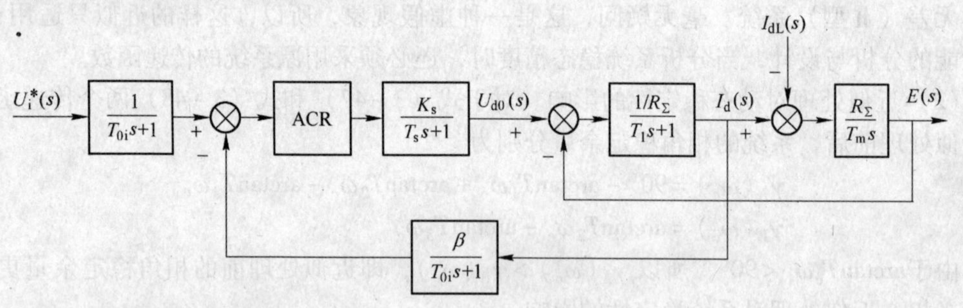

图 3－16　电流环动态结构图

电流环动态结构图的近似等效处理过程，如下所述。

（1）忽略反电势的影响。设计电流环遇到的第一个问题是反电势的交叉反馈作用。一般情况下，实际系统中的电磁时间系数 T_l 要远小于机电时间系数 T_m，因而电流环的响应要比转速环的响应快得多，也就是说电流的调节要比反电势的变化快得多。因此，对电流环来说，反电势只是一个缓慢的扰动作用。所以，设计电流环时可暂不考虑反电势变化的影响，即认为 $\Delta E = 0$。这样就可把图 3－16 中反电势 E 的反馈线去掉，如图 3－17（a）所示。

（2）变换成单位负反馈。把图 3－17（a）变为单位负反馈，如图 3－17（b）所示。

（3）小惯性环节的近似处理。滤波器时间常数 T_{0i} 和晶闸管变流装置的时间常数 T_s 都属于小时间常数（比 T_l 小得多），故对应的两个小惯性环节可用一个小惯性环节来近似等效，等效时间常数为

$$T_{\Sigma i} = T_s + T_{0i} \tag{3-54}$$

近似条件为

$$\omega_{ci} \leqslant \frac{1}{3\sqrt{T_s T_{0i}}} \tag{3-55}$$

式中 ω_{ci}——电流环的截止频率。

进行这一近似处理后，电流环动态结构图如图 3-17（c）所示。

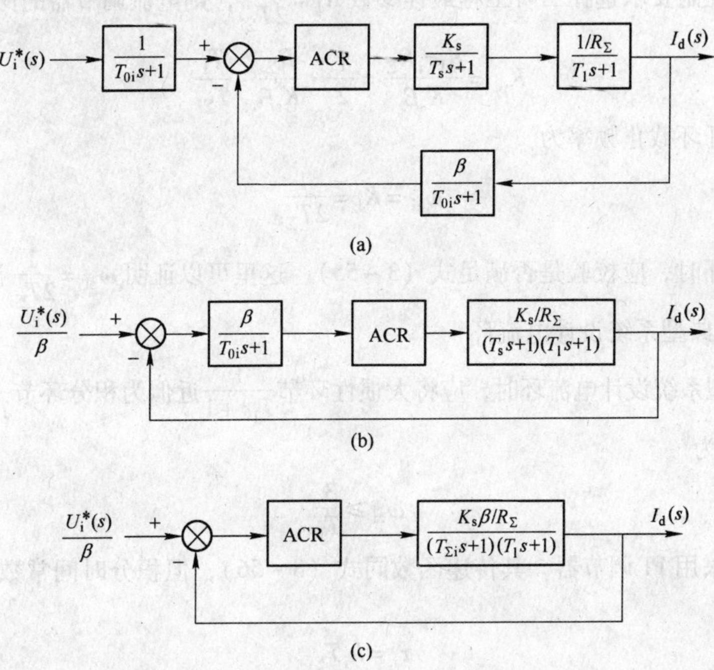

图 3-17 电流环动态结构图的近似等效处理

B 电流调节器的设计和参数选择

电流环既可以设计成二阶典型系统，也可以设计成三阶典型系统，这取决于具体的控制要求。为了使读者掌握基本设计方法，这里分别按两种典型系统来设计电流环。

a 按二阶典型系统设计电流环

由图 3-17（c）可知，为了把电流环校正成二阶典型系统，电流调节器应选用 PI 调节器，其传递函数为

$$W_{ACR}(s) = K_{pi}\frac{\tau_i s + 1}{\tau_i s} \tag{3-56}$$

式中 K_{pi}——电流调节器的比例放大系数；

τ_i——电流调节器的积分时间系数（一阶微分项时间常数 τ_i 又称为超前时间常数）。

为了用调节器的一阶微分项对消调节对象的大惯性环节，取

$$\tau_i = T_l \tag{3-57}$$

系统开环传递函数为

$$W_i(s) = K_{pi}\frac{\tau_i s + 1}{\tau_i s}\frac{K_s\beta/R_\Sigma}{(T_{\Sigma i}s+1)(T_l s+1)}$$

$$= \frac{K_I}{s(T_{\Sigma i}s+1)} \tag{3-58}$$

式中　K_I——电流环的开环放大倍数，$K_I=\dfrac{K_{pi}K_s\beta}{\tau_i R_\Sigma}$。

式（3－58）表示的系统正好是二阶典型系统。现在就可进行具体的参数选择与计算。假设根据控制要求选择二阶工程最佳参数 $K_I=\dfrac{1}{2T_{\Sigma i}}$，则电流调节器的比例放大系数为

$$K_{pi}=\frac{K_I\tau_i R_\Sigma}{K_s\beta}=\frac{1}{2}\cdot\frac{R_\Sigma}{K_s\beta}\cdot\frac{T_1}{T_{\Sigma i}} \tag{3-59}$$

电流环的开环截止频率为

$$\omega_{ci}=K_I=\frac{1}{2T_{\Sigma i}} \tag{3-60}$$

设计电流环时，应校验是否满足式（3－55）。这里可以证明 $\omega_{ci}=\dfrac{1}{2T_{\Sigma i}}$满足该条件。

b　按三阶典型系统设计电流环

按三阶典型系统设计电流环时，应将大惯性环节$\dfrac{1}{T_1 s+1}$近似为积分环节$\dfrac{1}{T_1 s}$，依式（3－50），近似条件为

$$\omega_{ci}\geqslant\frac{3}{T_1} \tag{3-61}$$

调节器仍采用 PI 调节器，其传递函数同式（3－56），但积分时间常数 τ_i要选得小一些，如

$$\tau_i=h_i T_{\Sigma i} \tag{3-62}$$

系统开环传递函数为

$$W_i(s)=K_{pi}\frac{\tau_i s+1}{\tau_i s}\frac{K_s\beta/R_\Sigma}{T_1 s(T_{\Sigma i}s+1)}=\frac{K_I(hT_{\Sigma i}s+1)}{s^2(T_{\Sigma i}s+1)} \tag{3-63}$$

式中　K_I——电流环的开环放大倍数，$K_I=\dfrac{K_{pi}K_s\beta}{\tau_i R_\Sigma T_1}$。

若按对称三阶典型系统来校正电流环，则 $K_I=\dfrac{1}{h\sqrt{h}T_{\Sigma i}^2}$，所以

$$K_{pi}=\frac{1}{h\sqrt{h}T_{\Sigma i}^2}\cdot\frac{hT_{\Sigma i}R_\Sigma T_1}{K_s\beta}=\frac{1}{\sqrt{h}}\cdot\frac{R_\Sigma}{K_s\beta}\cdot\frac{T_1}{T_{\Sigma i}} \tag{3-64}$$

假设按工艺要求选择三阶“对称最佳”参数 $h=4$，则电流调节器放大倍数和电流环截止频率分别为

$$K_{pi}=\frac{1}{2}\cdot\frac{R_\Sigma}{K_s\beta}\cdot\frac{T_1}{T_{\Sigma i}} \tag{3-65}$$

$$\omega_{ci}=\frac{1}{\sqrt{h}T_{\Sigma i}}=\frac{1}{2T_{\Sigma i}} \tag{3-66}$$

最后，按式（3－55）和式（3－61）校验参数选择是否合理，即$\dfrac{3}{T_1}\leqslant\omega_{ci}\leqslant\dfrac{1}{3\sqrt{T_s T_{0i}}}$

是否成立。

同理，可按 M_{pmin} 准则来设计电流环，读者不难自行完成。

3.4.5.2 转速环的设计

设计转速环时，可把电流环简化为一个环节，以便作为单环来按典型系统进行设计。

A 电流环的等效传递函数

如果电流环是按二阶典型系统设计的，则其闭环传递函数为

$$\frac{I_d(s)}{U_i^*(s)}=\frac{1/\beta}{\frac{T_{\Sigma i}}{K_I}s^2+\frac{1}{K_I}s+1} \tag{3-67}$$

引用式（3-53）的降阶处理条件，若转速环的开环截止频率 ω_{cn} 满足

$$\omega_{cn}\leqslant\frac{1}{3}\sqrt{\frac{K_I}{T_{\Sigma i}}} \tag{3-68}$$

则

$$\frac{I_d(s)}{U_i^*(s)}\approx\frac{1/\beta}{\frac{1}{K_I}s+1} \tag{3-69}$$

若取二阶工程最佳参数，则

$$\frac{I_d(s)}{U_i^*(s)}\approx\frac{1/\beta}{2T_{\Sigma i}s+1} \tag{3-70}$$

应该指出，由图3-17可知，电流环的被控对象本来可近似为两个惯性环节（一个大惯性环节和一个近似的小惯性环节），但闭环后却可近似为一个小惯性环节。这说明电流闭环改善了控制对象，加快了电流跟随作用，提高了系统动态性能。这是多环控制系统局部闭环（内环）的一个重要功能，应引起足够的重视。

同理，若电流环按三阶典型系统来设计，也可用类似的方法，将其近似处理为一个小惯性环节，读者不妨试之。因此，可把电流环表示为一般形式的惯性环节：

$$\frac{I_d(s)}{U_i^*(s)}=\frac{1/\beta}{AT_{\Sigma i}s+1} \tag{3-71}$$

式中，系数 A 由电流环的设计形式决定。

B 转速环的动态结构图

电流环等效为一个惯性环节后，转速环的动态结构图如图3-18所示。

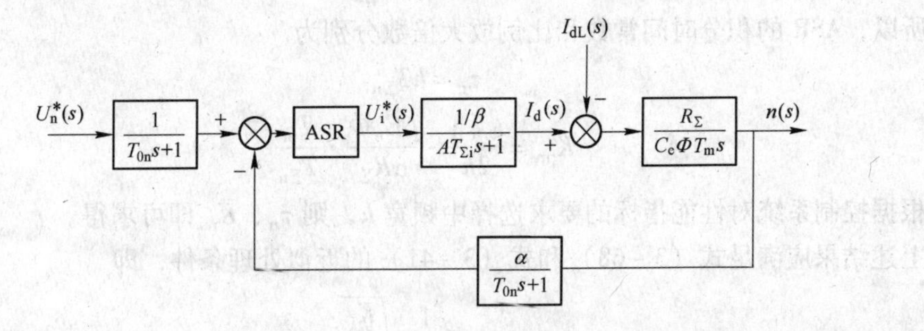

图3-18 转速环动态结构图

滤波器（时间常数为 T_{0n}）的设置原理与电流环相同。

经过反馈变换、小惯性群近似处理，转速环动态结构图可等效变换为图 3 - 19。图中，等效小惯性时间常数为

$$T_{\Sigma n} = AT_{\Sigma i} + T_{0n} \tag{3-72}$$

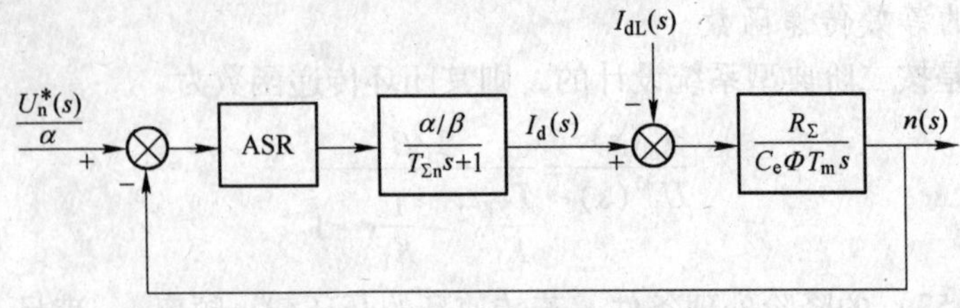

图 3 - 19 转速环等效动态结构图

C 转速调节器的设计和参数选择

由图 3 - 19 可知，若把转速环设计成二阶典型系统，则 ASR 要选用比例调节器，此时系统是有静差系统。同时，就动态性能而言，调速系统需要较好的抗扰性能，而这是三阶典型系统的优势。因此，转速环一般按三阶典型系统来设计。

为把转速环校正为三阶典型系统，ASR 应采用 PI 调节器，其传递函数为

$$W_{ASR}(s) = K_{pn}\frac{\tau_n s + 1}{\tau_n s} \tag{3-73}$$

式中 K_{pn}——转速调节器的比例放大倍数；

τ_n——转速调节器的积分时间常数，$\tau_n = hT_{\Sigma n}$。

调速系统的开环传递函数为

$$W_n(s) = \frac{K_{pn}\alpha R_\Sigma}{\tau_n \beta C_e \Phi T_m}\cdot\frac{\tau_n s + 1}{s^2(T_{\Sigma n}s + 1)}$$

$$= K_N\frac{\tau_n s + 1}{s^2(T_{\Sigma n}s + 1)} \tag{3-74}$$

式中 K_N——转速环开环放大倍数，$K_N = \frac{K_{pn}\alpha R_\Sigma}{\tau_n \beta C_e \Phi T_m}$。

如果按 M_{pmin} 准则设计转速环，则

$$K_N = \frac{h+1}{2h^2 T_{\Sigma n}^2}$$

所以，ASR 的积分时间常数和比例放大倍数分别为

$$\tau_n = hT_{\Sigma n} \tag{3-75}$$

$$K_{pn} = \frac{h+1}{2h}\cdot\frac{\beta C_e \Phi}{\alpha R_\Sigma}\cdot\frac{T_m}{T_{\Sigma n}} \tag{3-76}$$

根据控制系统对性能指标的要求选择中频宽 h，则 τ_n、K_{pn} 即可求得。

上述结果应满足式（3 - 68）和式（3 - 41）的近似处理条件，即

$$\omega_{cn} \leqslant \frac{1}{3}\sqrt{\frac{K_I}{T_{\Sigma i}}}$$

$$\omega_{cn} \leqslant \frac{1}{3\sqrt{AT_{\Sigma i}T_{0n}}}$$

如果按对称三阶典型系统设计转速环，则

$$K_N = \frac{1}{h\sqrt{h}T_{\Sigma n}^2}$$

ASR 参数为

$$\tau_n = hT_{\Sigma n}$$

$$K_{pn} = \frac{1}{\sqrt{h}} \cdot \frac{\beta C_e \Phi}{\alpha R_\Sigma} \cdot \frac{T_m}{T_{\Sigma n}}$$

这一结果同样要按等效处理条件进行验证。

3.4.5.3 转速调节器饱和非线性对启动过程的影响

前已指出，转速环一般都设计成三阶典型系统，而三阶典型系统的超调量很大，已成为我们关注的主要问题。然而，实际系统启动过程的超调量却往往要比三阶典型系统跟随性能指标表中的超调量要小得多。造成如此反差的原因在于：典型系统性能指标是在没有考虑启动过程中系统会出现饱和非线性的情况下求得的，而实际双闭环调速系统在启动过程中却恰恰会出现 ASR 饱和非线性现象。在这种情况下，当然不能照搬由线性系统求得的结果。

那么，当转速调节器出现饱和限幅时，作为三阶典型系统的调速系统，其超调量究竟如何计算呢？这正是我们要探讨的问题。

已知突加阶跃给定后，双闭环调速系统的启动过程包括三个阶段，即强迫建流阶段（Ⅰ）、恒流升速阶段（Ⅱ）和超调退饱和阶段（Ⅲ），如图 3－20 所示。

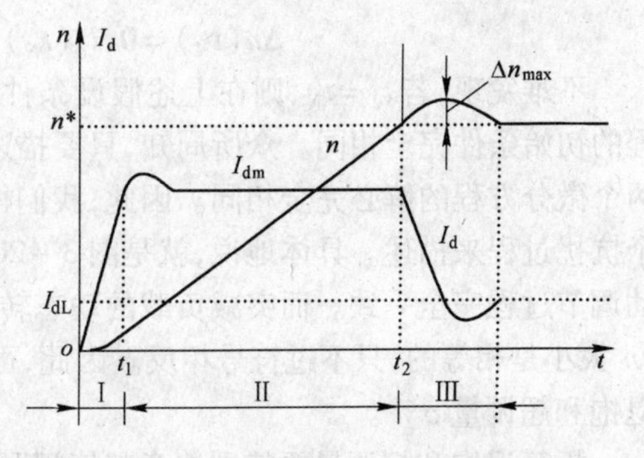

图 3－20 双闭环调速系统的实际启动过程

这里我们主要研究退饱和过程以及退饱和超调量的计算方法。在转速调节器刚刚退出饱和状态时，电枢电流仍维持在最大值 I_{dm}，从而使转速继续上升并引起超调。此时，ASR 的输入综合信号改变极性，其输出即电流给定 U_i^* 迅速下降，迫使电枢电流 I_d 随之迅速下降，最后 I_d稳定在负载电流 I_{dL}上，转速达到稳定状态。

在转速调节器退饱和后，调速系统恢复到转速闭环的线性系统范围内工作。假设 ASR 采用 PI 调节器，则由图 3－19 得转速环动态结构图如图 3－21（a）所示。对退饱和过程来说，U_n^* 保持不变，但超调的转速 n 发生变化（Δn）。现以Δn 为输出画出等效动态结构图，如图 3－21（b）所示。

与图 3－13 进行比较不难发现，退饱和超调过程的转速环系统动态结构图与扰动作用下的三阶典型系统结构完全一致，并且只要满足下列条件：

$$W_1(s) = \frac{\alpha K_{pn}(\tau_n s+1)}{\beta\tau_n s(T_{\Sigma n}s+1)} \tag{3-77}$$

$$W_2(s) = \frac{R_\Sigma / C_e\Phi}{T_m s} \tag{3-78}$$

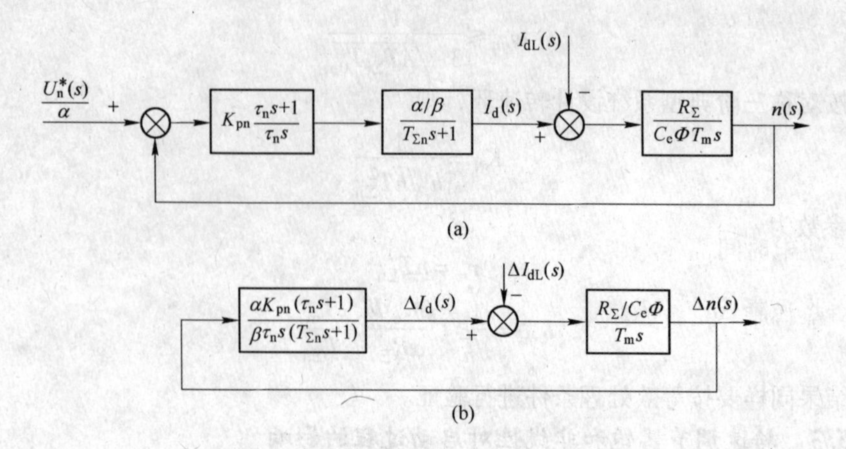

图 3－21　转速环等效动态结构图

也就是说，描述这两个过程的微分方程形式是相同的。

退饱和过程是在 t_2 时刻开始发生的，因此，退饱和过程的初始条件为

$$\Delta n(t_2)=0,\ I_d(t_2)=I_{dm},\ \text{负载电流为}\ I_{dL}$$

对扰动作用下的三阶典型系统（见图 3－13）来说，假设扰动发生时刻为 t_N，负载电流由 I_{dm} 跳变为 I_{dL}，即 $N=I_{dm}-I_{dL}$。这样，扰动调节过程，即负载由 I_{dm} 突减为 I_{dL} 的调节过程的初始条件可表示为

$$\Delta n(t_N)=0, I_d(t_N)=I_{dm}, \text{负载电流为}\ I_{dL}$$

不难发现，若 $t_2=t_N$，则在上述假设条件下，退饱和超调过程与负载突减的扰动调节过程的初始条件完全相同。众所周知，只要描述两个过程的微分方程及其初始条件相同，则这两个微分方程的解必完全相同。因此，我们得出结论：转速退饱和超调过程可以等效地用一个抗扰过程来描述。具体地说，就是图 3－20 的退饱和超调过程与图 3－9 中负载突减的扰动调节过程完全一致。而突减负载的动态转速上升过程与突加负载的动态转速下降过程的 Δn 大小是相等的，只不过符号相反。因此，可借助表 3－7 或表 3－8，经过适当的折算得到退饱和超调量 $\sigma\%$。

折算退饱和超调量要特别注意基值问题。由抗扰性能指标表查得的动态速降的基值定义为

$$Z=2NK_2\frac{T}{T_2}$$

已知

$$N=\Delta I_L=I_{dm}-I_{dL}$$

$$K_2=R_\Sigma/C_e\Phi$$

$$T=T_{\Sigma n}$$

$$T_2=T_m$$

所以

$$Z=2(I_{dm}-I_{dL})\cdot\frac{R_\Sigma}{C_e\Phi}\cdot\frac{T_{\Sigma n}}{T_m} \tag{3－79}$$

退饱和超调量$\sigma\%$的基值则为$n^* = n(\infty)$，在抗扰性能指标表中，$\Delta c_m = \Delta n_m$，所以

$$\sigma\% = \frac{\Delta n_m}{n^*(\infty)} = \frac{\left(\frac{\Delta c_m}{Z}\%\right)Z}{n(\infty)} \tag{3-80}$$

例如，某调速系统，按三阶“对称最佳”（$h=4$）设计。由表3-8查知$\frac{\Delta c_m}{Z}\% = 88.5\%$；若机电时间常数$T_m = 0.34s$，转速环小时间常数$T_{\Sigma n} = 0.0124s$。在额定电流时，系统开环静态速降$\Delta n_{nom} = \frac{I_{nom}R_\Sigma}{C_e\Phi} = 380r/min$，启动时动态加速电流$I_{dm} - I_{dL} = 1.5I_{nom}$，则基值为

$$\begin{aligned} Z &= 2(I_{dm} - I_{dL}) \cdot \frac{R_\Sigma}{C_e\Phi} \cdot \frac{T_{\Sigma n}}{T_m} \\ &= 2 \times 1.5 \times \frac{I_{nom}R_\Sigma}{C_e\Phi} \times \frac{0.0124}{0.34} \\ &= 3 \times 380 \times 0.03647 \\ &\approx 41.58 \end{aligned}$$

若$n(\infty) = n_{nom} = 1000r/min$，则退饱和超调量为

$$\sigma\% = \frac{\left(\frac{\Delta c_m}{Z}\%\right)Z}{n(\infty)} = \frac{88.5\% \times 41.58}{1000} = 3.68\%$$

可见，退饱和超调量要比线性系统的超调量小得多，这无疑更增强了三阶典型系统的实用性。

但应注意，这种退饱和超调量与线性系统的超调量有本质的不同。对于线性系统，不论转速高低，超调量$\sigma\%$的大小都一样；但退饱和超调量却与稳态转速$n(\infty)$有关。例如，其他条件同上，但$n(\infty) = n_{nom} = 100r/min$，则

$$\sigma\% = \frac{\left(\frac{\Delta n_m}{Z}\%\right)Z}{n(\infty)} = \frac{88.5\% \times 41.58}{100} = 36.8\%$$

对于出现ASR饱和限幅情况的系统调节时间指标，由图3-20不难发现，它由三段时间构成，但相对来说，强迫建流和退饱和超调的时间都比较短，因而调节时间可近似用恒流升速时间$t_2 - t_1$来代替，即$t_2 \approx t_2 - t_1$。

在恒流升速阶段，由拖动系统的运动方程

$$I_{dm} - I_{dL} = \frac{T_m C_e \Phi}{R_\Sigma} \cdot \frac{dn}{dt}$$

可求得

$$t_2 \approx t_2 - t_1 = \frac{C_e\Phi T_m n(\infty)}{R_\Sigma(I_{dm} - I_{dL})} \tag{3-81}$$

3.5　直流调速系统的数字控制

直流调速系统从开环发展到闭环，其中的关键是由于运算放大器等模拟电子电路所组

成的调节器所起的作用。它把转速给定量和实际转速反馈量进行比较后，再通过调节控制电动机的转速。这类系统的给定和反馈都是用模拟量的形式给出的，称为模拟控制直流调速系统。闭环直流调速系统能抑制被反馈通道包围的前向通道上的扰动，如负载的扰动、调节器放大倍数的漂移、电网电压的波动等；但是对于系统给定和反馈通道的扰动，系统却无能为力，转速检测装置的误差，使得反馈电压不能反映真实的转速值，而转速给定装置的误差，使得已选定的给定电压值发生变化，这两种误差都会使转速偏离所需要的值；因此，模拟控制器直流调速系统难以达到很高的调速精度。

以微控制器为核心的数字控制系统（简称数字控制系统），硬件电路的标准化程度高，制作成本低，且不受器件温度漂移的影响；控制软件能够进行逻辑判断和复杂运算，可以实现不同于一般线性调节的最优化、自适应、非线性、智能化等控制规律，而且更改起来灵活方便。总之，数字控制系统的稳定性好，可靠性高，可以提高控制性能，此外，还拥有信息存储、数据通信和故障诊断等模拟控制系统无法实现的功能。

3.5.1　数字控制的特殊问题

数字控制的调速系统是一个采样系统，它的原理如图 3－22 所示。其中 S_1 是给定值的采样开关，S_2 是反馈值的采样开关，S_3 是输出的采样开关。若所有的采样开关均等周期地一起开和闭，则称为同步采样。但是，计算机无法连续输入给定信号和反馈信号，也无法连续改变输出值，只有在采样开关闭合时才能输入和输出信号。当控制系统的控制量和反馈量是模拟的连续信号时，为了把他们输入计算机，只能在采样时刻对模拟的连续信号进行采样，从而把连续信号变成脉冲信号，即离散的模拟信号，这就是信号的离散化。信号的离散化是数字控制系统的一个特点。

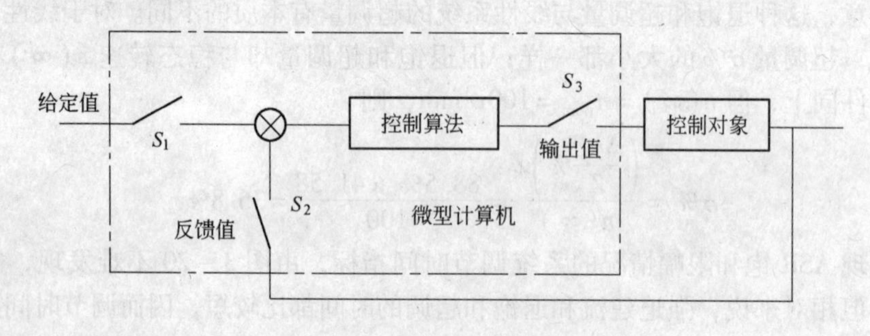

图 3－22　计算机控制系统框图

系统采样后得到的离散模拟信号本质上还是模拟信号，不能直接送入计算机，还必须经过数字量化，即用一组数码（如二进制数）来逼近离散模拟信号的幅值，将它转换成数字信号，这就是信号的数字化。信号的数字化是数字控制系统的第二个特点。

信号的离散化和数字化导致了信号在时间上和量值上的不连续性，因为数码总是有限的，故用数码来逼近模拟信号是近似的，会产生量化误差。计算机输出的信号也需经过数模转换器或保持器转换成模拟信号，而保持器的存在会提高控制系统传递函数分母的阶次，减小系统的稳定裕度。

为了使离散的数字信号能够不失真地复现连续的模拟信号，设计时对系统的采样频率有一定的要求。根据香农（Shannon）采样定理，如果模拟信号的最高频率为 f_{max}，只要按照采样频率$f \geqslant 2f_{max}$进行采样，那么取出的样品序列就可以代表（或恢复）模拟信号。随着控制对象的不同，系统所需要的最低采样频率也不同。

在工业过程中，控制对象是流量、压力、液位和温度等，这些物理量的变化速度较为缓慢，采样频率可以较低。而在电动机调速系统中，控制对象是电动机的转速和电流，它们都是快速变化的物理量，必须具有较高的采样频率。所以计算机控制的直流调速系统是一种快速采样系统，它要求计算机能够在较短的采样周期内，实现信号的转换、采集，并按照某种控制规律实施控制运算和完成控制信号的输出。

要实现直流调速系统的数字控制，就需要分别针对转速检测、控制器设计、脉冲触发器等环节进行数字化的相应设计。

3.5.2 转速检测的数字化

数字测速具有测速精度高、分辨能力强、受器件影响小的优点，目前已被广泛应用于调速要求高、调速范围大的调速系统和伺服系统内。

3.5.2.1 旋转编码器

光电式旋转编码器是检测转速或转角的元件，旋转编码器与电动机相连，当电动机转动时，带动编码器旋转，产生转速或转角信号。旋转编码器可分为绝对式和增量式两种。绝对式编码器是在码盘上分层刻上表示角度的二进制数码或循环码（格雷码），并通过接收器将该数码送入计算机。绝对式编码器常用于检测转角，若需要得到转速信号，则必须对转角进行微分。增量式编码器是在码盘上均匀地刻制一定数量的光栅（见图 3－23），当电动机旋转时，码盘随之一起转动。通过光栅的作用，光通路会持续不断地开放或封闭，这时，在接收装置的输出端便得到频率与转速成正比的方波脉冲序列，从而可以计算转速。

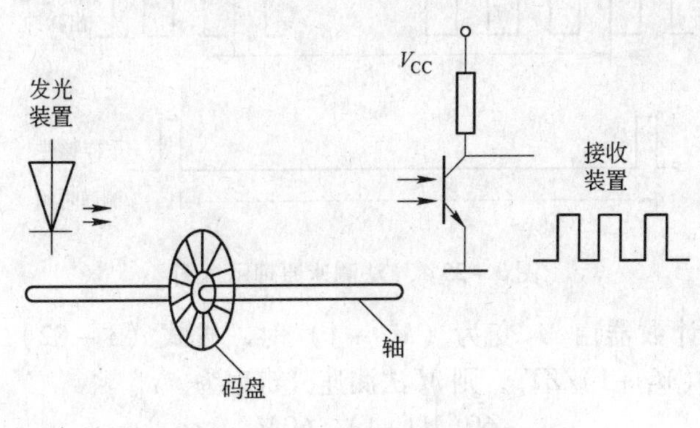

图 3－23 增量式旋转编码器示意图

上述脉冲序列能正确反映转速的高低，但不能鉴别转向。为了获得转速的方向，可增加一对放光与接收装置，并使两对发光与接收装置错开光栅节距的 1/4，则两组脉冲序列 A 和 B 的相位相差$\frac{\pi}{2}$，如图 3－24 所示。正转时 A 相超前 B 相；反转时 B 相超前 A 相。这样，采用简单的鉴相电路就可以分辨出转向。

若码盘的光栅数为 N，则转速分辨率为 $1/N$，常用的增量式旋转编码器光栅数有 1024、2048、4096 等。若再增加光栅数，就将大大增加旋转编码器的制作难度和成本。

采用倍频电路可以有效地提高转速分辨率，而不增加旋转编码器的光栅数。一般多采用四倍频电路，大于四倍频则较难实现。

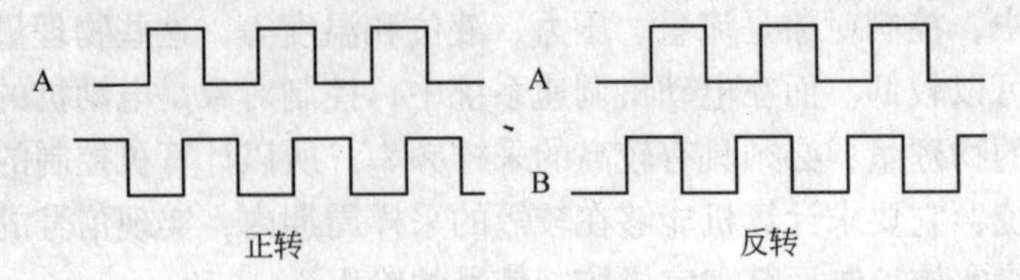

图 3-24 区分旋转方向的 A、B 两组脉冲序列

采用转速编码器的数字测速方法有三种：*M* 法、*T* 法和 *M/T* 法。

3.5.2.2 *M* 法测速

在一定的时间 T_c 内测取旋转编码器输出的脉冲个数 M_1，用以计算这段时间内的转速，称为 *M* 法测速。将 M_1 除以 T_c，就可得到旋转编码器输出脉冲的频率 f_1，$f_1 = M_1/T_c$，所以又称频率法。电动机每转一圈共产生 Z 个脉冲（Z = 倍频系数 × 编码器光栅数），将 f_1 除以 Z 即可得到单位时间内电动机的转速。习惯上，时间 T_c 以 s 为单位，转速以 r/min 为单位，则电动机的转速（单位为 r/min）为

$$n = \frac{60M_1}{ZT_c} \tag{3-82}$$

由于 Z 和 T_c 是常数，因此转速 n 与计数器 M_1 成正比。

用微型计算机实现 *M* 法测速的方法是：系统的定时器按设定周期定期地发出采样脉冲信号，而计数器则记录下在两个采样脉冲信号之间的旋转编码器的脉冲个数，如图 3-25 所示。

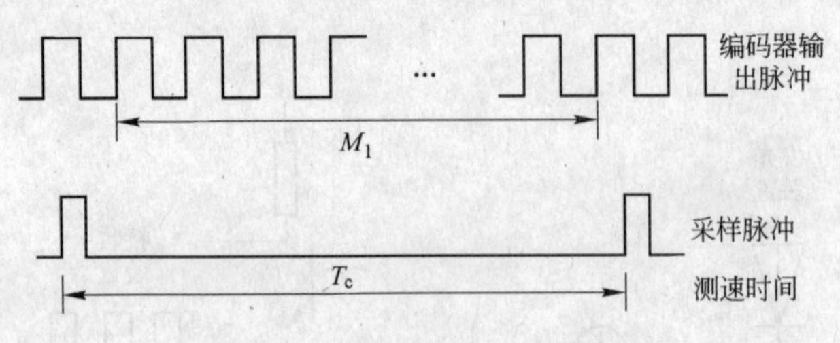

图 3-25 *M* 法测速原理示意图

在 *M* 法中，当计数器由 M_1 变为（M_1+1）时，按式（3-82），其相应的转速由 $60M_1/ZT_c$，变成 $60(M_1+1)/ZT_c$，则 *M* 法测速分辨率为

$$Q = \frac{60(M_1+1)}{ZT_c} - \frac{60M_1}{ZT_c} = \frac{60}{ZT_c} \tag{3-83}$$

可见，*M* 法测速的分辨率与实际转速的大小无关。从式（3-83）还可知，要提高分辨率（即减小 Q），必须增大 T_c 或 Z。但在实际应用中，两者都受到限制。根据采样定律，采样周期必须是控制对象的时间常数的 1/10 ~ 1/5，不允许无限制地加大采样周期；而增大旋转编码器的脉冲数又受到旋转编码器制造能力的限制。

在图 3-25 中，由于脉冲计数器所计的是两个采样定时脉冲之间的旋转编码器发出的脉冲个数，而这两类的边沿是不可能一致的，因此它们之间存在着测速误差。用 *M* 法测速时，测量误差的最大可能性是 1 个脉冲。因此，*M* 法的测速误差率的最大值为

$$\delta_{\max}=\frac{\dfrac{60M_1}{ZT_c}-\dfrac{60(M_1-1)}{ZT_c}}{\dfrac{60M_1}{ZT_c}}\times 100\%=\frac{1}{M_1}\times 100\% \tag{3-84}$$

由式（3-84）可知，$\delta_{\max}$与M_1成反比。转速愈低，M_1愈小，误差率愈大。

3.5.2.3 T 法测速

T 法测速是通过测出旋转编码器两个输出脉冲之间的间隔时间来计算转速的，因此又被称为周期法测速。

T 法测速同样也是用计数器实现的，与 *M* 法测速不同的是，它所计的是计算机发出的高频时钟脉冲的个数，并以旋转编码器输出的相邻两个脉冲的同样变化沿作为计数器的起始点和终止点，如图 3-26 所示。

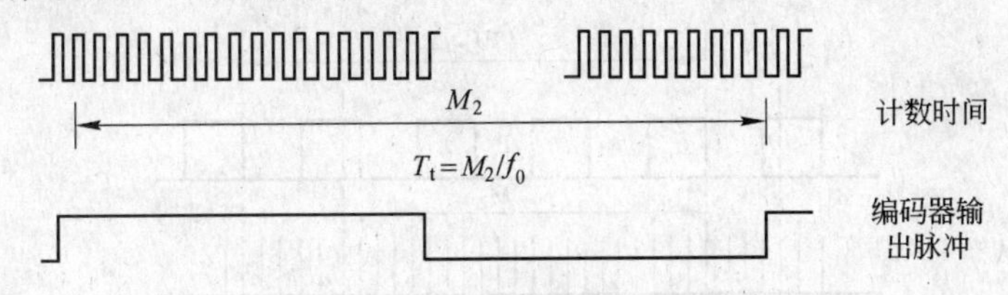

图 3-26 *T* 法测速原理示意图

在 *T* 法测速中，准确的测速时间T_t是用所得的高频时钟脉冲个数M_2计算出来的，即$T_t=M_2/f_0$，因而测得的电动机转速为

$$n=\frac{60}{ZT_t}=\frac{60f_0}{ZM_2} \tag{3-85}$$

为了使测量结果得到正值，*T* 法测速的分辨率定义为时钟脉冲个数由 M_2 变成 M_2-1 时转速的变化量，于是有

$$Q=\frac{60f_0}{Z(M_2-1)}-\frac{60f_0}{ZM_2}=\frac{60f_0}{ZM_2(M_2-1)} \tag{3-86}$$

综合式（3-85）和式（3-86），可得

$$Q=\frac{Zn^2}{60f_0-Zn} \tag{3-87}$$

由式（3-87）可以看出，*T* 法测速的分辨率与转速高低有关，转速越低，*Q* 值越小，分辨能力越强。

采用 *T* 法测速时，产生误差的原因与 *M* 法相仿，M_2最多可能产生 1 个脉冲的误差，因此，*T* 法测速误差率的最大值为

$$\delta_{\max}=\frac{\dfrac{60f_0}{Z(M_2-1)}-\dfrac{60f_0}{ZM_2}}{\dfrac{60f_0}{ZM_2}}\times 100\%=\frac{1}{M_2-1}\times 100\% \tag{3-88}$$

由于低速时，编码器相邻脉冲间隔时间长，测得的高频时钟脉冲个数 M_2多，误差率小，因而测速精度高。

从分辨能力和误差率上都表明，*T* 法测速更适合于低速段。

3.5.2.4 *M/T* 法测速

在 M 法测速中，随着电动机转速的降低，计数值 M_1 减少，测速装置的分辨能力变差，测速误差增大。如果速度过低，M_1 将小于 1，测速装置便不能正常工作。T 法测速正好相反，随着电动机转速的增加，计数值 M_2 减少，测速装置的分辨能力越来越差。综合这两种测速方法的特点，产生了 M/T 法测速，它无论在高速还是在低速时都具有较高的分辨能力和检测精度。

M/T 法测速的原理示意图如图 3-27 所示，它的关键是 M_1 和 M_2 计数同步开始和终止，实际的检测时间与旋转编码器的输出脉冲一致，能有效减少测速误差。图中的 T_c 是采样时钟，它由系统的定时器产生，其数值始终不变。检测周期由 T_c 采样脉冲的边沿之后的第一个脉冲编码器的输出脉冲的边沿来决定，即检测周期 $T = T_c - \Delta T_1 + \Delta T_2$。

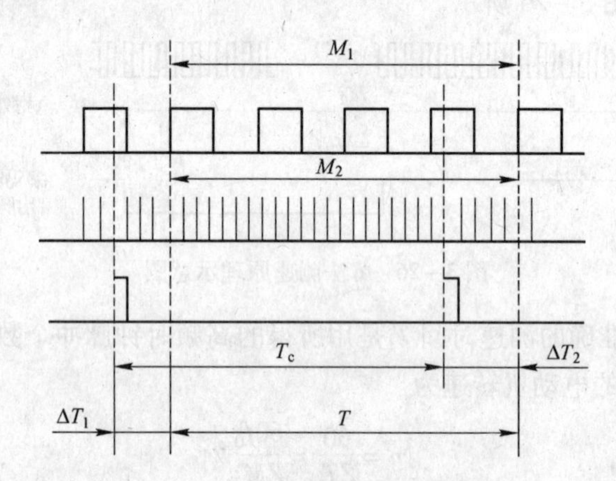

图 3-27 *M/T* 法测速原理示意图

检测周期 T 内被测转轴的转角为 θ，则

$$\theta = \frac{2\pi n T}{60} \tag{3-89}$$

已知旋转编码器每转发出 Z 个脉冲，在检测周期 T 内旋转编码器发出的脉冲数是 M_1，则转角 θ 又可以表示成

$$\theta = \frac{2\pi M_1}{Z} \tag{3-90}$$

若时钟脉冲频率是 f_0，在检测周期 T 内时钟计数值为 M_2，则检测周期 T 可写成

$$T = \frac{M_2}{f_0} \tag{3-91}$$

综合式（3-89）~式（3-91）便可求出被测的转速为

$$n = \frac{60 f_0 M_1}{Z M_2} \tag{3-92}$$

用 M/T 法测速时，计数值 M_1 和 M_2 都在变化，为了分析它的分辨率，这里分为高速段和低速段两种情况来讨论。

在高速段，$T_c \gg \Delta T_1$，$T_c \gg \Delta T_2$，故可看成 $T \approx T_c$，认为 M_2 不会变化，则分辨率可用下式求得

$$Q=\frac{60f_0(M_1+1)}{ZM_2}-\frac{60f_0M_1}{ZM_2}=\frac{60f_0}{ZM_2} \tag{3-93}$$

而$M_2=f_0T\approx f_0T_c$，代入式（3-93）可得

$$Q=\frac{60}{ZT_c} \tag{3-94}$$

这与M法测速的分辨率表达式（3-83）完全相同。

在转速很低时，$M_1=1$，M_2随转速变化，M/T法自然蜕化为T法，其分辨率表达式与式（3-87）完全相同。

上述分析表明，M/T法测速无论是在高速还是在低速其都有较强的分辨能力。

从图3-27可知，在M/T法测速中，检测时间T以脉冲编码器的输出脉冲的边沿为基准，计数值M_2最多产生一个时钟脉冲的误差。M_2的数值在中、高速时，基本上是一个常数，$M_2=Tf_0\approx T_cf_0$，其测速误差率为$\frac{1}{M_2-1}\times 100\%$；在低速时，$M_2=Tf_0>T_cf_0$；所以$M/T$法测速具有较高的测量精度。

3.5.2.5 数字测速方法的精度指标

A 分辨率

分辨率是用来衡量测速方法对被测转速变化的分辨能力，在数字测速方法中，用改变一个计数值所得的转速变化量来表示分辨率，用符号Q表示。当被测转速由n_1变为n_2时，引用计数值增量为1，则该测速方法的分辨率是

$$Q=n_2-n_1 \tag{3-95}$$

分辨率Q越小，说明测速装置对转速变化的检测越敏感，从而测速的精度也越高。

B 测速误差率

转速实际值和测量值之差Δn与实际值n之比定义为测速误差值，记作

$$\delta=\frac{\Delta n}{n}\times 100\% \tag{3-96}$$

测速误差率反映了测速方法的准确性，δ越小，准确度越高。测速误差率的大小决定于测速元件的制造精度，并与测速方法有关。

3.5.3 调节器的数字化

比例积分（PI）调节器是电力拖动自动控制系统中最常用的一种控制器，在数字控制系统中，当采样频率足够高时，可以先按模拟系统的设计方法设计调节器，然后再离散化，得到数字控制器的算法，这就是模拟调节器的数字化。

在模拟控制器中，PID调节器的微分方程表达式如下：

$$U(t)=K_P\left[e(t)+\frac{1}{T_I}\int_0^t e(t)\mathrm{d}t+T_D\frac{\mathrm{d}e(t)}{\mathrm{d}t}\right] \tag{3-97}$$

式中 K_P，T_I，T_D——分别为模拟控制器的比例增益、积分时间、微分时间。

在计算机控制系统中，为实现控制式（3-97），就要对其进行离散化处理。离散化的方法有很多种，但大都是采用后向差分近似法。令

$$\int_0^t e(t)\mathrm{d}t\approx T\sum e(i) \tag{3-98}$$

$$\frac{\mathrm{d}e(t)}{\mathrm{d}t} \approx e(k) - e(k-1) \tag{3-99}$$

式中　T——采样周期。

由式（3-97）、式（3-98）和式（3-99）可得到位置型数字PID算法为

$$u(k) = K_{\mathrm{P}}\left\{e(k) + \frac{T}{T_{\mathrm{I}}}\sum e(i) + \frac{T_{\mathrm{D}}}{T}[e(k) - e(k-1)]\right\} \tag{3-100}$$

式中　$u(k)$——第k次采样时刻计算机的输出。

由式（3-100）等号右侧可以看出，比例部分只与当前的偏差有关，而积分部分则是系统过去所有偏差的积累。位置式PI调节器的结构清晰，比例（P）和积分（I）两部分作用分明，参数调整简单明了。

根据式（3-100），计算机要实现位置式PID控制算法，就需要不断地累加偏差$e(t)$，因此计算繁琐而且占用内存空间。下面所推导的增量型PID控制器就解决了以上问题。

设

$$\begin{aligned}
\Delta u(k) &= u(k) - u(k-1) \\
&= K_{\mathrm{P}}\left\{[e(k) - e(k-1)] + \frac{T}{T_{\mathrm{I}}}e(k) + \frac{T_{\mathrm{D}}}{T}[e(k) - 2e(k-1) + e(k-2)]\right\} \\
&= \left(K_{\mathrm{P}} + \frac{T}{T_{\mathrm{I}}} + \frac{T_{\mathrm{D}}}{\mathrm{T}}\right)e(k) - \left(K_{\mathrm{P}} + \frac{2T_{\mathrm{D}}}{T}\right)e(k-1) + \frac{T_{\mathrm{D}}}{T}e(k-2) \\
&= P_0 e(k) + P_1 e(k-1) + P_2 e(k-2)
\end{aligned}$$

式中，$P_0 = \left(K_{\mathrm{P}} + \frac{T}{T_{\mathrm{I}}} + \frac{T_{\mathrm{D}}}{T}\right)$；$P_1 = -\left(K_{\mathrm{P}} + \frac{2T_{\mathrm{D}}}{T}\right)$；$P_2 = \frac{T_{\mathrm{D}}}{T}$。

从应用角度看，增量型PID调节器输出是增量且计算量较小，只需要当前采样和上一次采样的偏差即可计算输出值。因此在手动与自动控制方式切换时所产生的切换冲击较小，并且在计算机误动作时造成的影响也小得多。所以，在实际控制中，增量型PID控制器比位置型控制器使用得远为广泛。

在数字传动控制系统中，无论是电流调节器还是速度调节器，大都是采用带限幅的数字PI调节器。它的算式为

$$\begin{aligned}
\Delta u(k) &= u(k) - u(k-1) \\
&= K_{\mathrm{P}}\left\{[e(k) - e(k-1)] + \frac{T}{T_{\mathrm{I}}}e(k)\right\} \\
&= \left(K_{\mathrm{P}} + \frac{T}{T_{\mathrm{I}}}\right)e(k) - K_{\mathrm{P}}e(k-1) \\
&= P_0 e(k) + P_1 e(k-1)
\end{aligned} \tag{3-101}$$

在数字控制算法中，要对u限幅，则只要在程序内设置限幅值$\pm u_{\mathrm{m}}$，当$|u(k)| > u_{\mathrm{m}}$时，便以限幅值$\pm u_{\mathrm{m}}$作为输出。不考虑限幅时，位置式和增量式两种算法完全相同，考虑限幅时，则两者略有差异。增量式PI调节器算法只需输出限幅，而位置式算法必须同时设积分限幅和输出限幅，缺一不可。若位置式算法没有积分限幅，积分项便可能很大，从而将产生较大的退饱和超调。

3.5.4　触发器的数字化

图3-28是直流电动机的晶闸管逻辑无环流可逆数字控制系统的一般性组成框图，虚

线框内部分是由计算机实现的，包括电流环 ACR 和速度环 ASR、无环流逻辑控制与触发脉冲形成控制 DLC 等，虚线框外部的主回路由晶闸管 SCR 功率桥、电抗器、直流电动机等组成。

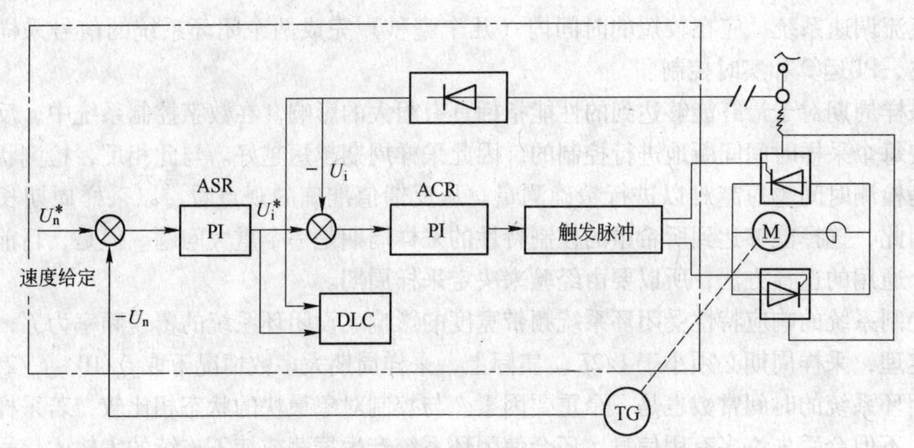

图 3－28 逻辑无环流可逆数字控制系统组成框图

数字触发器不同于模拟触发器，它是通过计算机软件编程来完成脉冲的形成、分配和移相控制的。互差 120°的三相交流同步电压经阻容移相滞后 30°，使其交流波形的过零点正好对准控制角 $\alpha=0°$处，再把它们变成互差 120°、宽 180°的方波，并引入到计算机相应输入端，作为脉冲分配的依据，以确定这一时刻发出的脉冲应当加到哪一个晶闸管上。对于三相桥式整流电路，每隔 60°就要形成一次中断服务程序，在该中断程序中计算机要完成脉冲的形成与移相控制，而且要保证触发脉冲只能在 $\alpha=0°\sim180°$间产生。

如果系统的 α_{min} 和 β_{min} 都取为 30°，则系统的控制角变化范围为 30°～150°电角度，通过 $t=T/360°$（T 为工频电源周期）换算成时间量为 1.67～8.33ms，于是便可求得触发的时间常数。如果用定时器定时发出脉冲，那么根据不同的计算机配置，通过软件编程把相应的时间常数送到定时器即可。当定时器到规定的时间，则输出选通脉冲，经脉冲展宽、光电隔离、脉冲放大和驱动电路后触发主回路的晶闸管。

3.5.5 数字无环流控制逻辑

和模拟控制系统相似，数字无环流控制逻辑是根据数字速度调节器输出值的极性来旋转正反性晶闸管桥的，并可根据主回路的电流是否为零进行相应的切换。这就需要对晶闸管的工作状态进行记忆，也就是说，根据极性检测及零电流检测作出逻辑判断，以使哪一组晶闸管开放，哪一组晶闸管封锁。为了记忆这个结果，应该设置两个记忆单元，比如采用 L1 和 L2 两个记忆单元，分别用来记忆正组晶闸管和反组晶闸管的工作状态。当 L1 或 L2 中存数为“0”时，表示相应的那组晶闸管应封锁，而存数为“1”时，表示相应的那组晶闸管应开放。根据这些状态即可控制触发脉冲的开放与封锁。为了保证两组晶闸管切换时的安全，一般要设置延迟时间。在模拟控制系统中，一旦设置好这个时间就不能轻易改变，但在数字传动系统中，控制装置一般会容许其在一定范围内变动，以便调试者在安全性和快速性之间能作出一些有限的选择。

3.5.6 数字控制软件的实现

由于直流调速系统的电流环和速度环所要求的响应时间快，故要求用计算机控制的晶闸管直流调速系统，应在较短的时间内（几个毫秒）完成两个闭环系统的信号采样、数字滤波、PI 运算和实时控制。

采样周期对于最终能够达到的性能指标具有很大的影响。在数字控制系统中，反馈控制是按每个采样时间间断地进行控制的，因此采样周期越短越好。与此相反，检测状态参数则是检测时间越短越难以进行精确测量。从反馈值准确的观点看，以采样周期长点为好，因此，选择能够达到所希望的控制特性的采样周期是一个重大问题。但是，目前还没有一个通用的选择方法，所以要由经验来决定采样周期。

控制系统的响应特性受闭环系统频带宽度的影响。设闭环系统的覆盖频率为 f_c，根据采样定理，采样周期必须小于 $1/2f_c$。实际上，采样周期大多数情况下取 $f_c/10 \sim f_c/2$。

闭环系统的时间常数也是一个重要因素。与控制对象最快的状态相比较，若采样周期过长，不但会丢失许多有用信息，还会使闭环系统产生振荡或使不连续的大输入信号加到控制对象上来。因此，在计算机运算时间里，要以相应于系统最快状态的短采样周期来进行全部控制是难以实现的。所以，实际上都采用多重采样周期控制，即在快速状态时采用短采样周期控制，在较慢速状态时采用长采样周期控制。为了保证电流控制环的快速响应时间，电流环数据处理的周期时间必须控制在约 1ms 内，所以电流控制环的采样周期通常选 1 ~3. 3ms，速度控制环的采样周期则以 10 ~15ms 为宜。为了确保以分时方式对电流控制环和速度控制环进行数据处理所需的时间，触发控制回路的程序必须在不到 100μs 的周期内运行完毕。

在软件设计中，如果采用中断服务程序的方式进行控制，那么在中断服务程序中，应首先进行电流采样，然后再根据电流的连续/断续状况实现带限幅的 PI/I 运算和数字触发等功能，同时还要实现速度的采样、滤波、带限幅的 PI 运算及无环流逻辑切换等功能。

3.5.7 SIMOREG 6RA70 直流数字控制系统

西门子公司的 SIMOREG 系列整流装置是 20 世纪 90 年代以来，在我国冶金行业被广泛应用的一种全数字直流传动控制装置。它由三相交流电源直接供电，用于可调速直流电机电枢和励磁供电。装置额定电流范围为 15 ~2000A，并可通过并联 SIMOREG 整流装置进行扩展。根据不同的应用场合，可选单象限或四象限工作装置。装置本身带有参数设定单元，不需要其他的任何附件即可完成参数的设定。所有的控制、调节、监视及附加功能都由微处理器来实现。可选择给定值和反馈值为数字量还是模拟量。

SIMOREG 6RA70 系列整流装置特点为体积小，结构紧凑。装置的门内装有一个电子箱，箱内装入调节板，还有可用于扩展和串行接口的附加板。各个单元很容易拆装，从而使得装置维修服务变得简单、易行。外部信号的连接（开关量输出/输出、模拟量输入/输出、脉冲编码器等）通过插接端子排实现。通过在电子箱内插接 Profibus DP 等现场总线通讯模板，可以方便地与其他控制器进行数据交换，实现远程通讯。装置软件存放在快闪（Flash）EPROM 中，使用基本装置的串行接口可以方便地进行软件升级。

电枢回路的功率部分为三相桥式整流电路，单象限工作装置的功率部分电路为三相全控桥，四象限工作装置的功率部分由两个三相全控桥组成。励磁回路采用单相半控桥。

额定电流 15～1200A 的装置，电枢和励磁回路的功率部分为电绝缘晶闸管模块，所以其散热器不带电。电流不小于 1500A 的装置，电枢回路的功率部分为平板式晶闸管，这时散热器是带电的。功率部分的所有接线端子都在前面。额定电流不大于 125A 的装置为自然风冷，额定电流不小于 210A 的装置为强迫风冷（风机）。

SIMOREG 6RA70 系列整流装置的控制方式有开环控制、速度闭环控制、电流/转矩闭环控制、电势反馈闭环控制等，通过参数设置可任意选用、升降设备及其他很多应用；同时还提供了一系列的特殊功能，如卷取、快卷、同步及位置控制、升降设备及其他很多应用；还提供了一系列可以自由选用的软件模块、连接量、软开关；通过参数设定可自由选择模拟/数字测速接口；多种外围（输入/输出侧）保护器件可供选用；结构模块化可根据需要选配；内部构成高度智能化、程序化；通过参数设置可实现装置的最佳控制性能；串行接口和通讯软件可使本装置与其他装置、PLC 或上位 PC 机实现数据传输通讯等。

3.5.7.1 基本控制原理

SIMOREG 6RA70 系列整流装置主要采用直流调速系统的基本结构形式，即转速和电流双闭环调速系统。其基本控制原理是，给定信号和反馈信号经过比较环节进入速度调节器，以速度调节器的输出作为电流调节器的输入，再用电流调节器的输出作为可控硅触发装置的控制电压，改变电枢侧直流电压，从而调节直流电动机的转速。从闭环反馈的结构上看，电流环在里面，是内环；转速调节环在外面，是外环。这样就形成了转速、电流双闭环调速系统。从静特性和动态响应过程上看，这样组成的双闭环系统，在突加给定的过渡过程中表现为一个恒值电流调节系统；在稳态和接近稳态运行时又表现为无静差调速系统。这样既发挥了转速和电流两个调节器各自的作用，又避免了像单环系统那样两种反馈相互牵制的缺陷，从而获得了良好的静、动态品质。

A 电枢回路中的调节功能

速度调节器的放大系数与转速实际值、电流实际值、给定值与实际值的差值相匹配。为了获得更好的动态响应，在速度调节回路上有预控器，可以通过在速度调节器输出附加一个转矩给定值来实现，该附加给定值与传动系统的摩擦及转动惯量有关，可通过一个自动优化过程来确定摩擦和转动惯量的补偿。

在调节器锁零放开后，速度调节器输出量的大小可以通过参数值直接调整。

通过参数设定可以旁路转速调节器，整个装置就可以作为转矩调节或电流调节的系统来运行。此外，在运行过程中可通过选择功能“主动/随动转换”来切换转速调节/转矩调节，这个功能可通过开关量端子或一个串行接口的开关量连接器来选择。转矩给定值的输入可以通过可选择连接器实现，也可由模拟量可设置端子输入口或串行接口输入。

B 转矩限幅器

根据有关参数的设定，转速调节器的输出为转矩或电流给定值。当处于转矩控制时，转速调节器的输出用磁通 Φ 计算后作为电流给定值送入电流限幅器。转矩调节模式主要用于弱磁情况下，以使最大转矩限幅与转速无关。

转矩限幅器有以下功能可供使用：

（1）通过参数分别设定正、负转矩极限。

（2）通过参数设置的切换转速的开关量连接器实现转矩极限的切换。

(3) 通过连接器信号自由给定转矩极限，例如可通过有关模拟输入或串行接口。

最小设定值总是作为当时转矩限幅，转矩的附加给定可以加在转矩限幅之后。

C　电流限幅器

在转矩限幅器之后的可调电流限幅器是用来保护整流装置和电动机的。最小设定值总是作为电流限幅。

下列几种电流极限值都可以设定：

(1) 由参数分别设定的正、负电流极限值（设定最大电动机电流）。

(2) 通过模拟量输入口或串行接口等连接器自由给定的电流限幅值。

(3) 通过使用停车和急停参数分别设定电流限幅值。

(4) 与转速有关的电流限幅。通过参数设定可以实现当转速较高时，电流极限值随转速的升高按一定的规律自动减小（电动机的极限换向曲线）。

(5) 功率部分的 I^2t 监控。在所有的电流值下计算晶闸管的温度，当到达有关参数设定的晶闸管极限温度时，或者装置电流减小到额定电流值，或者装置使用故障信号断电。该功能用于保护晶闸管。

D　电流调节器

电流调节器是具有互相独立设定的 P（放大值）和积分时间的 PI 调节器。可分别采用比例调节 P 或纯积分调节 I 规律。电流实际值通过三相交流侧的电流互感器检测，经负载电阻，整流，再经模拟/数字变换后送电流调节器，分辨率是装置额定电流的 10 倍。电流调节器的电流给定值为电流限幅器的输出值。

电流调节器的输出形成触发装置的控制角，同时作用于触发装置的还有预控制器。

E　预控制器

电流调节回路的预控制器是一种前馈控制器，用于改善调节系统的动态响应。电流调节回路中的允许上升时间范围为 6～9ms。预控制电流给定值和电动机的 EMF 有关，并能确保电流连续和断续状态或转矩改变符号时所要求的触发角的快速变化。

F　无环流控制逻辑

无环流控制逻辑（仅用于四象限工作装置）与电流调节回路共同完成转矩改变符号时的逻辑控制，必要时刻借助参数设定封锁一个转矩方向。

G　触发装置

触发装置形成与电源电压同步的功率部分晶闸管控制脉冲。同步信号取自功率部分，因此与旋转磁场和定子供电无关。触发脉冲在时间上由电流调节器和预控制器的输出值决定，通过参数设定控制角极限。

在 45～65Hz 频率范围内，触发装置自动适应电源频率。通过合适的参数设置，还可以适用于 23～110Hz 的电源频率范围。

H　励磁回路的调节功能

a　EMF 调节器（反电势调节器）

EMF 调节器通过比较反电势的给定值和实际值，产生励磁电流调节器的给定值，从而进行与反电势有关的弱磁调节。EMF 调节器为 PI 调节器，P 和 I 部分可分别设定，或作为纯粹的 P 调节器或 I 调节器被使用。与 EMF 调节器并联工作的还有预控制器，该控制器根据转速和自动测取的励磁电流的附加给定值通过连接器接入，如模拟输入或串行接口接入。限幅器作用于励磁电流给定值，励磁电流的最大和最小给定值可分别通过一个参数或一个连接器进行限幅。

b 励磁电流调节器

励磁电流调节器是一个 PI 调节器，K_p和 T_n可分别设定。此外尚可作为纯粹的 P 调节器和 I 调节器来使用。与励磁电流调节器并联工作的还有预控制器，该预控制器根据给定值和电源电压计算和设定励磁回路的触发角。预控制器支持电流调节器并改善励磁回路的动态响应。

c 励磁触发装置

触发装置形成与励磁回路电源同步的功率部分晶闸管控制触发脉冲，同步信号取自功率部分，与定子控制回路供电电源有关。控制触发脉冲在时间上由电流调节器和预控制器的输出值决定，可通过参数设定触发角极限值。触发装置能自动适应频率为 45 ~ 65Hz 的电源。

I 调节器优化过程

SIMOREG 6RA70 系列整流装置出厂时已做了参数设定，选用自优化过程可支持调节器的设定。通过专门的关键参数即可进行自优化选取。

下列调节器功能可在自优化过程中得到设定：

（1）电流调节器的优化。设定电路调节器和预控制器（电枢和励磁回路）。

（2）转速调节器优化。设定转速调节器的识别量。

（3）自动测取用于转速调节器预控制器的摩擦和惯性力矩补偿量。

（4）自动测取与 EMF 有关的弱磁控制的磁化特性曲线和在弱磁工作时的 EMF 调节器的自动优化。

此外，操作者也可经操作面板改变自动优化过程中所设定的所有参数。

SIMOREG 6RA70 系列整流装置系统功能图如图 3 - 29 所示。

3.5.7.2 参数设定、显示与监控

SIMOREG 6RA70 系列整流装置自身有简易操作面板和液晶显示，可进行有关参数的设定、修改、优化，并可显示直流装置各运行状态和进行实时监控。用户可视实际需要设定、显示、监控某些量，只需在相应接口上加某些显示、监控设备即可。

A 运行数据的显示

参数 r000 显示整流装置的运行状态。约有 50 个参数用于显示测量值，另外还有 30 多个由软件（连接器）实现的调节系统信号可在显示单元输出。可显示的测量值有：给定值、实际值、开关量输入/输出值、调节器的输入/输出值、限幅值等。

B 扫描功能

通过选择扫描功能，每 128 个测量点最多有 8 个测量值可被存储，测量值或故障信号可预设为触发条件。通过选择触发延时，可提供记录时间发生前后的状态。测量值存储扫描时间在 3 ~ 300ms 间，可通过参数设定。测量值可通过操作面板或串行接口输出。

3.5.7.3 故障信号

每个故障信号都有一个编号。故障信号还存储了事件发生的时间，以便能尽快找出故障原因。为了便于诊断，最后出现的 8 个故障信号，包括故障编号、故障值及工作时间，均被存储。当出现故障时：

（1）设置为“故障”功能的开关量输出口输出低电平（选择功能）；

（2）切断传动装置（调节器封锁、电流为零、脉冲封锁、继电器“主接触器”断开）；

（3）显示器显示带F的故障编号，发光二极管“故障”亮。

故障信息的复位可以通过操作面板、开关量可设置端子或串行接口完成。故障复位后传动装置处于“合闸封锁”状态。“合闸封锁”只能由“停车”（端子37加低电平信号）操作才能取消。

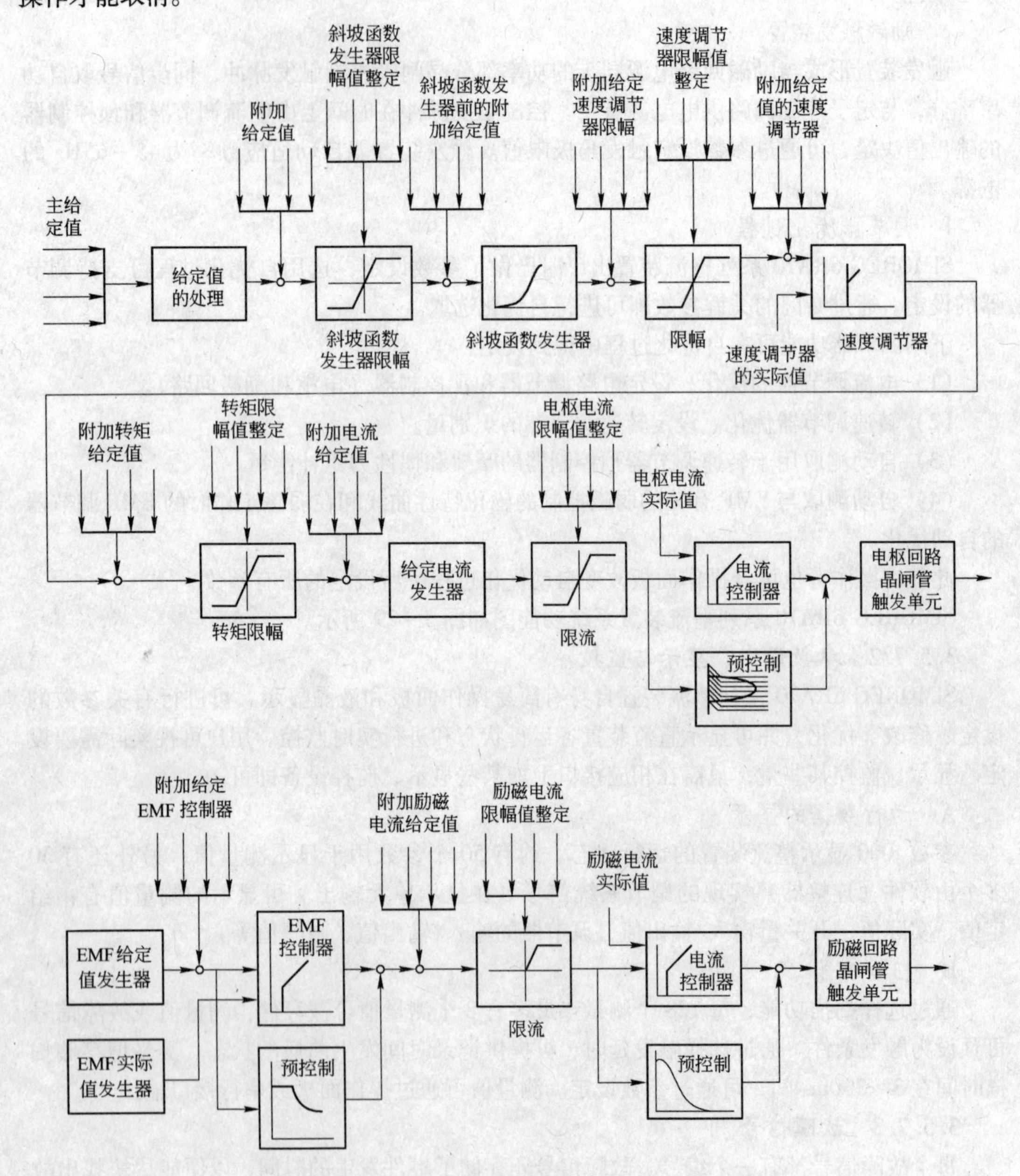

图3-29　SIMOREG 6RA70系列整流装置系统功能图

在参数设定的一段时间内（0～20s），允许传动系统自动再启动。如果时间设定为零，则立刻显示故障（电网故障）而不会再启动。出现下列故障时可选择自动再启动：缺相（励磁或电枢），欠压、过压、电子板电源中断、并联的 SIMOREG 欠压。

故障信息分为以下几种类型：

（1）电网故障，包括缺相、励磁回路故障、欠压、过压、电源频率小于 45Hz 或大于 65Hz。

（2）接口故障，如基本装置接口或附加接口故障。

（3）传动系统故障，包括对转速调节器、电流调节器、EMF 调节器、励磁电流调节器等的监控已经响应，传动系统封锁，无电枢电流。

（4）电动机过载保护（电动机的 I^2t 监控）已经响应。

（5）测速机监控和超速信号。

（6）启动过程故障。

（7）电子板故障。

（8）晶闸管元件故障，这种故障只有通过响应参数激活了晶闸管检查功能时，才会出现，晶闸管检查功能用来检查晶闸管能否关断及能否触发。

（9）电动机传感器故障（带端子扩展板），监控电刷长度、轴承状态、风量及电动机温度。

（10）通过开关量可设置端子的外部故障。

故障信息通过参数可逐个被“禁止”。某些故障信息出厂时被切断，只有通过响应的参数它们才能被激活。

3.5.7.4 警告

警告系统信号是显示尚未导致传动系统断电的特殊状态。出现警告时不需要复位操作，而是当警告出现的原因已经消除时立即自动复位。

警告主要包括以下内容：

（1）电动机过热，电动机 I^2 计算值达到 100%。

（2）电动机传感器警告（当选用端子扩展板时），监控轴承状态、电动机风机、电动机温度。

（3）传动装置警告，包括封锁传动装置、没有电枢电流。

（4）通过开关量可设置端子的外部警告。

（5）附加板警告。

3.5.7.5 输入和输出口功能

A 模拟量可设置输入口

模拟量输入口输入的值变换为数字量后，可以通过参数进行规格化、滤波、符号选择及偏置处理。由于模拟输入量可用作连接器，所以它不仅可以作为主给定值，而且也可以作为附加给定值或极限值。

B 模拟量输出口

电流实际值作为实时量在端子 12 输出。该输出量可以是双极性量或是绝对值，并且极性可以选择。

还有可选的模拟量输出可用来输出其他模拟量信号，输出量可以是双极性量或是绝对值。规格化、偏置、极性、滤波时间常数可通过参数设定。希望的输出可通过该点的连接器号选择，可输出量值为转速实际值、斜坡函数发生器输出、电流给定值、电源电压值等。

C 开关量输入口

传动系统通过端子 37 启动/停止（OFF1）。此端子功能与串行接口控制位“AND”连接。当端子 37 为高电平信号时，经内部过程控制，主接触器（端子 109/110）合闸。当端子 38（运行允许）加高电平信号时，调节器开放，传动系统按转速给定值加速到工作转速。当端子 37 为低电平信号时，传动系统按斜坡函数发生器减速到 $n < n_{\min}$，在等待抱闸控制延时后，调节器封锁，$I = 0$ 时主接触器断开。主接触器断点后经一段设定时间，励磁电流减小到停车励磁电流（该值亦可由参数设定）。

通过端子 38 发出运行允许命令，此功能与串行接口控制位“AND”连接。在端子 38 加高电平信号时，调节器锁零开放，当端子 38 为低电平信号时，调节器封锁，$I = 0$ 时，触发脉冲封锁。“运行允许”信号有高优先权，即在运行过程中，取消电平信号（低电平信号），导致电流总是变为零，使传动系统自由停车。

可设置的开关量输入口，可用于功能选择，每个具有控制功能的可设置端子都有一个开关量连接器编号。

开关量输入口功能举例：

（1）切断电源（OFF2）。当为“OFF2”时（低电平信号），调节器立即封锁，电枢电流减小，$I = 0$ 时，主接触器断开，传动系统自由停车。

（2）快停（OFF3）。快停时（低电平信号），转速调节器输入端的转速给定值置零，传动系统以电流极限值（为急停可进行参数设定的电流极限值）进行制动。$n < n_{\min}$ 时，经等待制动延时后，电流减至零，主接触器断开。

（3）点动。当端子 37 为低电平信号，端子 38 为高电平信号，且为点动工作模式时，点动功能有效。在点动工作模式下，主接触器合闸，传动系统加速到按参数设定的点动给定值。点动信号取消后，传动系统制动到 $n < n_{\min}$，然后调节器封锁，在经一段可参数设定的延时（0～60s）后，主接触器断开。此外，可以选择斜坡函数发生器是处于激活状态，或者是加速时间等于减速时间等于零状态下工作。

D 开关量输出口

开关量输出端子（发射极开路）具有可选择信号功能，每个端子都可输出任何一个与选择参数相对应的开关量连接器值，输出信号的极性及延时值（0～50s）由参数设定。

开关量输出口功能举例：

（1）故障。出现故障信号时输出低电平信号。

（2）警告。有警告时输出低电平信号。

（3）转速低于 $n_{\min}$ 时输出高电平信号。此信号可作为零转速信号使用。

（4）抱闸动作指令。该信号可控制电动机抱闸。

当传动系统通过“启动”功能连接电源，并且“运行允许”时，输出高电平信号用于打开抱闸，此时内部调节器的打开要经过参数设定的一段延时（等待机械抱闸开启的时间）。当传动系统通过“停止”功能停车或“急停”时，在转速达到 $n < n_{\min}$，输出低电平信号，以使抱闸闭合；同时内部调节器仍保持开放由参数设定的一段时间（等待抱闸闭合的时间）；然后电流 $I = 0$，封锁触发脉冲，主接触器断开。

就“抱闸闭合”信号（开关量可设置输出为低电平信号）来讲，也可选择另一种工作方式，即当“内部调节器封锁”（传动装置无电流）后，不再等转速达到 $n<n_{\min}$，而是在转速还大于 $n_{\min}$时，控制抱闸（工作抱闸）。

在以下情况内部调节器封锁：出现故障信号、断电或在运行中取消端子 38 的“运行允许”命令。

3.6 小　结

本章对双闭环直流调速系统的组成、数学模型及其静、动态特性进行了综合描述，并详细介绍了双闭环直流调速系统的工程设计要素，特别是工程设计中的近似处理手段。给出了Ⅰ型、Ⅱ型典型系统的动态性能指标，并依此对控制器进行设计。在设计过程中，对Ⅰ型典型系统取 $K=\dfrac{1}{2T}$（$\zeta=0.707$），即工程设计中推荐的典型参数，一般称其为“二阶工程最佳”参数；对Ⅱ型典型系统，掌握“对称三阶典型系统”参数选择方法和“谐振峰值最小三阶典型系统”参数选择方法。最后以西门子公司 SIMOREG 6RA70 整流调速装置的使用为例，对直流调速系统中的数字化控制问题进行了讲解。

习题与思考题

3-1　某双闭环直流调速系统的 ASR 和 ACR 均为 PI 调节器，设系统最大给定电压 $U_{nm}^*=15\text{V}$，$n_N=1500\text{r/min}$，$I_N=20\text{A}$，电流过载倍数为 2，电枢回路总电阻 $R_\Sigma=2\Omega$，$K_s=20$，$C_e=0.127\text{V}\cdot\text{min/r}$，求：

（1）当系统稳定运行在 $U_n^*=5\text{V}$，$I_{dL}=10\text{A}$ 时，系统的 n、U_n、U_i^*、U_i 和 U_c 各为多少？

（2）当电动机负载过大而堵转时，U_i^* 和 U_c 各为多少？

3-2　在某转速、电流双闭环直流调速系统中，两个调节器 ASR、ACR 均采用 PI 调节器。已知电动机参数：$P_N=3.7\text{kW}$，$U_N=220\text{V}$，$I_N=20\text{A}$，$n_N=1000\text{r/min}$；电枢回路总电阻 $R_\Sigma=1.5\Omega$；设 $U_{nm}^*=U_{im}^*=U_{cm}=8\text{V}$，电枢回路最大电流 $I_{dm}=40\text{A}$，电力电子变换器的放大系数 $K_s=40$。试求：

（1）电流反馈系数 β 和转速反馈系数 α；

（2）当电动机在最高转速发生堵转时的 U_{d0}、U_i^*、U_i、U_c 值。

3-3　某二阶典型系统，已知时间常数 $T=0.1\text{s}$。

（1）阶跃给定响应的超调量 $\sigma\%\leqslant2\%$，设计该系统的开环增益 K，计算调节时间 $t_s(5\%)$ 和上升时间 t_r。

（2）若要求 $\sigma\%<10\%$，设计系统开环增益 K，计算 $t_s(5\%)$ 和 t_r。

（3）若要求 $t_r<0.25\text{s}$，该系统的开环增益 K 和超调量 $\sigma\%$ 各为多大？

（4）试分别比较上述三种情况下的截止频率 ω_c 和相角稳定余量 $\gamma(\omega_c)$ 的大小。

3-4　已知按“二阶工程最佳”参数$\left(K=\dfrac{1}{2T}\right)$设计的电流控制系统，如图 3-30 所示，电流输出回路总电阻 $R_\Sigma=2.5\Omega$，电磁时间常数 $T_1=0.2\text{s}$，系统小时间常数 $T=0.01\text{s}$，额定电流 $I_{nom}=50\text{A}$。

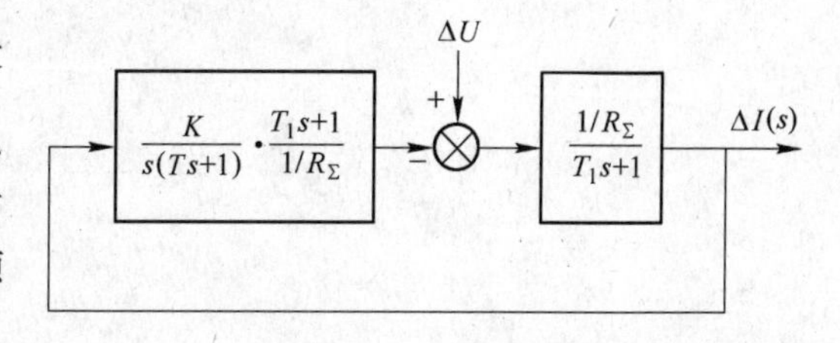

图 3-30　习题 3-4 图

（1）若在额定电流输出时，电网电压突降

20%，试求系统最大动态电流降落$\frac{\Delta I_{dm}}{I_{nom}}\%$；

(2) 若系统处于开环（无调节作用）状态，试计算$\frac{\Delta I_{dm}}{I_{nom}}\%$。

3-5　确定对称三阶典型系统和谐振峰值最小三阶典型系统开环增益K的原则是什么？若中频宽h和小时间常数T相同，哪个系统的K和ω_c较大？

3-6　某三阶典型系统采用M_{pmin}准则设计，要求频域指标$\omega_c=30\text{rad/s}$，$M_p=1.5$。求该系统的预期开环对数幅频特性、开环传递函数、阶跃响应的超调量$\sigma\%$和调节时间$t_s(5\%)$。

3-7　某转速、电流双闭环调速系统，电流和转速调节器都采用PI调节器，要求：

(1) 画出突加负载时调速系统的动态结构图；

(2) 试证明突加负载时电流的超调量与突加小范围给定时（在线性范围内）转速的超调量完全相同；

(3) 已知突加负载电流I_{dL}时的电枢电流响应曲线如图3-31所示，试画出对应的转速$n(t)$波形，并证明最大动态转速降Δn_m与图3-31中的阴影部分的面积成正比。

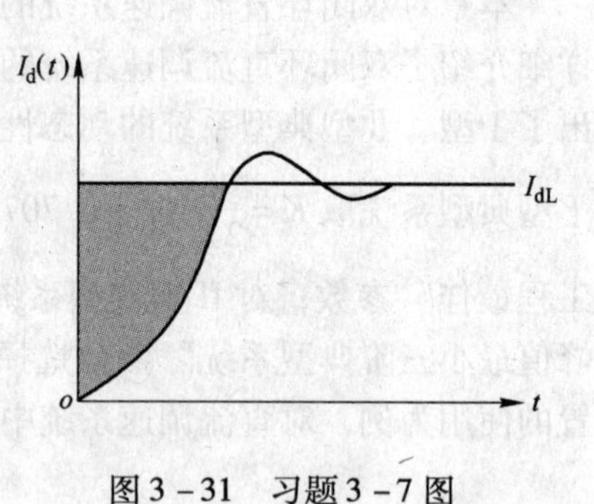

图3-31　习题3-7图

3-8　某三相零式晶闸管供电的双闭环调速系统，其基本数据如下：

直流电动机：$U_{nom}=220\text{V}$，$I_{nom}=6.5\text{A}$，$n_{nom}=1500\text{r/min}$，过载倍数$\lambda_I=1.5$，电枢电阻$R_a=3.7\Omega$；

晶闸管整流装置：$K_s=27$；

电枢回路：总电阻$R_\Sigma=7.4\Omega$，电磁时间常数$T_l=0.066\text{s}$；

传动系统机电时间常数$T_m=0.26\text{s}$；

电流反馈回路时间常数$T_{fi}=0.0031\text{s}$，电流反馈系数$\beta=0.77\text{V/A}$；

转速反馈回路时间常数$T_{fn}=0.01\text{s}$，转速反馈系数$\alpha=0.007\text{V}\cdot\text{min/r}$；

设计要求：

(1) 电流环按二阶典型系统设计$\left(取工程最佳参数K=\frac{1}{2T}\right)$，试计算电流调节器参数。

(2) 转速环按M_{pmin}准则设计（取工程最佳参数$h=5$），试计算转速调节器参数。

(3) 试计算在空载情况下，系统由停车向$n_{nom}/2$启动时的退饱和超调量和启动时间。

4 电压型变频器系统

【内容提要】本章首先介绍了电压型 PWM 变频器的工作原理和输出波形；然后详细描述了通用的 PWM 波形生成方法：SPWM 调制法、加入 3 次谐波的 HIPWM 调制法、规则采样法、谐波消除法、电流滞环跟踪法、电压空间矢量法，在电动机稳态模型的基础上，分析了开环 SPWM 交流调速系统和开环 SVPWM 交流调速系统；最后对三电平逆变器的主电路和空间矢量调制模式进行了描述。

变频器按直流电源性质不同，可以分为电压型变频器和电流型变频器。电压型变频器的特点是直流侧的储能元件采用大电容，负载的无功功率将由它来缓冲，直流电压比较平稳。由于直流电源内阻较小，相当于电压源，故称电压源型变频器，简称电压型变频器，常用于负载电压变化较大的场合。电流型变频器的特点是直流侧采用大电感作为储能环节，缓冲无功功率，即抑制电流的变化，使直流电流比较平稳。由于该直流内阻较大，故称电流源型变频器，简称电流型变频器。电流型变频器能抑制负载电流频繁而急剧的变化，常用于负载电流变化较大的场合。电压型变频调速系统一般由不可控整流器和电压型逆变器组成。不可控整流器请参阅有关“电力电子技术”书籍，这里不再介绍，只讨论电压型逆变器。

4.1 电压型 PWM 逆变器的基本工作原理

PWM 逆变器可以是电压源供电的电压型逆变器，也可以是电流源供电的电流型逆变器，但目前 PWM 逆变器多为采用不可控或可控电压源供电的交－直－交系统，简称电压型 PWM 逆变器。常用的电压型 PWM 变频调速系统的基本结构如图 4－1 所示。

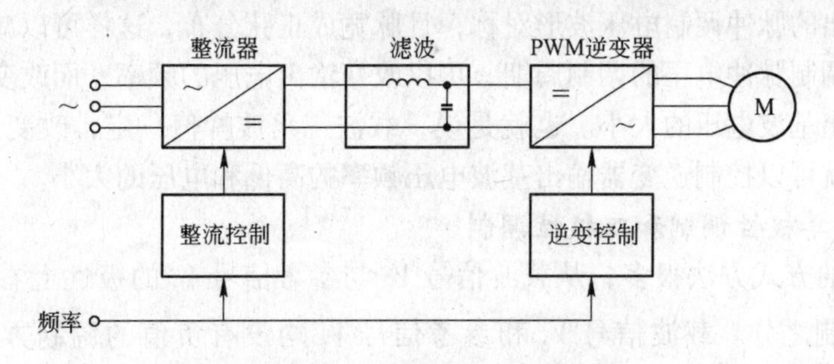

图 4－1　PWM 变频调速系统基本结构图

PWM 变频调速和其他变频调速方式一样，也可以对交流电动机进行恒转矩控制、恒功率控制和高速区域的软机械特性控制。为了便于说明 PWM 逆变器的工作原理，这里先介绍单相桥式 PWM 逆变器的工作情况，再说明通用的三相 PWM 逆变器的工作原理。

4.1.1 单相电压型 PWM 逆变器及其控制方法

电压型单相桥式 PWM 逆变器的典型主电路为 H 型电路，简称 H 桥逆变器，如图 4-2 所示。U_d 为恒值直流电压，VT1、VT2、VT3 和 VT4 为可关断功率器件 IGBT，工作在开关模式，作主开关使用。VD1、VD2、VD3 和 VD4 为快速恢复功率二极管，反并联在 IGBT 旁边，用以完成感性负载的续流功能。在一个工作周期内，VT1 与 VT2 同时导通和关断，VT3 与 VT4 同时导通和关断；但同一桥臂中，上桥臂器件和下桥臂器件为互补运行方式，即其中一个导通，另一个必须关断。当 VT1 与 VT2 导通时，逆变器输出 $u_0 = +U_d$；当 VT3 与 VT4 导通时，逆变器输出 $u_0 = -U_d$。图 4-3 是一种 PWM 脉冲波形和输出电压及电流波形。图中 V_c 是三角波信号，峰值恒定，频率可调节，常称为载波；V_r 是单极性正弦波信号，幅值可调节，频率可调节，常称为调制波或参考波。本书规定，由 V_r 和 V_c 波形的交点形成控制脉冲；当正弦波大于三角波时，产生脉冲。$V_{g1} \sim V_{g4}$ 分别为功率开关 VT1 ~ VT4 的驱动信号，高电平使之导通，低电平使之关断。若 V_{g1} 和 V_{g3} 根据倒相信号分别在正半周和负半周进行脉冲调制，V_{g2} 与 V_{g1} 相同，V_{g4} 与 V_{g3} 相同，则可得如图 4-3（d）所示的输出电压 u_0 和电流 i_0 波形。负载为感性，在方波脉冲列作用下，电流为相位滞后于电压的齿状准正弦波。电压和电流除基波外还包含一系列高次谐波。

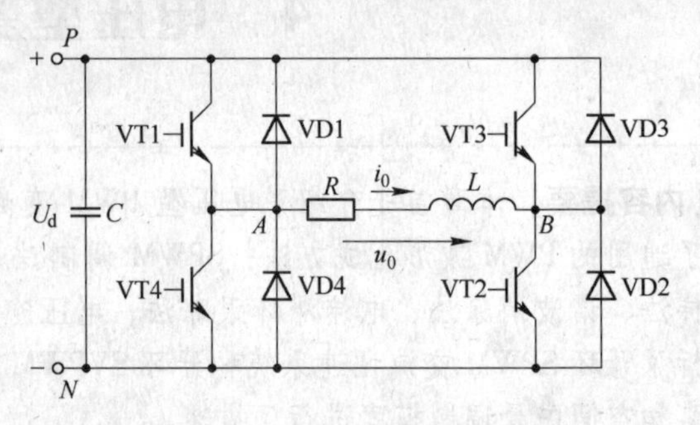

图 4-2 单相 H 桥逆变器主电路

其基本工作原理为：在 $\omega t = 0$ 时刻，设电流 i_0 为负，即从 B 点流向 A 点，电流由二极管 VD2 和 VD1 续流，负载两端电压为零；其后 VT1 和 VT2 同时接通，负载两端加上正向电压 $u_0 = +U_d$，电流 i_0 经 VD2 和 VD1 反电压方向流通而快速衰减。电流 i_0 过零点后，VT1 和 VT2 同时接通时，正向电流快速增大；VT1 和 VT2 关断时则由 VD4 和 VD3 正向续流。负半周的工作情况与正半周类似。

逆变器输出的脉冲调制电压波形对称，且脉宽成正弦分布，这样可以减小电压谐波含量。通过改变调制脉冲电压的调制周期，可以改变输出电压的频率，而改变电压的脉冲宽度可以改变输出基波电压的大小。也就是说，载波三角波峰值一定，改变参考信号 V_r 的频率和幅值，就可以控制逆变器输出基波电压频率的高低和电压的大小。

4.1.1.1 单极性调制和双极性调制

脉宽调制的方式方法很多，从载波信号 V_c 与参考信号 V_r 的极性上看，有单极性调制和双极性调制之分。载波信号 V_c 和参考信号 V_r 均没有负值的调制方法是单极性调制，如图 4-3 所示；载波信号 V_c 和参考信号 V_r 有负值的调制方法是双极性调制，如图 4-4 所示。从 PWM 波形上看，双极性 PWM 波形比单极性 PWM 波形含有更多的高次谐波。

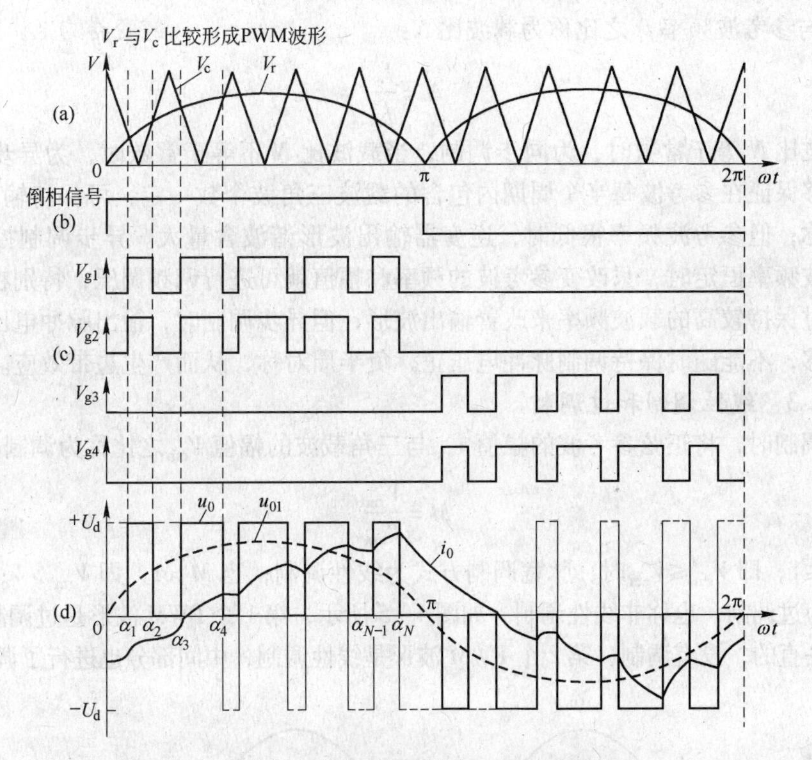

图 4-3　单极性脉宽调制输出电压和电流波形

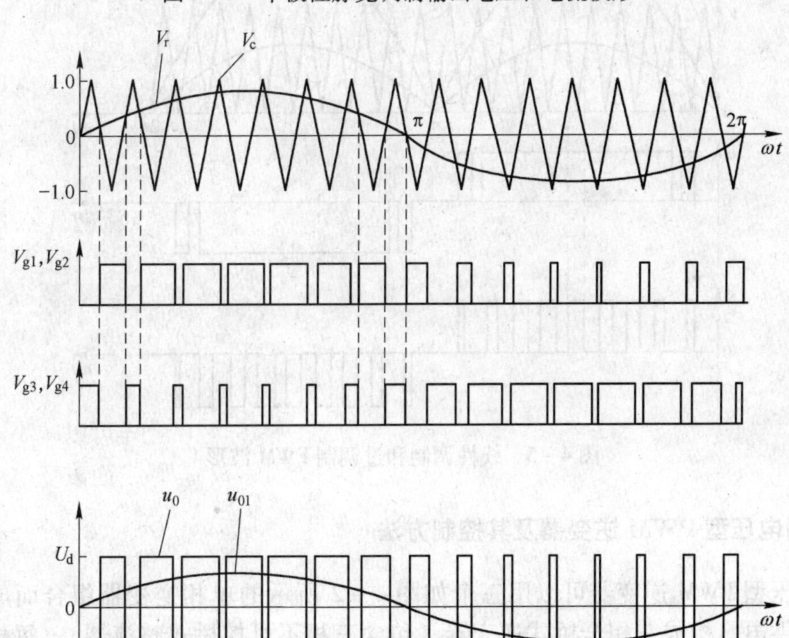

图 4-4　双极性脉宽调制输出电压波形

4.1.1.2　同步调制和异步调制

脉宽调制有同步调制和异步调制之分。根据载波信号 V_c 与参考信号 V_r 的关系，将载

波频率 f_c 与参考波频率 f_r 之比称为载波比 N：

$$N = \frac{f_c}{f_r} \tag{4-1}$$

当载波比 N 等于常数时，为同步调制；当载波比 N 不等于常数时，为异步调制。同步调制能够保证在参考波每半个周期内包含的载波三角波个数一定，可保持输出脉冲正、负半周对称；但参考波频率很低时，逆变器输出波形谐波含量大。异步调制控制方法简单，在载波频率恒定时，只改变参考波的频率和幅值就可进行调频调压，特别在低频输出时，可通过保持较高的载波频率来改善输出波形；但异步调制时，输出脉冲电压相位位置会发生漂移，不能随时保持调制脉冲电压正、负半周对称，从而产生边带效应。

4.1.1.3 线性调制和过调制

脉宽调制时，将正弦参考波的幅值 V_{rm} 与三角载波的幅值 V_{cm} 之比称为调制系数 M：

$$M = \frac{V_{rm}}{V_{cm}} \tag{4-2}$$

当 $M \leqslant 1$，即 $V_{rm} \leqslant V_{cm}$ 时，脉宽调制方式为线性调制；当 $M > 1$，即 $V_{rm} > V_{cm}$ 时，脉宽调制方式为过调制，也称非线性调制。如图 4-5 所示，第 1 个 PWM 波形是过调制波形，中间部分是平直的，没有调制；第 2 个 PWM 波形是线性调制，中间部分也进行了调制。

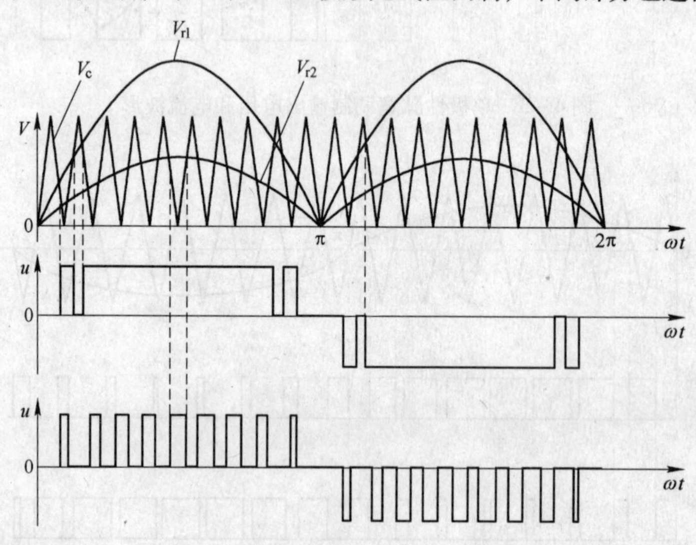

图 4-5 线性调制和过调制 PWM 波形

4.1.2 三相电压型 PWM 逆变器及其控制方法

三相电压型 PWM 逆变器可以用三个如图 4-2 所示的单相逆变器组合而成，共用一个直流电源供电，构成三相全桥式逆变器（包含三相不可控桥式整流器），每相的脉宽调制波互差 120°。为了简化电路，三相逆变器多采用如图 4-6 所示逆变器电路，该电路是一种应用极为广泛的通用型逆变器主电路，它由 6 个 IGBT 功率器件 VT1 ~ VT6 和 6 个快速续流二极管 VD1 ~ VD6 组成。采用双极性脉宽调制，三相共用一个峰值恒定的载波三角波。采用三个相位互差 120°的三相正弦参考信号。若以直流电源电压中间电位作参考，则逆变器输出 A、B、C 相对于 O' 点的电压 $u_{AO'}$、$u_{BO'}$、$u_{CO'}$ 的 PWM 波形如图 4-7 所示

（图中下面的两个波形分别为电动机线电压和相电压的波形）。

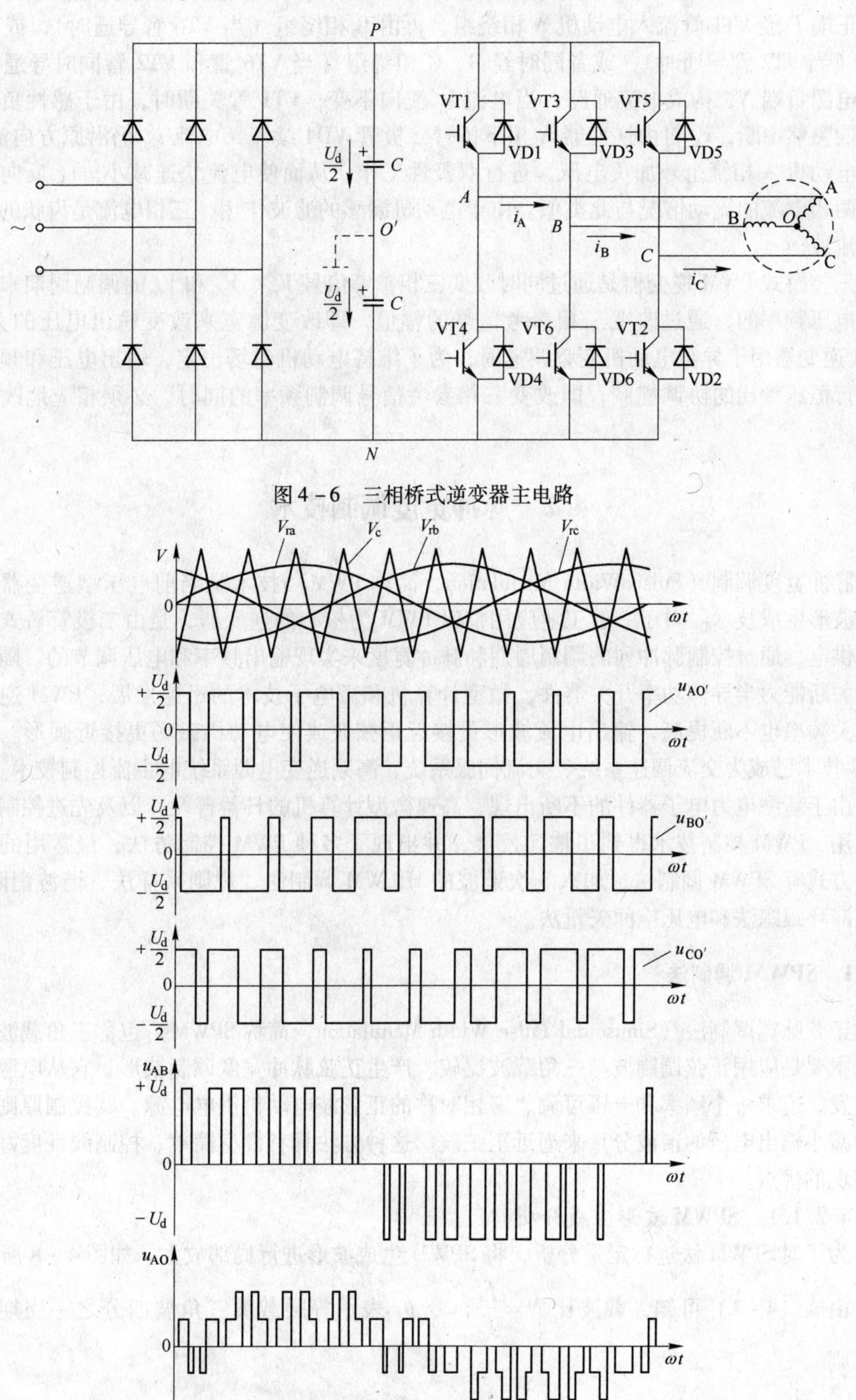

图 4－6　三相桥式逆变器主电路

图 4－7　三相逆变器 PWM 波形

三相PWM逆变器的基本工作原理：当开关管VT1导通，电流i_0正向流动时，电流从电源正端P经VT1管流入电动机A相绕组，再由B相绕组（当VT6管导通时），或C相绕组（当VT2管导通时），或者同时经B、C相绕组（当VT6管和VT2管同时导通时），流回电源负端N，构成电流通路；当电流i_A流向不变，VT1管关断时，由于感性负载电流不能突然中断，i_A将由逆变器A相下桥臂二极管VD4续流，电流i_A仍沿原方向流动，这时电动机A相绕组外加负电压，进行双极性工作，从而使电流快速减小。i_A反向流动及另两相电流的流动情况与此类似。由于电动机漏感的滤波作用，三相电流是齿状的准正弦交流波。

三相桥式PWM逆变器是通过同时改变三相参考信号V_{ra}、V_{rb}和V_{rc}的调制周期来改变输出电压频率的；通过改变三相参考信号的幅值，即改变脉宽来改变输出电压的大小。PWM逆变器用于异步电动机变频调速时，为了维持电动机磁场恒定，输出电压和频率必须进行恒压频比的协调控制，即改变三相参考信号调制频率的同时，必须相应地改变其幅值。

4.2 脉冲宽度调制技术

脉冲宽度调制（Pulse Width Modulation，简称PWM）技术是当前电压型逆变器中主要的波形生成技术。对于一般工业应用，以PWM为核心的逆变器，是由二极管桥式整流恒压供电，通过控制脉冲列的调制周期和脉冲宽度来实现输出频率和电压调节的。随着具有自关断能力半导体功率开关器件、微型计算机和微电子技术的迅速发展，PWM逆变器的开关频率也不断提高，输出电流波形更接近正弦波或使电动机磁场更接近圆形。目前PWM技术已成为交流调速系统、交流伺服系统、高频逆变电源系统的主流控制技术。

由于新型电力电子器件的不断出现，高速微型计算机的日益普及，以及先进控制理论的应用，PWM控制技术得到了快速发展，并出现了多种PWM控制方法，最常用的脉宽调制方式有SPWM调制法、加入3次谐波的HIPWM调制法、规则采样法、谐波消除法、电流滞环跟踪法和电压空间矢量法。

4.2.1 SPWM调制法

正弦脉宽调制法（Sinusoidal Pulse Width Modulation，简称SPWM）也称三角载波调制法，主要是应用正弦调制波与三角载波比较，产生正弦脉冲宽度调制波形。它从电源的角度出发，追求一个频率和电压可调、三相对称的正弦波电动机供电电源。其控制原则是尽可能减小输出电压的谐波分量来逼近正弦波。这种方法具有模型简单、控制线性度好和易于实现的优点。

4.2.1.1 SPWM波形生成分析

为了对SPWM法进行定量分析，将SPWM生成波形进行局部放大，如图4－8所示。

由式（4－1）可知，载波比$N=\dfrac{f_c}{f_r}$，令θ_S表示等腰载波三角波四分之一周期的角度，则

$$\theta_S=\frac{\pi}{2N} \tag{4-3}$$

设 P_i 为三角波第 i 次过零点对应的角度，则

$$P_i = i \cdot 2\theta_S = i \cdot \frac{\pi}{N}\ (i=1,\ 2,\ \cdots,\ 2N) \tag{4-4}$$

令 θ_i 为 P_i 与开关角 α_i 之间的间隔角度，则

$$\theta_i = (-1)^{i+1}\alpha_i + (-1)^i P_i \tag{4-5}$$

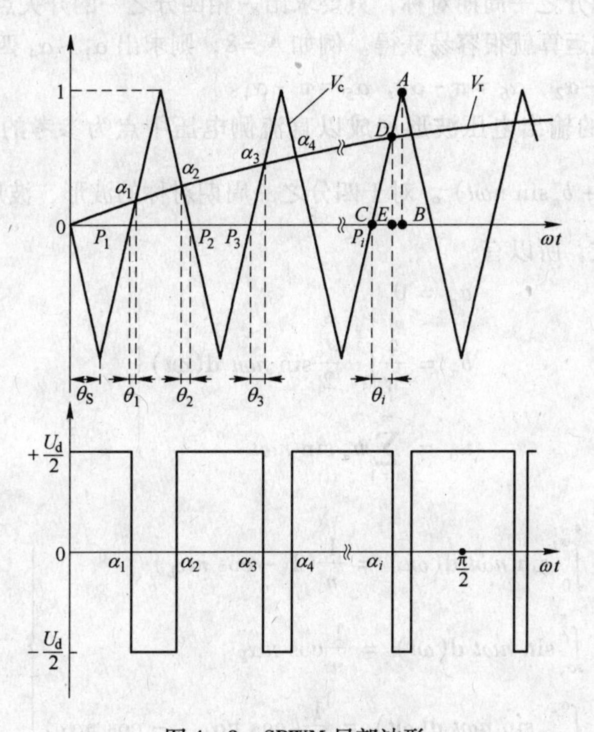

图 4-8　SPWM 局部波形

在图 4-8 中的第 i 个开关点 α_i 处，$\triangle ABC$ 与 $\triangle CDE$ 为相似三角形，则有

$$\frac{AB}{DE} = \frac{BC}{EC} \tag{4-6}$$

在 $\triangle ABC$ 中，$AB = V_{cm}$，为三角波幅值；$BC = \theta_S$，为三角波四分之一周期的角度。在 $\triangle CDE$ 中，$DE = V_{ci}$，为三角波在第 i 处的值；$EC = \theta_i$，为式（4-5）的值。

将上述各值代入式（4-6），经整理后得

$$\begin{aligned} V_{ci} &= \frac{V_{cm}}{\pi/2N}\theta_i = \frac{V_{cm}}{\pi/2N}[(-1)^{i+1}\alpha_i + (-1)^i P_i] \\ &= \frac{2NV_{cm}}{\pi}\left[(-1)^{i+1}\alpha_i + (-1)^i \cdot i \cdot \frac{\pi}{N}\right] \\ &= V_{cm}\left[(-1)^{i+1}\frac{2N}{\pi}\alpha_i + (-1)^i \cdot 2i\right] \end{aligned} \tag{4-7}$$

式中，V_{cm} 为三角波的峰值，为分析方便，通常取 $V_{cm}=1$，则由式（4-2）可得 $V_{rm}=M$。在第 i 个开关点 α_i 处，参考正弦波 V_{ri} 为

$$V_{ri} = V_{rm}\sin\alpha_i = M\sin\alpha_i \tag{4-8}$$

由于在 i 点处，V_c 和 V_r 相交，$V_{ci}=V_{ri}$，故式（4－7）和式（4－8）相等，整理后可得方程

$$M\sin\alpha_i+(-1)^i\frac{2N}{\pi}\alpha_i+(-1)^{i+1}2i=0 \tag{4-9}$$

给定 M 值和 N 值后，根据式（4－9）即可求出输出一周期内的各个开关点。实际上，由于输出波形四分之一周期对称，只要求出一相四分之一的开关点，则其他所有的开关点，用简单的加减运算就很容易获得。例如 $N=8$，则求出 $\alpha_1\sim\alpha_4$ 四个开关点即可，而 $\alpha_8=\pi-\alpha_1$，$\alpha_7=\pi-\alpha_2$，$\alpha_6=\pi-\alpha_3$，$\alpha_5=\pi-\alpha_4$。

将图4－8所示的输出电压波形展成以直流侧电压中点为参考的傅氏级数，形式为 $u_0=\sum\limits_{n=1}^{\infty}(a_n\cos n\omega t+b_n\sin n\omega t)$。对于四分之一周期对称的波形，波形中只含有正弦项，并且只含有奇次谐波，所以有

$$\left.\begin{aligned}a_n&=0\\ b_n&=\frac{4}{\pi}\int_0^{\frac{\pi}{2}}\frac{U_d}{2}\sin n\omega t\,d(\omega t)\\ u_0&=\sum_{n=1}^{\infty}b_n\sin n\omega t\end{aligned}\right\} \tag{4-10}$$

已知三角函数积分为

$$\left.\begin{aligned}\int_0^{\alpha_1}\sin n\omega t\,d(\omega t)&=\frac{1}{n}(1-\cos n\alpha_1)\\ \int_{\alpha_k}^{\frac{\pi}{2}}\sin n\omega t\,d(\omega t)&=\frac{1}{n}\cos n\alpha_k\\ \int_{\alpha_{k-1}}^{\alpha_k}\sin n\omega t\,d(\omega t)&=\frac{1}{n}(\cos n\alpha_{k-1}-\cos n\alpha_k)\end{aligned}\right\} \tag{4-11}$$

将式（4－10）中的 b_n 展开，并将式（4－11）代入，则有

$$\begin{aligned}b_n&=\frac{4}{\pi}\Big[\int_0^{\alpha_1}\frac{U_d}{2}\sin n\omega t\,d(\omega t)+\int_{\alpha_1}^{\alpha_2}\frac{U_d}{2}\sin n\omega t\,d(\omega t)+\int_{\alpha_2}^{\alpha_3}\frac{U_d}{2}\sin n\omega t\,d(\omega t)+\cdots+\\ &\quad\int_{\alpha_{k-1}}^{\alpha_k}\frac{U_d}{2}\sin n\omega t\,d(\omega t)+\int_{\alpha_k}^{\frac{\pi}{2}}\frac{U_d}{2}\sin n\omega t\,d(\omega t)\Big]\\ &=\frac{2U_d}{n\pi}[1+2(-\cos n\alpha_1+\cos n\alpha_2-\cdots+\cos n\alpha_k)]\\ &=\frac{2U_d}{n\pi}\Big[1+2\sum_{i=1}^{k}(-1)^i\cos n\alpha_i\Big]\end{aligned} \tag{4-12}$$

将 b_n 的展开结果代入式（4－10），得三相逆变器输出电压表达式为

$$u_0=\sum_{n=1}^{\infty}\frac{2U_d}{n\pi}\Big[1+2\sum_{i=1}^{k}(-1)^i\cos n\alpha_i\Big]\sin n\omega t \tag{4-13}$$

式中，$n=1$，2，3，…，∞，为谐波次数。令 $n=1$，得输出电位的基波幅值为

$$U_{1M}=\frac{2U_d}{\pi}\Big[1+2\sum_{i=1}^{k}(-1)^i\cos\alpha_i\Big] \tag{4-14}$$

对PWM逆变器控制时，调制系数 M 可以在0和1之间变化，以使参考信号调制与输

出基波电压之间具有线性关系。$M=1$ 时，基波线电压幅值为直流电压的 0.866 倍，直流电压利用率较低，线性控制范围较小。而且为了逆变器的可靠运行，每相上下桥臂的开关管还需要有一个最小的关断或截止时间，这又要减小一部分输出电压。

PWM 输出波形中含有与载波频率 f_c 和参考波频率 f_r 有关的边带谐波分量。其谐波次数的表达形式为 $K_1 f_c \pm K_2 f_r$，这里 K_1 和 K_2 为整数。在载波频率较高的情况下，逆变器输出电流可被电动机漏感进行较充分的滤波，从而使电流接近正弦波。

4.2.1.2 SPWM 调制法的控制实现

基于 SPWM 调制波形，可通过计算正弦调制波与三角载波的交点，求出相应的脉宽和脉冲间歇的时间，以此生成 SPWM 波形，如图 4－9 所示。这种实现方法称为自然采样法。

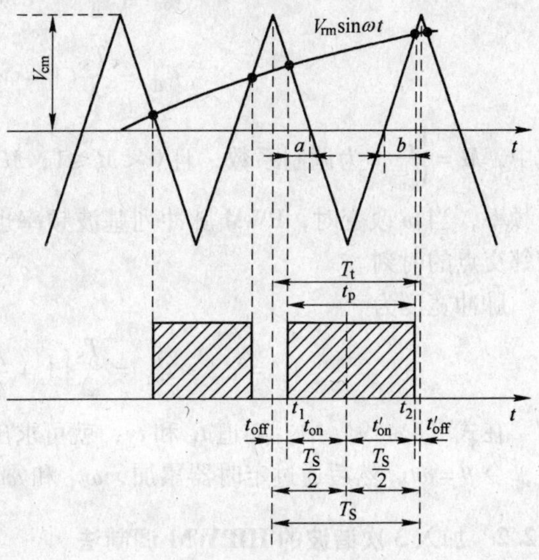

图 4－9 SPWM 自然采样法

在图 4－9 中，T_t 为三角波周期，V_{cm} 为三角波幅值，$V_{rm}\sin\omega t$ 为正弦参考波，T_S 为采样周期，t_{on}为第 1 个采样周期中功率管的导通时间，t_{off}为第 1 个采样周期中功率管的关断时间，t'_{on}为第 2 个采样周期中功率管的导通时间，t'_{off}为第 2 个采样周期中功率管的关断时间，t_p 为总的脉冲宽度。由图可知：

$$\left.\begin{aligned} t_{on} &= \frac{T_S}{4} + a \\ t_{off} &= \frac{T_S}{4} - a \\ t'_{on} &= \frac{T_S}{4} + b \\ t'_{off} &= \frac{T_S}{4} - b \end{aligned}\right\} \tag{4-15}$$

由式（4－5）和式（4－6）的相似三角形可得

$$\left.\begin{aligned} \frac{a}{\frac{T_S}{4}} &= \frac{V_{rm}\sin\omega t_1}{V_{cm}} \\ \frac{b}{\frac{T_S}{4}} &= \frac{V_{rm}\sin\omega t_2}{V_{cm}} \end{aligned}\right\} \tag{4-16}$$

将式（4－16）整理后得

$$\left.\begin{aligned} a &= \frac{T_S}{4}M\sin\omega t_1 \\ b &= \frac{T_S}{4}M\sin\omega t_2 \end{aligned}\right\} \tag{4-17}$$

将式（4－17）中的 a 和 b 分别代入式（4－15）中，得

$$\left.\begin{aligned} t_{on} &= \frac{T_S}{4}(1 + M\sin\omega t_1) \\ t_{off} &= \frac{T_S}{4}(1 - M\sin\omega t_1) \\ t'_{on} &= \frac{T_S}{4}(1 + M\sin\omega t_2) \\ t'_{off} &= \frac{T_S}{4}(1 - M\sin\omega t_2) \end{aligned}\right\} \tag{4-18}$$

式中，$M = \frac{V_{rm}}{V_{cm}}$，为调制系数，且 $0 < M \leqslant 1$；M 值越大，则输出电压也越高。ω 为正弦波角频率，当 ω 改变时，PWM 脉冲列基波频率也随之改变。t_1、t_2 为正弦波与三角波两个相邻交点的时刻。

脉冲宽度为

$$t_p = t_{on} + t'_{on} = \frac{T_S}{2}\left[1 + \frac{M}{2}(\sin\omega t_1 + \sin\omega t_2)\right] \tag{4-19}$$

在式（4－19）中，知道 t_1 和 t_2，就可求出脉冲宽度。具体实现时，检测正弦波过零点，令 $\theta = \omega t$，然后通过定时器累加，ωt_1 和 ωt_2 可求，自然采样法可实现。

4.2.2 加入 3 次谐波的 HIPWM 调制法

在 SPWM 中加入 3 次谐波调制方法，简称为 HIPWM 调制法。SPWM 调制法在调制系数 $M \leqslant 1$ 时，处于线性调制区，逆变器输出线电压与调制系数 M 之间成线性关系，有利于精确控制，谐波含量较小，谐波频谱较好。若载波比 N 值取得大，则电动机电流接近正弦波，转矩脉动小，便于实现数字化。但它的线性控制区较小，导致逆变器直流侧电压利用率不高。若提高正弦参考波幅值，调制系数 $M > 1$，则又将出现过调制。为了解决此问题，在正弦参考波中加入 3 的整数倍次谐波，形成波顶较平坦的参考信号，则可使调制系数 M 大于 1。由于逆变器输出基波电压的大小和相位是由参考信号决定的，而三相逆变器为三线输出没有零线，在线路上不会出现 3 的整数倍次谐波电压和电流，所以正弦形参考信号加入 3 次谐波后，对输出基波电压不会有不利影响。只要合成参考信号最大值不超过载波峰值就不会进入非线性控制区，从而可拓宽线性控制范围，提高直流侧电压利用率。在正弦参考波中加入 3 次谐波后的波形如图 4－10 所示。分析表明，加入

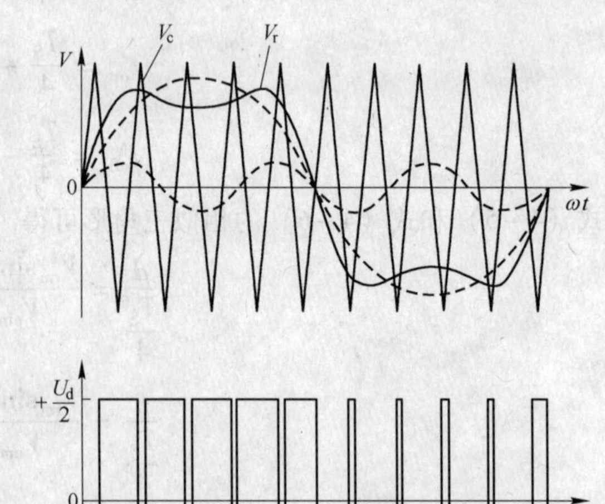

图 4－10　正弦参考信号加入 3 次谐波的脉宽调制波形

17%的3次谐波较为合适，这时不过调制的最大参考信号为

$$V_r = 1.15\sin\omega t + 0.19\sin 3\omega t \tag{4-20}$$

若在正弦参考信号上同时加入3次和9次谐波，以加入24%的3次谐波和2.5%的9次谐波为宜，这时在不过调制情况下的最大参考信号为

$$V_r = 1.15\sin\omega t + 0.27\sin 3\omega t + 0.029\sin 9\omega t \tag{4-21}$$

表4-1给出了部分输出电压的谐波含量。未标出数字的部分，谐波分量均较小。由表4-1所列数据可知，HIPWM与SPWM比较，谐波分量有的增大了一些，有的减小，相差不大，但能在临界调制（参考波最大值与载波三角波峰值相等）情况下，输出较大的基波电压，提高了直流电压利用率，而且开关频率也与SPWM方式相同。

表4-1 $N=21$ 时的临界调制输出电压谐波含量

调制方法	谐波含量相对值（U_{nM}/U_d）										
	基波	17	19	23	25	35	37	41	43	47	49
SPWM	0.866		0.28	0.28				0.16	0.16		
加入3次谐波	1	0.12	0.24	0.24	0.12		0.11	0.06	0.06	0.11	
加入3次和9次谐波	1	0.17	0.19	0.19	0.17	0.05	0.13	0.08	0.08	0.13	0.05

4.2.3 规则采样法

规则采样法是针对SPWM调制实现时自然采样法在线计算开关点困难而提出的。自然采样法求解困难的主要原因是，每一个脉冲的起始和终止时刻对三角载波的中心不对称，在误差允许的范围内，可以作一些近似处理，得到规则采样法。由于简化方法的不同，规则采样法又分为对称规则采样法和不对称规则采样法。

4.2.3.1 高点对称规则采样法

高点对称规则采样法是当正弦参考波处于正半周时，在三角波的顶点采样；或者当正弦参考波处于负半周时，在三角波的底点采样；如图4-11所示。它由经过采样的正弦波（实际上是阶梯波）与三角波相交，由交点得出脉冲宽度。这种方法只在三角波的顶点位置，或者底点位置对正弦波采样形成阶梯波。此阶梯波与三角波的交点所确定的脉宽在一个采样周期T_S（这里$T_S = T_t$）内的位置是对称的，故称为对称规则采样。

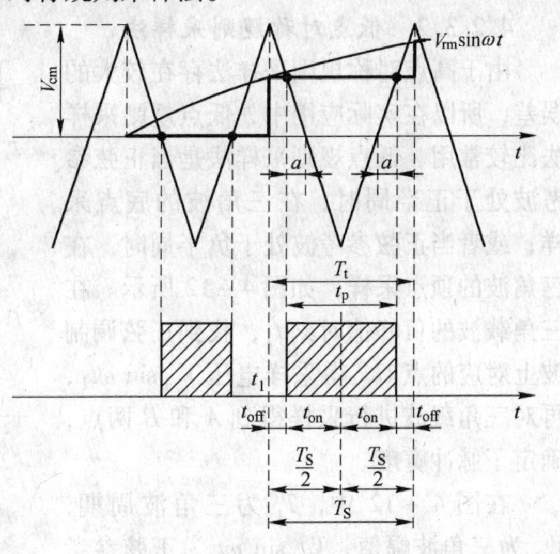

图4-11 高点对称规则采样法

在图4-11中，T_t为三角波周期，V_{cm}为三角波幅值，$V_{rm}\sin\omega t$为正弦参考波，T_S为采样周期，t_{on}为一个采样周期中功率管的导通时间，t_{off}为一个采样周期中功率管的关断时间，t_p为总的脉冲宽度。由图可知：

$$\left.\begin{aligned} t_{on} &= \frac{T_S}{4} + a \\ t_{off} &= \frac{T_S}{4} - a \end{aligned}\right\} \tag{4-22}$$

由式（4-5）和式（4-6）的相似三角形可得

$$\frac{a}{\frac{T_S}{4}} = \frac{V_{rm}\sin \omega t_1}{V_{cm}} \tag{4-23}$$

将式（4-23）中的 a 代入式（4-22）中，可得

$$\left.\begin{aligned} t_{on} &= \frac{T_S}{4}(1 + M\sin \omega t_1) \\ t_{off} &= \frac{T_S}{4}(1 - M\sin \omega t_1) \end{aligned}\right\} \tag{4-24}$$

式中，t_1 为采样点（这里为顶点采样）的时刻。

脉冲宽度为

$$t_p = \frac{T_S}{2}(1 + M\sin \omega t_1) \tag{4-25}$$

采样点时刻 t_1 只与载波比 N 有关，而与调制比 M 无关。对于图 4-11 的情况有

$$t_1 = kT_S \quad (k = 0,1,2,\cdots,N-1) \tag{4-26}$$

由式（4-24）和式（4-25）可知，在高点对称规则采样的情况下，只要知道一个采样点 t_1 就可以确定出这个采样周期内的时间间隔 t_{off} 和脉冲宽度 t_p 的值。与自然采样法相比，这种方法的计算得到简化，但从图 4-11 可以看出，脉冲宽度明显比实际要小，因而会造成控制误差。

4.2.3.2　低点对称规则采样法

由于高点对称规则采样法存在较大的误差，所以在实际应用中，低点规则采样法比较常用。低点规则采样法是当正弦参考波处于正半周时，在三角波的底点采样；或者当正弦参考波处于负半周时，在三角波的顶点采样，如图 4-12 所示。在三角载波的负峰值时刻 t_1，找到正弦调制波上对应的点 C，得采样电压 $V_{rm}\sin \omega t_1$，再对三角载波进行采样得到 A 和 B 两点，确定了脉冲宽度。

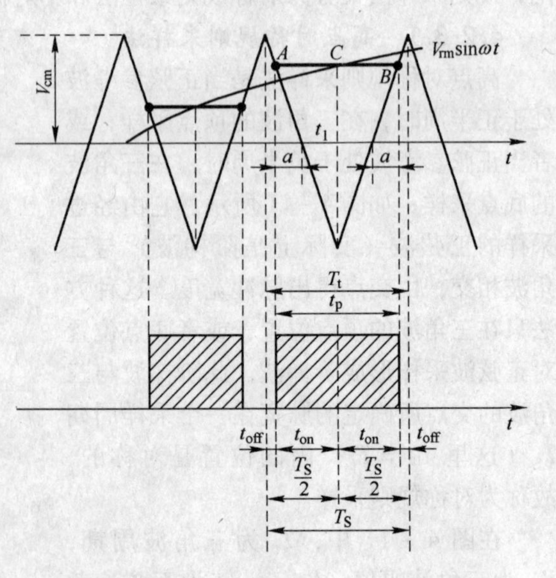

图 4-12　低点对称规则采样法

在图 4-12 中，T_t 为三角波周期，V_{cm} 为三角波幅值，$V_{rm}\sin \omega t$ 为正弦参考波，T_S 为采样周期，t_{on} 为一个采样周期中功率管的导通时间，t_{off} 为一个采样周期中功率管的关断时间，t_p 为总的脉冲宽度。由图可知：

$$\left.\begin{aligned} t_{on} &= \frac{T_S}{4} + a \\ t_{off} &= \frac{T_S}{4} - a \end{aligned}\right\} \tag{4-27}$$

由式（4-5）和式（4-6）的相似三角形可得

$$\frac{a}{\frac{T_S}{4}} = \frac{V_{rm}\sin\omega t_1}{V_{cm}} \tag{4-28}$$

将式（4-28）中的 a 代入式（4-27）中，可得

$$\left.\begin{aligned} t_{on} &= \frac{T_S}{4}(1 + M\sin\omega t_1) \\ t_{off} &= \frac{T_S}{4}(1 - M\sin\omega t_1) \end{aligned}\right\} \tag{4-29}$$

式中，t_1 为采样点（这里为底点采样）的时刻。

脉冲宽度为

$$t_p = \frac{T_S}{2}(1 + M\sin\omega t_1) \tag{4-30}$$

从图4-12可以看出，由于A和B两点位于正弦参考波的两侧，因而减小了脉宽生成时间的误差。对比图4-11不难看出，低点对称规则采样法得到的SPWM波形更加准确。

规则采样的两种SPWM采样方法都是一个开关周期计算和更新一次脉宽，第K周期的脉宽是在第$K-1$周期计算得到的，由于这个计算是根据在第$K-1$周期开始时（t_{K-1}）采样到的输入信号进行的，故会带来一个多周期的滞后。若开关频率高，这个滞后对系统的影响不大。随开关器件功率加大，开关频率降低，这个滞后不能再被忽视，特别是在高性能的调速系统中。

4.2.3.3 高低点不对称规则采样法

不对称规则采样法相对于对称规则采样法而言，是一种倍频调制。它在一个三角波周期内进行两次采样，由采样值形成阶梯波，则此阶梯波与三角波的交点确定脉宽。由于在一个三角波周期内的位置不对称，因此，该采样方法称为不对称规则采样法。高低点不对称规则采样法是既在三角波的顶点位置对正弦波进行采样，又在三角波的底点位置对正弦波进行采样，如图4-13所示。

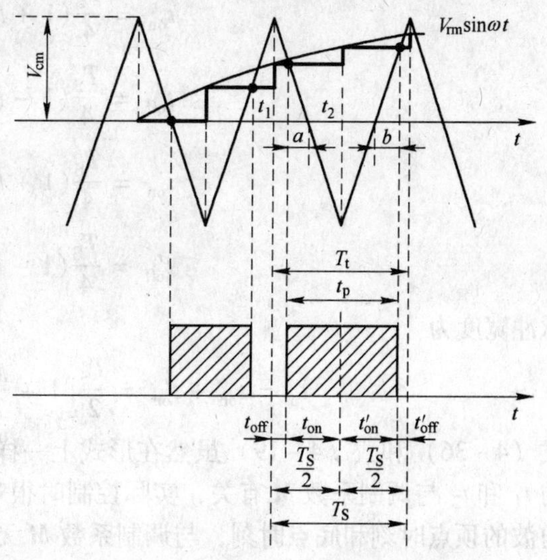

图4-13 高低点不对称规则采样法

在4-13图中，T_t 为三角波周期，V_{cm}为三角波幅值，$V_{rm}\sin\omega t$ 为正弦参考波，T_S 为采样周期，t_{on}为第1个采样周期中功率管的导通时间，t_{off}为第1个采样周期中功率管的关断时间，t'_{on}为第2个采样周期中功率管的导通时间，t'_{off}为第2个采样周期中功率管的关断时间，t_p 为总的脉冲宽度。

由图可知，当在三角波的顶点采样时，有

$$\left.\begin{aligned} t_{on} &= \frac{T_S}{4} + a \\ t_{off} &= \frac{T_S}{4} - a \end{aligned}\right\} \tag{4-31}$$

当在三角波的底点采样时，有

$$\left.\begin{aligned} t'_{on} &= \frac{T_S}{4} + b \\ t'_{off} &= \frac{T_S}{4} - b \end{aligned}\right\} \tag{4-32}$$

由式（4-5）和式（4-6）的相似三角形可得

$$\left.\begin{aligned} \frac{a}{\frac{T_S}{4}} &= \frac{V_{rm}\sin \omega t_1}{V_{cm}} \\ \frac{b}{\frac{T_S}{4}} &= \frac{V_{rm}\sin \omega t_2}{V_{cm}} \end{aligned}\right\} \tag{4-33}$$

将式（4-33）整理后得

$$\left.\begin{aligned} a &= \frac{T_S}{4}M\sin \omega t_1 \\ b &= \frac{T_S}{4}M\sin \omega t_2 \end{aligned}\right\} \tag{4-34}$$

将式（4-34）中的 a 和 b 分别代入式（4-31）和式（4-32）中，得

$$\left.\begin{aligned} t_{on} &= \frac{T_S}{4}(1 + M\sin \omega t_1) \\ t_{off} &= \frac{T_S}{4}(1 - M\sin \omega t_1) \\ t'_{on} &= \frac{T_S}{4}(1 + M\sin \omega t_2) \\ t'_{off} &= \frac{T_S}{4}(1 - M\sin \omega t_2) \end{aligned}\right\} \tag{4-35}$$

脉冲宽度为

$$t_p = t_{on} + t'_{on} = \frac{T_S}{2}\left[1 + \frac{M}{2}(\sin \omega t_1 + \sin \omega t_2)\right] \tag{4-36}$$

式（4-36）和式（4-19）虽然在形式上一样，但实质上却有很大区别。式（4-19）中的 t_1 和 t_2 与调制系数 M 有关，实际控制时很难确定其值。式（4-36）中的 t_1 和 t_2 是三角波的顶点时刻和底点时刻，与调制系数 M 无关。对于图 4-13 所示的情况有

$$\left.\begin{aligned} t_1 &= \frac{T_S}{2}k \quad (k = 0,2,4,\cdots) \\ t_2 &= \frac{T_S}{2}k \quad (k = 1,3,5,\cdots) \end{aligned}\right\} \tag{4-37}$$

式中，$k=0$，1，2，3，4，5，…；当 k 为偶数时顶点采样，当 k 为奇数时底点采样。

4.2.3.4 中间点不对称规则采样法

中间点不对称规则采样法是在三角波过零点时对正弦波进行采样。在一个三角波周期内，有两次过零点，这两次过零点的采样值形成阶梯波，则此阶梯波与三角波的交点确定脉宽，如图 4－14 所示。

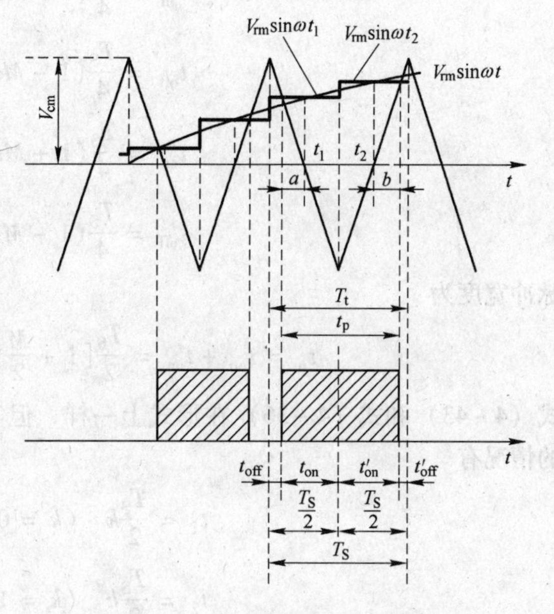

图 4－14 中间点不对称规则采样法

在图 4－14 中，T_t 为三角波周期，V_{cm} 为三角波幅值，$V_{rm}\sin\omega t$ 为正弦参考波，T_S 为采样周期，t_{on} 为第 1 个采样周期中功率管的导通时间，t_{off} 为第 1 个采样周期中功率管的关断时间，t'_{on} 为第 2 个采样周期中功率管的导通时间，t'_{off} 为第 2 个采样周期中功率管的关断时间，t_p 为总的脉冲宽度。由图可知：

在三角波第 1 次过零点时，采样时刻为 t_1，则有

$$\left.\begin{aligned} t_{on} &= \frac{T_S}{4} + a \\ t_{off} &= \frac{T_S}{4} - a \end{aligned}\right\} \tag{4-38}$$

在三角波第 2 次过零点时，采样时刻为 t_2，则有，

$$\left.\begin{aligned} t'_{on} &= \frac{T_S}{4} + b \\ t'_{off} &= \frac{T_S}{4} - b \end{aligned}\right\} \tag{4-39}$$

由式（4－5）和式（4－6）的相似三角形可得

$$\left.\begin{aligned} \frac{a}{\frac{T_S}{4}} &= \frac{V_{rm}\sin\omega t_1}{V_{cm}} \\ \frac{b}{\frac{T_S}{4}} &= \frac{V_{rm}\sin\omega t_2}{V_{cm}} \end{aligned}\right\} \tag{4-40}$$

将式（4－40）整理后得

$$\left.\begin{aligned} a &= \frac{T_S}{4}M\sin\omega t_1 \\ b &= \frac{T_S}{4}M\sin\omega t_2 \end{aligned}\right\} \tag{4-41}$$

将式（4－41）中的 a 和 b 分别代入式（4－38）和式（4－39）中，得

$$\left.\begin{aligned} t_{on} &= \frac{T_S}{4}(1 + M\sin\omega t_1) \\ t_{off} &= \frac{T_S}{4}(1 - M\sin\omega t_1) \\ t'_{on} &= \frac{T_S}{4}(1 + M\sin\omega t_2) \\ t'_{off} &= \frac{T_S}{4}(1 - M\sin\omega t_2) \end{aligned}\right\} \tag{4-42}$$

脉冲宽度为

$$t_p = t_{on} + t'_{on} = \frac{T_S}{2}\left[1 + \frac{M}{2}(\sin\omega t_1 + \sin\omega t_2)\right] \tag{4-43}$$

式（4-43）和式（4-36）在形式上一样，但实际的采样位置不同。对于图4-14所示的情况有

$$\left.\begin{aligned} t_1 &= \frac{T_S}{2}k \quad (k = 0,2,4,\cdots) \\ t_2 &= \frac{T_S}{2}k \quad (k = 1,3,5,\cdots) \end{aligned}\right\} \tag{4-44}$$

式中，$k=0,1,2,3,4,5,\cdots$；当 k 为偶数时 t_1 点采样，当 k 为奇数时 t_2 点采样。

采用倍频调制，即一个开关周期计算和更新两次脉宽，可以把对称规则采样时的滞后减小一半。把一个开关周期分为两个半周期，以第 K 周期为例，以 $k+\frac{1}{2}$ 为界，分为前半周期和后半周期。前半周期按第 $K-1$ 周期的后半周期计算结果调制；后半周期按第 K 周期的前半周期计算结果调制。如图4-14所示，在第 K 周期中，与三角载波比较的参考电压波形变成两个台阶，前半周期为 $V_{rm}\sin\omega t_1$，后半周期为 $V_{rm}\sin\omega t_2$。对于电动机负载，最简单的电流信号获取方法是瞬时采样，但系统需要的是基波，如果采样时刻不合适，则会把谐波一并采入。如果倍频调制安排适当，则在每个开关周期的开始、结束及中间时刻，电流采样值就会等于基波电流值。如图4-15所示，在 k、$k+\frac{1}{2}$、$k+1$ 时刻采样得到的电流值 i_n 近似等于基波值 i_1。

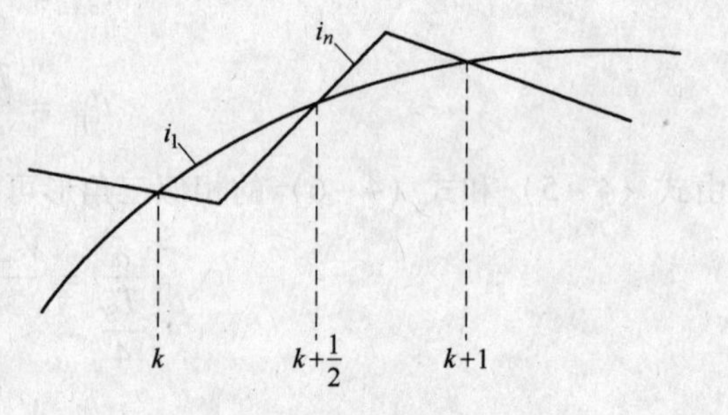

图4-15　基于倍频采样的第 K 周期的电流波形

不对称规则采样形成的阶梯波比对称规则采样时更接近于正弦波。分析表明，用不对称规则采样法在载波比 N 等于3或3的倍数时，逆变器输出电压不存在偶次谐波分量，且其他高次谐波分量的幅值也较小。

4.2.4　谐波消除法

谐波消除法（Selected Harmonics Elimination PWM，SHEPWM）是适当安排开关角，在满足输出基波电压的条件下，消除不希望有的谐波分量。由于逆变器输出电压波形中的

低次谐波，对交流电动机的附加损耗和转矩脉动影响最大，所以首先希望消除低次谐波。图4－16给出几种在方波上对称地开出一些槽口的波形，波形开的槽口数越多可以消除的谐波数也越多。现以图4－16（b）可以消除5、7次谐波为例，说明各开关点的确定方法和谐波消除原理。

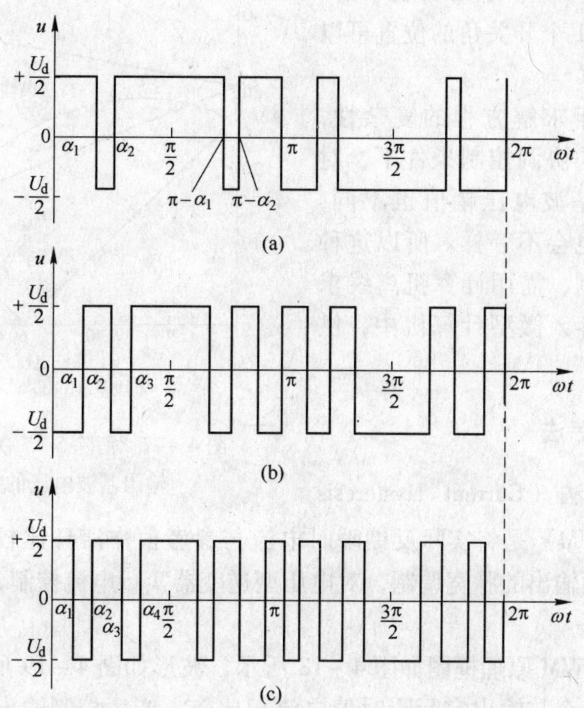

图4－16 谐波消除法电压脉冲波形

（a）可消除5次谐波；（b）可消除5、7次谐波；（c）可消除5、7、11次谐波

根据式（4－13），对于图4－16（b），$n=1, 5, 7$。将图4－16（b）的电压波形展成傅氏级数，则第 n 次谐波电压幅值为

$$U_{nM} = \frac{2U_d}{n\pi}\left[1 + 2\sum_{i=1}^{k}(-1)^i \cos n\alpha_i\right]$$

$$= \frac{4U_d}{n\pi}(0.5 - \cos n\alpha_1 + \cos n\alpha_2 - \cos n\alpha_3) \tag{4-45}$$

令输出基波电压幅值为所要求的 U_{1M}，消除5次和7次谐波，则由式（4－45）可列出如下方程组：

基波 $U_{1M} = \frac{4U_d}{\pi}(0.5 - \cos\alpha_1 + \cos\alpha_2 - \cos\alpha_3) =$ 需要值

5次谐波 $U_{5M} = 0.5 - \cos 5\alpha_1 + \cos 5\alpha_2 - \cos 5\alpha_3 = 0$

7次谐波 $U_{7M} = 0.5 - \cos 7\alpha_1 + \cos 7\alpha_2 - \cos 7\alpha_3 = 0$

上述方程组可以用数值法求解。求出 α_1、α_2、α_3 3个开关角后，利用1/4周期对称性，计算出 $\alpha_6=\pi-\alpha_1$，$\alpha_5=\pi-\alpha_2$，$\alpha_4=\pi-\alpha_3$。

α 角求解的结果如图4－17所示。图中还显示出其他重要较低次的11次和13次谐波。由图中曲线可见，消除5、7次谐波的结果是，11次和13次谐波显著升高，但它们离基波较远，因而影响较小。

根据式（4－45），要消除 K 个谐波，将含有 $K+1$ 个变量（α_1，α_2，…，α_{k+1}），需要列出 $K+1$ 个方程联立求解。这表明适当安排 $K+1$ 个开关角的位置可以消除 K 种谐波。

谐波消除法由于求解方程的复杂性，以及在压频比恒定的协调控制条件下，对应于不同的频率，基波电压幅值也不同，由此求出的开关角也会不一样。所以这种方法不适于实时控制，需用计算机离线求出开关角的数值，存入微型计算机中，供控制时调用。

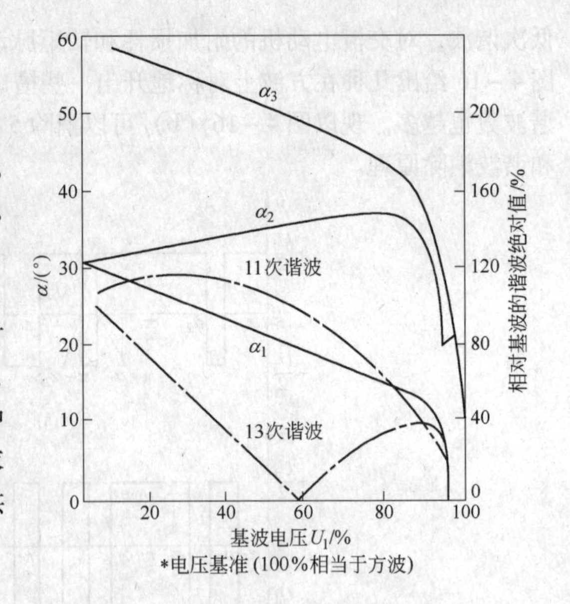

图4－17　消除5，7次谐波开关角与输出基波电压的关系曲线

4.2.5　电流滞环跟踪法

电流滞环跟踪法（Current Hysteresis Band PWM，CHBPWM）是将实际反馈瞬时电流与参考值作滞环比较，生成 PWM 信号。它不仅可以实现变频输出的脉宽调制，对电压型逆变器实行电流控制，而且还便于实现自动过流保护。

电流滞环跟踪 PWM 原理框图如图4－18 所示，波形如图4－19 所示。在滞环比较器中基准正弦形电流指令与输出实际瞬时值电流相比较，产生控制输出电压的 PWM 波形，通过改变电压来控制电流。在正弦形指令电流上下设定一限界，当实际电流值上升超出上限时，逆变器中由原来对应相的上桥臂管导通转换为下桥臂管导通，输出电压从 $+\dfrac{U_d}{2}$ 转换到 $-\dfrac{U_d}{2}$，与电动机反电势共同作用，电流按电动机漏阻抗时间常数指数衰减，当电流

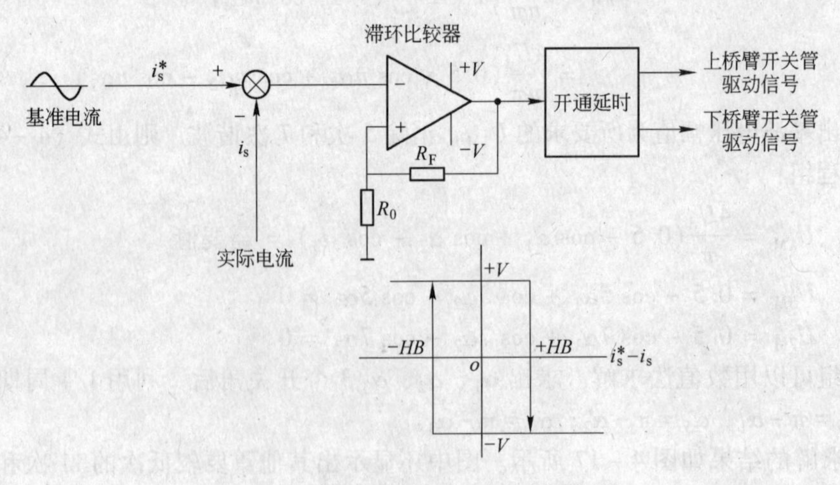

图4－18　电流滞环跟踪 PWM 原理框图

值下降低于下限时，输出电压又翻转过来，电流上升。如此循环往复形成 PWM 控制信号，从而实现电流跟踪的 PWM 控制。

由图 4-18 可知，滞环宽度为

$$HB = \frac{R_0}{R_0 + R_F}V \qquad (4-46)$$

式中，V 为滞环比较器供电电压。功率开关管的导通条件为：当 $(i_s^* - i_s) > HB$ 时，上桥臂开关管导通；当 $(i_s^* - i_s) < -HB$ 时，下桥臂开关管导通。由此可以看出，电流滞环跟踪法形成 PWM 信号非常简单，改变图 4-18 中的正反馈电阻 R_F，也就改变了滞环宽度 HB，从而也就调节了 PWM 的脉冲宽度和功率开关管的开关频率。

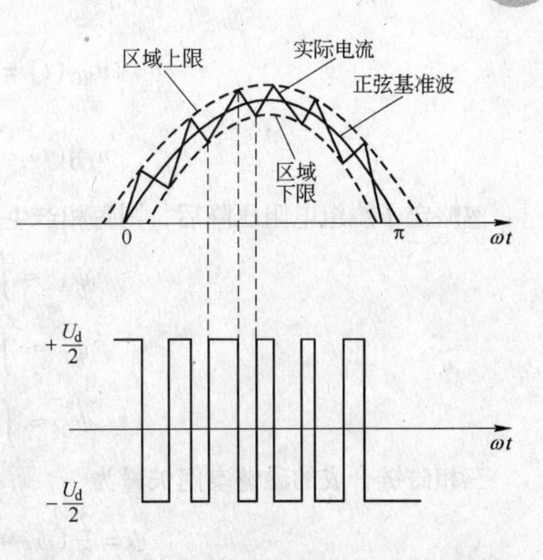

图 4-19 电流滞环跟踪控制形成 PWM 的波形

异步电动机定子电流与电压之间的动态模型，可以近似地看成是一个惯性环节。对于异步电动机变压变频调速系统，定子电流不可能立即跟随电压或频率指令改变，这是导致电压型变频调速系统速度不是很快的一个重要原因。然而，如果采用电流滞环跟踪 PWM 法控制，由于它近似于电流闭环控制，可强迫电动机定子电流在限定的区域内跟随电流指令值，从而可以使电压型逆变器调速系统具有和电流型逆变器系统一样的动态性能。

在这以前，对电压型 PWM 逆变器输出电压波形的分析都是以假设逆变器直流侧电压 U_d 恒定为前提，但这与实际情况不符。由于有限容量的电容滤波，特别是重载时会含有相当大的波纹。而用电流滞环跟踪 PWM 法控制，由于它基于电流控制，系统对电网电压波动和直流电压波纹的影响就变得不敏感了。特别注意，采用电流滞环跟踪控制时，逆变器输出电流的检测是非常关键的，即必须准确快速地检测出输出电流的瞬时值。

4.2.6 电压空间矢量法

电压空间矢量法（Space Vector Pulse Width Modulation，简称 SVPWM）也称磁通正弦 PWM 法。它以三相波形整体生成效果为前提，以逼近电动机气隙的理想圆形旋转磁场轨迹为目的，用逆变器不同的开关模式所产生的实际磁通去逼近基准圆磁通，由它们的比较结果决定逆变器的开关，形成 PWM 波形。此法从电动机的角度出发，把逆变器和电动机看作一个整体，以内切多边形逼近圆的方式进行控制，使电动机获得幅值恒定的圆形磁场（正弦磁通）。这种控制方式是目前通用变频器 PWM 波形生成的主流，已得到了广泛应用。本节将介绍用于两电平逆变器的 SVPWM 技术的原理与实现方法。

4.2.6.1 电压空间矢量定义

已知三相平衡正弦电压 $u_{AO}(t)$、$u_{BO}(t)$、$u_{CO}(t)$，各相在空间互差 120°电角度，加到电动机三相定子绕组后，有

$$u_{AO}(t) = R_s i_A + \frac{d\psi_A}{dt}$$

$$u_{BO}(t)=R_s i_B+\frac{d\psi_B}{dt}$$

$$u_{CO}(t)=R_s i_C+\frac{d\psi_C}{dt}$$

忽略定子绕组电阻压降后，则每相产生的磁链为

$$\psi_A\approx\int u_{AO}(t)dt$$

$$\psi_B\approx\int u_{BO}(t)dt$$

$$\psi_C\approx\int u_{CO}(t)dt$$

三相磁链合成的磁链空间矢量为

$$\boldsymbol{\psi}=\frac{2}{3}(\psi_A+\boldsymbol{\alpha}\psi_B+\boldsymbol{\alpha}^2\psi_C) \tag{4-47}$$

其中，$\boldsymbol{\alpha}=e^{j\frac{2}{3}\pi}=-\frac{1}{2}+j\frac{\sqrt{3}}{2}$，$\boldsymbol{\alpha}^2=e^{j\frac{4}{3}\pi}=-\frac{1}{2}-j\frac{\sqrt{3}}{2}$。

据此可得电压空间矢量为

$$\boldsymbol{u}=\frac{2}{3}[u_{AO}(t)+\boldsymbol{\alpha}u_{BO}(t)+\boldsymbol{\alpha}^2u_{CO}(t)]=u_\alpha(t)+ju_\beta(t) \tag{4-48}$$

式（4-48）中的系数$\frac{2}{3}$表示经过等效变换后，电压空间矢量的幅值与原三相系统的相电压幅值相等。

交流电动机运行时，一般要求磁链空间矢量 $\boldsymbol{\psi}$ 在空间旋转的轨迹是圆形的。SVPWM 调制法就是通过控制逆变器三相输出电压 $u_{AO}(t)$、$u_{BO}(t)$、$u_{CO}(t)$，使电压空间矢量 $\boldsymbol{u}$ 的轨迹是圆形的，这样就能得到电动机圆形磁链轨迹。

4.2.6.2　开关状态对应的空间矢量

由两电平电压型逆变器主电路（见图 4-6）可知，VT1 ~ VT6 是六个功率开关管，S_A、S_B、S_C 分别为 A、B、C 三个桥臂的开关状态函数。

当 A 相上桥臂开关管处于导通状态、下桥臂开关管处于断开状态时，开关状态函数 $S_A=1$；当 A 相上桥臂开关管处于断开状态、下桥臂开关管处于导通状态时，开关状态函数 $S_A=0$。

当 B 相上桥臂开关管处于导通状态、下桥臂开关管处于断开状态时，开关状态函数 $S_B=1$；当 B 相上桥臂开关管处于断开状态、下桥臂开关管处于导通状态时，开关状态函数 $S_B=0$。

当 C 相上桥臂开关管处于导通状态、下桥臂开关管处于断开状态时，开关状态函数 $S_C=1$；当 C 相上桥臂开关管处于断开状态、下桥臂开关管处于导通状态时，开关状态函数 $S_C=0$。

对于图 4-6 所示的两电平三相桥式逆变器，其有 $2^3=8$ 个可能的开关状态，[$S_AS_BS_C$] 分别为：[000]、[001]、[010]、[011]、[100]、[101]、[110]、[111]。其中 [000] 和 [111] 开关状态使逆变器输出电压为零，所以称这两种开关状态为零状态。下面参照第 2 章中 180°导电型六拍变频器工作原理和图 2-12，确定 8 个开关状态对

应的电压空间矢量及空间位置。

（1）$[S_AS_BS_C]=[100]$ 时，$u_{AO}=\frac{2}{3}U_d$，$u_{BO}=u_{CO}=-\frac{1}{3}U_d$。将其代入式(4-48)，则有

$$\begin{aligned}\boldsymbol{u}_1&=\frac{2}{3}\left[\frac{2}{3}U_d+\left(-\frac{1}{2}+j\frac{\sqrt{3}}{2}\right)\left(-\frac{1}{3}U_d\right)+\left(-\frac{1}{2}-j\frac{\sqrt{3}}{2}\right)\left(-\frac{1}{3}U_d\right)\right]\\&=\frac{2}{3}U_d=\frac{2}{3}U_d e^{j0}\end{aligned}\tag{4-49}$$

从式（4-49）可看出，[100] 对应的电压空间矢量 $\boldsymbol{u}_1$ 位于 α 轴正方向上。

（2）$[S_AS_BS_C]=[110]$ 时，$u_{AO}=u_{BO}=\frac{1}{3}U_d$，$u_{CO}=-\frac{2}{3}U_d$，将其代入式(4-48)，则有

$$\begin{aligned}\boldsymbol{u}_2&=\frac{2}{3}\left[\frac{1}{3}U_d+\left(-\frac{1}{2}+j\frac{\sqrt{3}}{2}\right)\frac{1}{3}U_d+\left(-\frac{1}{2}-j\frac{\sqrt{3}}{2}\right)\left(-\frac{2}{3}U_d\right)\right]\\&=\frac{2}{3}\left(\frac{1}{2}+j\frac{\sqrt{3}}{2}\right)U_d=\frac{2}{3}U_d e^{j\frac{\pi}{3}}\end{aligned}\tag{4-50}$$

从式（4-50）可看出，[110] 对应的电压空间矢量 $\boldsymbol{u}_2$ 位于距离 α 轴逆时针相差$\frac{\pi}{3}$角度的方向上。

（3）$[S_AS_BS_C]=[010]$ 时，$u_{AO}=u_{CO}=-\frac{1}{3}U_d$，$u_{BO}=\frac{2}{3}U_d$，将其代入式(4-48)，则有

$$\begin{aligned}\boldsymbol{u}_3&=\frac{2}{3}\left[\left(-\frac{1}{3}U_d\right)+\left(-\frac{1}{2}+j\frac{\sqrt{3}}{2}\right)\frac{2}{3}U_d+\left(-\frac{1}{2}-j\frac{\sqrt{3}}{2}\right)\left(-\frac{1}{3}U_d\right)\right]\\&=\frac{2}{3}\left(-\frac{1}{2}+j\frac{\sqrt{3}}{2}\right)U_d=\frac{2}{3}U_d e^{j\frac{2}{3}\pi}\end{aligned}\tag{4-51}$$

从式（4-51）可看出，[010] 对应的电压空间矢量 $\boldsymbol{u}_3$ 位于距离 α 轴逆时针相差$\frac{2}{3}\pi$角度的方向上。

（4）$[S_AS_BS_C]=[011]$ 时，$u_{AO}=-\frac{2}{3}U_d$，$u_{BO}=u_{CO}=\frac{1}{3}U_d$，将其代入式(4-48)，则有

$$\begin{aligned}\boldsymbol{u}_4&=\frac{2}{3}\left[\left(-\frac{2}{3}U_d\right)+\left(-\frac{1}{2}+j\frac{\sqrt{3}}{2}\right)\frac{1}{3}U_d+\left(-\frac{1}{2}-j\frac{\sqrt{3}}{2}\right)\frac{1}{3}U_d\right]\\&=-\frac{2}{3}U_d=\frac{2}{3}U_d e^{j\pi}\end{aligned}\tag{4-52}$$

从式（4-52）可看出，[011] 对应的电压空间矢量 $\boldsymbol{u}_4$ 位于 α 轴的负方向上。

（5）$[S_AS_BS_C]=[001]$ 时，$u_{AO}=u_{BO}=-\frac{1}{3}U_d$，$u_{CO}=\frac{2}{3}U_d$，将其代入式(4-48)，则有

$$
\begin{aligned}
\boldsymbol{u}_5 &= \frac{2}{3}\left[\left(-\frac{1}{3}U_\mathrm{d}\right)+\left(-\frac{1}{2}+\mathrm{j}\frac{\sqrt{3}}{2}\right)\left(-\frac{1}{3}U_\mathrm{d}\right)+\left(-\frac{1}{2}-\mathrm{j}\frac{\sqrt{3}}{2}\right)\frac{2}{3}U_\mathrm{d}\right] \\
&= \frac{2}{3}\left(-\frac{1}{2}-\mathrm{j}\frac{\sqrt{3}}{2}\right)U_\mathrm{d} = \frac{2}{3}U_\mathrm{d}\mathrm{e}^{\mathrm{j}\frac{4}{3}\pi}
\end{aligned} \tag{4-53}
$$

从式（4-53）可看出，[001] 对应的电压空间矢量 $\boldsymbol{u}_5$ 位于距离 α 轴逆时针相差$\frac{4}{3}\pi$角度的方向上。

（6）$[S_\mathrm{A}S_\mathrm{B}S_\mathrm{C}]=[101]$ 时，$u_\mathrm{AO}=u_\mathrm{CO}=\frac{1}{3}U_\mathrm{d}$，$u_\mathrm{BO}=-\frac{2}{3}U_\mathrm{d}$，将其代入式（4-48），则有

$$
\begin{aligned}
\boldsymbol{u}_6 &= \frac{2}{3}\left[\frac{1}{3}U_\mathrm{d}+\left(-\frac{1}{2}+\mathrm{j}\frac{\sqrt{3}}{2}\right)\left(-\frac{2}{3}U_\mathrm{d}\right)+\left(-\frac{1}{2}-\mathrm{j}\frac{\sqrt{3}}{2}\right)\frac{1}{3}U_\mathrm{d}\right] \\
&= \frac{2}{3}\left(\frac{1}{2}-\mathrm{j}\frac{\sqrt{3}}{2}\right)U_\mathrm{d} = \frac{2}{3}U_\mathrm{d}\mathrm{e}^{\mathrm{j}\frac{5}{3}\pi}
\end{aligned} \tag{4-54}
$$

从式（4-54）可看出，[101] 对应的电压空间矢量 $\boldsymbol{u}_6$ 位于距离 α 轴逆时针相差$\frac{5}{3}\pi$角度的方向上。

（7）$[S_\mathrm{A}S_\mathrm{B}S_\mathrm{C}]=[000]$和$[S_\mathrm{A}S_\mathrm{B}S_\mathrm{C}]=[111]$ 时，$u_\mathrm{AO}=u_\mathrm{BO}=u_\mathrm{CO}=0$，将其代入式（4-48），则有

$$
\boldsymbol{u}_0=\boldsymbol{0} \tag{4-55}
$$

从式（4-55）可看出，[000] 和 [111] 对应的电压空间矢量 $\boldsymbol{u}_0$ 位于零点。

由 $\boldsymbol{u}_1\sim\boldsymbol{u}_6$ 6 个非零电压空间矢量组成一个正六边形，并可分为 6 个相等的扇区。零矢量 $\boldsymbol{u}_0$ 位于六边形的中心，如图 4-20 所示，开关状态和电压空间矢量的对应关系如表 4-2 所示。

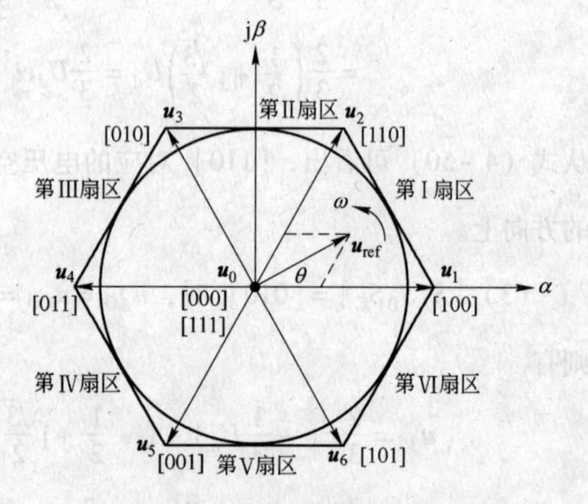

图 4-20 两电平逆变器电压空间矢量图

表 4-2 开关状态与电压空间矢量对应关系

电压空间矢量名称		开关状态 $[S_\mathrm{A}S_\mathrm{B}S_\mathrm{C}]$	导通的开关管	电压空间矢量方向
零矢量	$\boldsymbol{u}_0$	[111]	VT1，VT3，VT5	$\boldsymbol{u}_0=\boldsymbol{0}$
		[000]	VT4，VT6，VT2	
非零矢量	$\boldsymbol{u}_1$	[100]	VT1，VT6，VT2	$\boldsymbol{u}_1=\frac{2}{3}U_\mathrm{d}\mathrm{e}^{\mathrm{j}0}$
	$\boldsymbol{u}_2$	[110]	VT1，VT3，VT2	$\boldsymbol{u}_2=\frac{2}{3}U_\mathrm{d}\mathrm{e}^{\mathrm{j}\frac{\pi}{3}}$
	$\boldsymbol{u}_3$	[010]	VT4，VT3，VT2	$\boldsymbol{u}_3=\frac{2}{3}U_\mathrm{d}\mathrm{e}^{\mathrm{j}\frac{2}{3}\pi}$
	$\boldsymbol{u}_4$	[011]	VT4，VT3，VT5	$\boldsymbol{u}_4=\frac{2}{3}U_\mathrm{d}\mathrm{e}^{\mathrm{j}\pi}$
	$\boldsymbol{u}_5$	[001]	VT4，VT6，VT5	$\boldsymbol{u}_5=\frac{2}{3}U_\mathrm{d}\mathrm{e}^{\mathrm{j}\frac{4}{3}\pi}$
	$\boldsymbol{u}_6$	[101]	VT1，VT6，VT5	$\boldsymbol{u}_6=\frac{2}{3}U_\mathrm{d}\mathrm{e}^{\mathrm{j}\frac{5}{3}\pi}$

4.2.6.3 矢量作用时间计算

在图4-20中，$\boldsymbol{u}_0$ 和 $\boldsymbol{u}_1 \sim \boldsymbol{u}_6$ 在矢量空间上是静止不变的，因此称为静态矢量。任何给定矢量 $\boldsymbol{u}_{ref}$ 都可由相邻的上述三个矢量合成。如果给定频率 f_1 和电压幅值，则矢量 $\boldsymbol{u}_{ref}$ 的旋转角速度为 $\omega = 2\pi f_1$，由此可以确定矢量 $\boldsymbol{u}_{ref}$ 在 $\alpha-\beta$ 坐标系中相对于 α 轴的角位移为

$$\theta(t) = \int_0^t \omega(t)\mathrm{d}t + \theta(0) \tag{4-56}$$

根据矢量 $\boldsymbol{u}_{ref}$ 的电压幅值 U_{ref} 和角位移 θ，可以确定在某一扇区其作用的静态矢量。然后由“伏秒平衡”原理来计算各静态矢量的作用时间，最后形成PWM波形。

假设采样周期 T_S 足够小，则可认为给定矢量 $\boldsymbol{u}_{ref}$ 在周期 T_S 内保持不变。在这种情况下，$\boldsymbol{u}_{ref}$ 可近似认为是两个相邻非零矢量与一个零矢量的叠加。例如，当 $\boldsymbol{u}_{ref}$ 位于第Ⅰ扇区时，它可由矢量 $\boldsymbol{u}_1$、$\boldsymbol{u}_2$ 和 $\boldsymbol{u}_0$ 合成，如图4-21所示。T_S 为采样周期，T_1 是矢量 $\boldsymbol{u}_1$ 的作用时间，T_2 是矢量 $\boldsymbol{u}_2$ 的作用时间，T_0 是矢量 $\boldsymbol{u}_0$ 的作用时间。

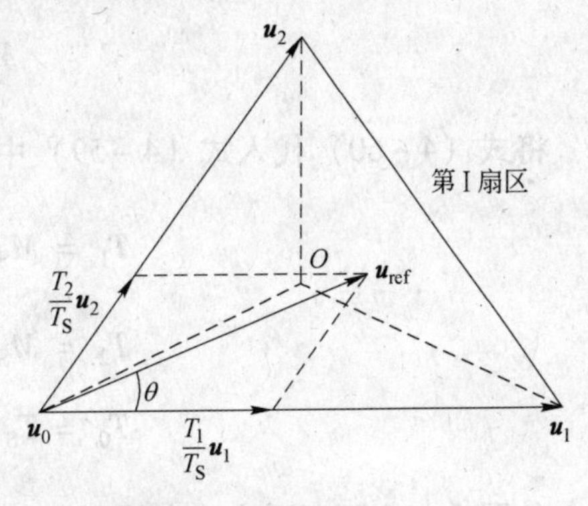

图4-21 矢量 $\boldsymbol{u}_{ref}$ 的合成图

由于磁链增量 $\Delta\boldsymbol{\psi} = \boldsymbol{u}\cdot\Delta t$，所以在电压给定矢量 $\boldsymbol{u}_{ref}$ 作用下，磁链 $\boldsymbol{\psi}$ 的轨迹应该是个圆形。电压空间矢量 $\boldsymbol{u}_1$ 作用下产生的磁链增量为 $\Delta\boldsymbol{\psi}_1$，电压空间矢量 $\boldsymbol{u}_2$ 作用下产生的磁链增量为 $\Delta\boldsymbol{\psi}_2$，电压空间矢量 $\boldsymbol{u}_{ref}$ 作用下产生的磁链增量为 $\Delta\boldsymbol{\psi}_{ref}$。根据 $\Delta\boldsymbol{\psi}_{ref} = \Delta\boldsymbol{\psi}_1 + \Delta\boldsymbol{\psi}_2$，在采样周期 T_S 时间内，给定矢量 $\boldsymbol{u}_{ref}$ 与采样周期 T_S 的乘积等于各静态电压空间矢量与其作用时间乘积的累加和，则有下式成立：

$$\left.\begin{aligned} \boldsymbol{u}_{ref}T_S &= \boldsymbol{u}_1T_1 + \boldsymbol{u}_2T_2 + \boldsymbol{u}_0T_0 \\ T_S &= T_1 + T_2 + T_0 \end{aligned}\right\} \tag{4-57}$$

式中，T_1、T_2 和 T_0 分别为矢量 $\boldsymbol{u}_1$、$\boldsymbol{u}_2$ 和 $\boldsymbol{u}_0$ 的作用时间。

将式（4-49）、式（4-50）和式（4-55）分别代入式（4-57）中，按照方程两边实部和实部相等，虚部和虚部相等的原则，可得

$$\left.\begin{aligned} U_{ref}T_S\cos\theta &= \frac{2}{3}U_dT_1 + \frac{1}{3}U_dT_2 \\ U_{ref}T_S\sin\theta &= \frac{1}{\sqrt{3}}U_dT_2 \\ T_S &= T_1 + T_2 + T_0 \end{aligned}\right\} \tag{4-58}$$

求解式（4-58），得

$$\left.\begin{aligned} T_1 &= \frac{\sqrt{3}T_SU_{ref}}{U_d}\sin\left(\frac{\pi}{3} - \theta\right) \\ T_2 &= \frac{\sqrt{3}T_SU_{ref}}{U_d}\sin\theta \\ T_0 &= T_S - T_1 - T_2 \end{aligned}\right\} \tag{4-59}$$

式中，$0 \leqslant \theta < \frac{\pi}{3}$。

式（4－59）虽然是第Ⅰ扇区的矢量作用时间，但对于第Ⅱ～Ⅵ扇区仍然适用，只是要对式中的角度 θ 进行修正，减去$\frac{\pi}{3}$的整数倍，使其在 $0 \sim \frac{\pi}{3}$之间。这样，计算得到的作用时间分别为对应矢量 $\boldsymbol{u}_{ref}$所在扇区的静态电压空间矢量。

4.2.6.4 SVPWM 法的调制系数

定义 SVPWM 调制法的调制系数 M_{SVM} 为

$$M_{SVM} = \frac{\sqrt{3}U_{ref}}{U_d} \tag{4-60}$$

将式（4－60）代入式（4－59）中，得出以调制系数表示的矢量作用时间为

$$\left.\begin{aligned} T_1 &= M_{SVM}T_S\sin\left(\frac{\pi}{3}-\theta\right) \\ T_2 &= M_{SVM}T_S\sin\theta \\ T_0 &= T_S - T_1 - T_2 \end{aligned}\right\} \tag{4-61}$$

从图 4－20 可以看出，在第Ⅰ扇区，当 $\theta = \frac{\pi}{6}$时，给定矢量 $\boldsymbol{u}_{ref}$的幅值最大，为

$$U_{r\max} = \frac{2}{3}U_d\cos\frac{\pi}{6} = \frac{1}{\sqrt{3}}U_d \tag{4-62}$$

注：$U_{r\max}$也是六边形的内切圆的半径。

将式（4－62）代入式（4－60）中，则 $M_{SVM} = 1$，所以为了保证 SVPWM 工作在线性调制区，应该使 $0 < M_{SVM} \leqslant 1$，这样就能使矢量 $\boldsymbol{u}_{ref}$在六边形的内切圆中变化。

由式（4－48）电压空间矢量定义可知，给定相电压的幅值等于电压空间矢量幅值，所以给定线电压基波的最大有效值为

$$U_{\max,SVM} = \sqrt{3}\left(\frac{U_{r\max}}{\sqrt{2}}\right) = 0.707U_d \tag{4-63}$$

由式（4－14）可知，对于采用 SPWM 方式控制的逆变器，相电压基波最大值为 $\frac{1}{2}U_d$，相电压基波最大有效值为$\frac{1}{2\sqrt{2}}U_d$，则线电压基波最大有效值为

$$U_{\max,SPM} = \frac{\sqrt{3}}{2\sqrt{2}}U_d = 0.612U_d \tag{4-64}$$

由此可得

$$\frac{U_{\max,SVM}}{U_{\max,SPM}} = 1.155 \tag{4-65}$$

从式（4－65）可以看出，当逆变器直流侧电压相同时，应用 SVPWM 调制法，逆变

器输出线电压最大有效值比 SPWM 调制法高了 15.5%。但在 SPWM 调制法中加入 3 次谐波后，逆变器输出线电压最大有效值也提升了 15.5%。因此，这两种 PWM 调制法具有相同的直流电压利用率。

4.2.6.5 开关模式的设计

在 SVPWM 调制法中，对于给定的空间矢量 $\boldsymbol{u}_{\mathrm{ref}}$，开关模式并不是唯一的，但总的控制目标就是开关损耗最小。为此，在设计开关模式时要遵循"最少开关动作"原则，即：

（1）从一种开关状态切换到另一种开关状态时，只有最少开关动作；

（2）空间矢量 $\boldsymbol{u}_{\mathrm{ref}}$ 从一个扇区移动到另一个扇区时，只有最少开关动作。

按照上述原则，将一个采样周期 T_{S} 分成七段，采用两种零矢量，每个开关动作 2 次，共有 12 次开关动作。在第Ⅰ扇区，给定空间矢量 $\boldsymbol{u}_{\mathrm{ref}}$ 的逆变器输出电压的波形如图 4-22 所示。这种开关模式的特点如下：

（1）空间矢量 $\boldsymbol{u}_{\mathrm{ref}}$ 由 $\boldsymbol{u}_1$、$\boldsymbol{u}_2$ 和 $\boldsymbol{u}_0$ 三个矢量合成，采样周期分成七段，$T_{\mathrm{S}} = T_1 + T_2 + T_0$；

（2）从一个开关状态切换到另一个开关状态，只有两个开关动作，满足"最少开关动作"原则；如从状态［000］切换到［100］时，只有 VT1 导通而 VT4 关断；

（3）为了"最少开关动作"，将零矢量 $\boldsymbol{u}_0$ 的作用时间拆分为两个 $\frac{T_0}{4}$ 和一个 $\frac{T_0}{2}$；在采样周期中间的 $\frac{T_0}{2}$ 区段内，选择开关状态［111］，而在两边的 $\frac{T_0}{4}$ 区段内，均采用开关状态［000］；

（4）逆变器的每个开关在一个采样周期内均导通和关断一次，因此开关频率等于采样频率。

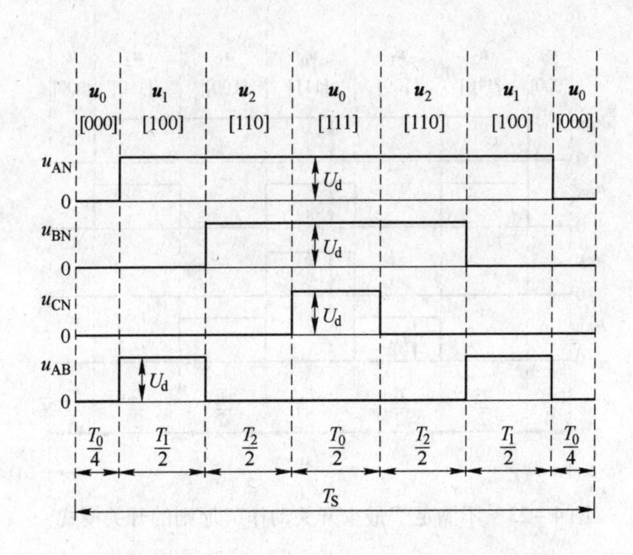

图 4-22 $\boldsymbol{u}_{\mathrm{ref}}$ 位于第Ⅰ扇区时的七段法开关模式

按照"最少开关动作"原则和上述 PWM 波形生成方法，在Ⅰ～Ⅵ扇区内的开关模式如表 4-3 所示。

表 4-3　基于最少开关动作原则的开关模式

扇区	开关模式						
	1	2	3	4	5	6	7
Ⅰ	$\boldsymbol{u}_0$	$\boldsymbol{u}_1$	$\boldsymbol{u}_2$	$\boldsymbol{u}_0$	$\boldsymbol{u}_2$	$\boldsymbol{u}_1$	$\boldsymbol{u}_0$
	[000]	[100]	[110]	[111]	[110]	[100]	[000]
Ⅱ	$\boldsymbol{u}_0$	$\boldsymbol{u}_3$	$\boldsymbol{u}_2$	$\boldsymbol{u}_0$	$\boldsymbol{u}_2$	$\boldsymbol{u}_3$	$\boldsymbol{u}_0$
	[000]	[010]	[011]	[111]	[011]	[010]	[000]
Ⅲ	$\boldsymbol{u}_0$	$\boldsymbol{u}_3$	$\boldsymbol{u}_4$	$\boldsymbol{u}_0$	$\boldsymbol{u}_4$	$\boldsymbol{u}_3$	$\boldsymbol{u}_0$
	[000]	[010]	[011]	[111]	[011]	[010]	[000]
Ⅳ	$\boldsymbol{u}_0$	$\boldsymbol{u}_5$	$\boldsymbol{u}_4$	$\boldsymbol{u}_0$	$\boldsymbol{u}_4$	$\boldsymbol{u}_5$	$\boldsymbol{u}_0$
	[000]	[001]	[011]	[111]	[011]	[001]	[000]
Ⅴ	$\boldsymbol{u}_0$	$\boldsymbol{u}_5$	$\boldsymbol{u}_6$	$\boldsymbol{u}_0$	$\boldsymbol{u}_6$	$\boldsymbol{u}_5$	$\boldsymbol{u}_0$
	[000]	[001]	[101]	[111]	[101]	[001]	[000]
Ⅵ	$\boldsymbol{u}_0$	$\boldsymbol{u}_1$	$\boldsymbol{u}_6$	$\boldsymbol{u}_0$	$\boldsymbol{u}_6$	$\boldsymbol{u}_1$	$\boldsymbol{u}_0$
	[000]	[100]	[101]	[111]	[101]	[100]	[000]

从表 4-3 可以看出，所有的开关模式都是以开关状态［000］来起始和结束的，这表明 $\boldsymbol{u}_{ref}$ 从一个扇区切换到另一个扇区时，并不需要任何额外的切换过程。这样，就满足了“最少开关动作”原则的第 2 个设计要求。

如果将图 4-22 中的矢量 $\boldsymbol{u}_1$ 和 $\boldsymbol{u}_2$ 的位置互换，则可得到图 4-23 所示的开关模式。此时，若从开关状态［000］切换到［110］，便会有两个桥臂的四个开关同时导通或关断，这就导致了开关频率的增加，显然，这种开关模式不满足“最少开关动作”原则。

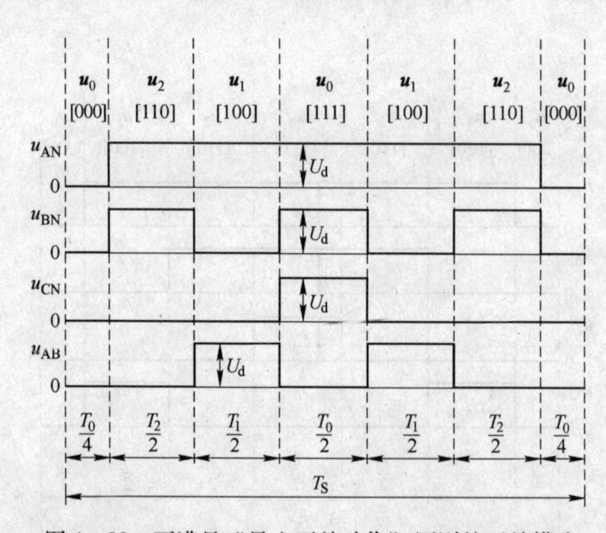

图 4-23　不满足“最少开关动作”原则的开关模式

虽然图 4-22 与图 4-23 的开关模式不同，产生的 u_{AB} 波形看起来也不同，但从调速的全时段看，两种开关模式产生的 u_{AB} 波形近似相同。如果把这两个波形在时间轴上连续展开两个或更多周期，除了有近似 $\frac{T_S}{2}$ 延迟的区别外，其他部分完全相同，如图 4-24 所

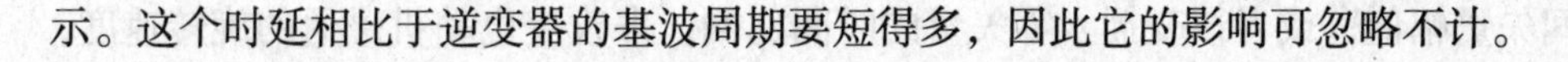

示。这个时延相比于逆变器的基波周期要短得多，因此它的影响可忽略不计。

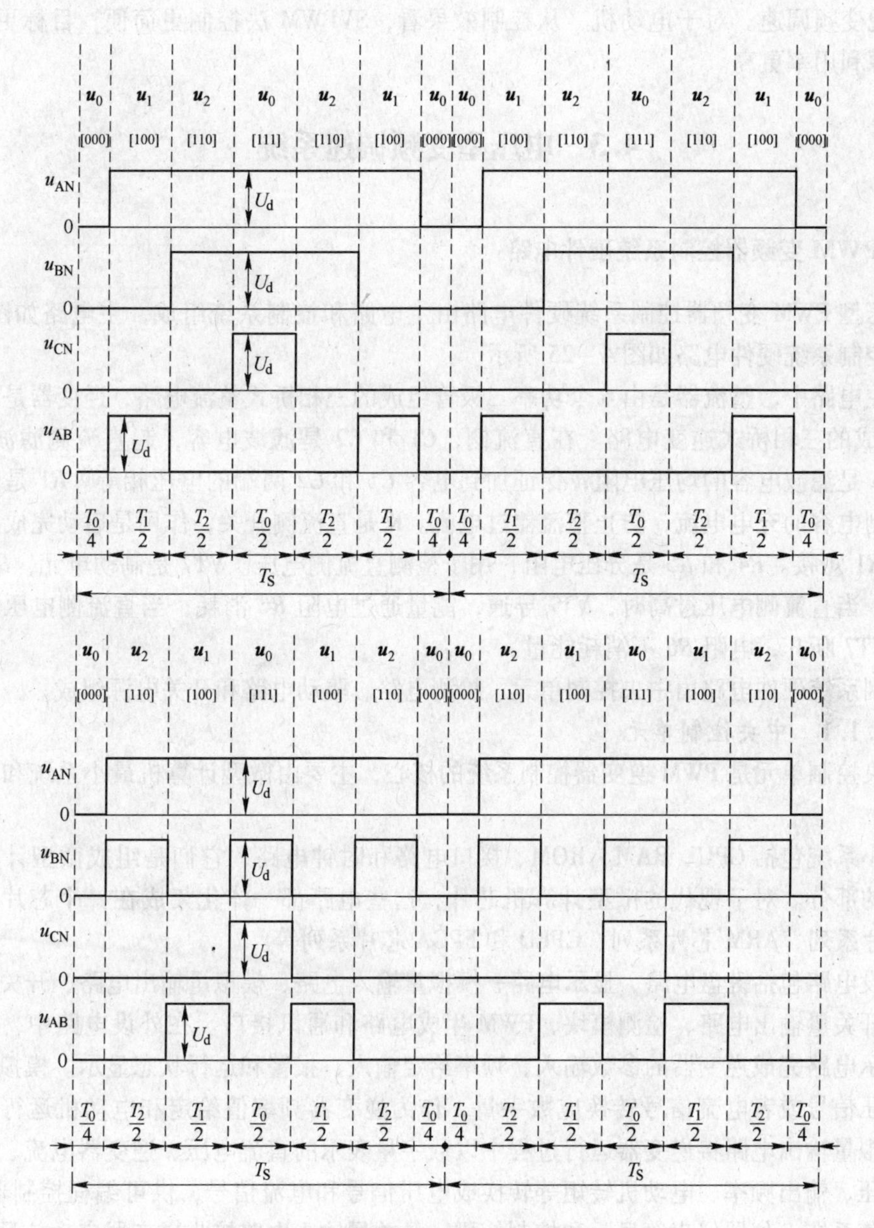

图 4-24 两种不同开关模式的 PWM 波形

4.2.6.6 SVPWM 法与 SPWM 法比较

通过分析 SVPWM 法与 SPWM 法产生波形的过程可以看出，两者的波形产生方法是一样的。SPWM 法的波形是正弦参考电压波与三角载波互相比较产生的，而 SVPWM 法的波形是通过选择不同的电压空间矢量及其作用时间来实现的。如果把 SPWM 法局部放大，就会发现其规则采样法与 SVPWM 法相同。

SPWM 法的控制目标是使逆变器的输出电压正弦，通过参考正弦波的频率和幅值的协调控制，实现变频调速。SVPWM 法的控制目标是使电动机磁通轨迹以圆形旋转，通过调节电压空间矢量幅值，或者改变插入零矢量的时间比例，来改变电动机磁通的旋转速度，从而实现变频调速。对于电动机，从控制效果看，SVPWM 法控制更简便，目标更明确，直流电源利用率更高。

4.3 电压型变频调速系统

4.3.1 PWM 变频器控制系统硬件电路

电压型 PWM 变频器控制系统硬件电路由主电路和控制系统组成，主电路如图 4 - 6 所示，控制系统硬件电路如图 4 - 25 所示。

在主电路中，整流器是由 6 个功率二极管组成的三相桥式整流电路，逆变器是由 6 个 IGBT 组成的三相桥式逆变电路。在直流侧，*C*1 和 *C*2 是滤波电容，起直流侧滤波作用。*R*2 和 *R*3 是滤波电容的均压电阻，保证加到电容 *C*1 和 *C*2 两端的电压相等。*R*1 是限流电阻，限制电容的充电电流，防止整流器过电流。K 是直流侧开关，作用是启动完成后将限流电阻 *R*1 短接。*R*4 和 *R*5 是分压电阻，用于检测直流侧电压。VT7 是制动单元，*R*6 是制动电阻；当直流侧电压过高时，VT7 导通，能量通过电阻 *R*6 消耗；当直流侧电压恢复正常时，VT7 断开，电阻 *R*6 不消耗能量。

控制系统硬件电路由中央控制单元、检测电路、驱动电路和开关电源组成。

4.3.1.1 中央控制单元

中央控制单元是 PWM 逆变器控制系统的核心，主要由微型计算机最小系统和外设电路组成。

最小系统包括 CPU、RAM、ROM、接口电路和时钟电路，它们是组成微型计算机系统必需的部分。对于现代的微型计算机芯片，这些电路都一体化集成在一个芯片中，如 DSP 芯片系列、ARM 芯片系列、CPLD 和 FPGA 芯片系列等。

外设电路包括键盘电路、显示电路、模拟量输入电路、模拟量输出电路、开关量输入电路、开关量输出电路、检测模块、PWM 生成电路和通讯接口。在外设电路中，键盘电路和显示电路完成逆变器的参数输入、频率给定输入、报警和运行状态显示。模拟输入电路将电压信号或者电流信号转换成数字量，作为逆变器频率值给定和电动机运行速度给定。模拟量输出电路将逆变器运行过程中以数字量表示的直流电压、逆变器电流、逆变器输出电压、输出频率、电动机转矩等转换成电压信号和电流信号，供可编程控制器系统、数据采集系统、仪器仪表等显示和控制使用。开关量输入电路接收逆变器启动信号和停止信号、系统复位信号、紧急停止信号和外部设备的连锁信号。开关量输出电路输出逆变器报警信号和运行状态信号。检测模块将逆变器输出电流、输出电压、直流侧电压和功率模块散热器温度经过隔离放大和 AD 转换后，送给 CPU 单元，供运算、控制和报警使用。PWM 生成器接收正弦参考波幅值和相位，按照 SPWM 调制法或 SVPWM 调制法，生成 PWM 波形，控制逆变器的功率模块。

4.3.1.2 检测电路

逆变器检测电路主要由逆变器输出电压检测电路、输出电流检测电路、直流电压检测电路和功率模块散热器温度检测电路组成。温度检测电路一般应用热电阻及其补偿和放大

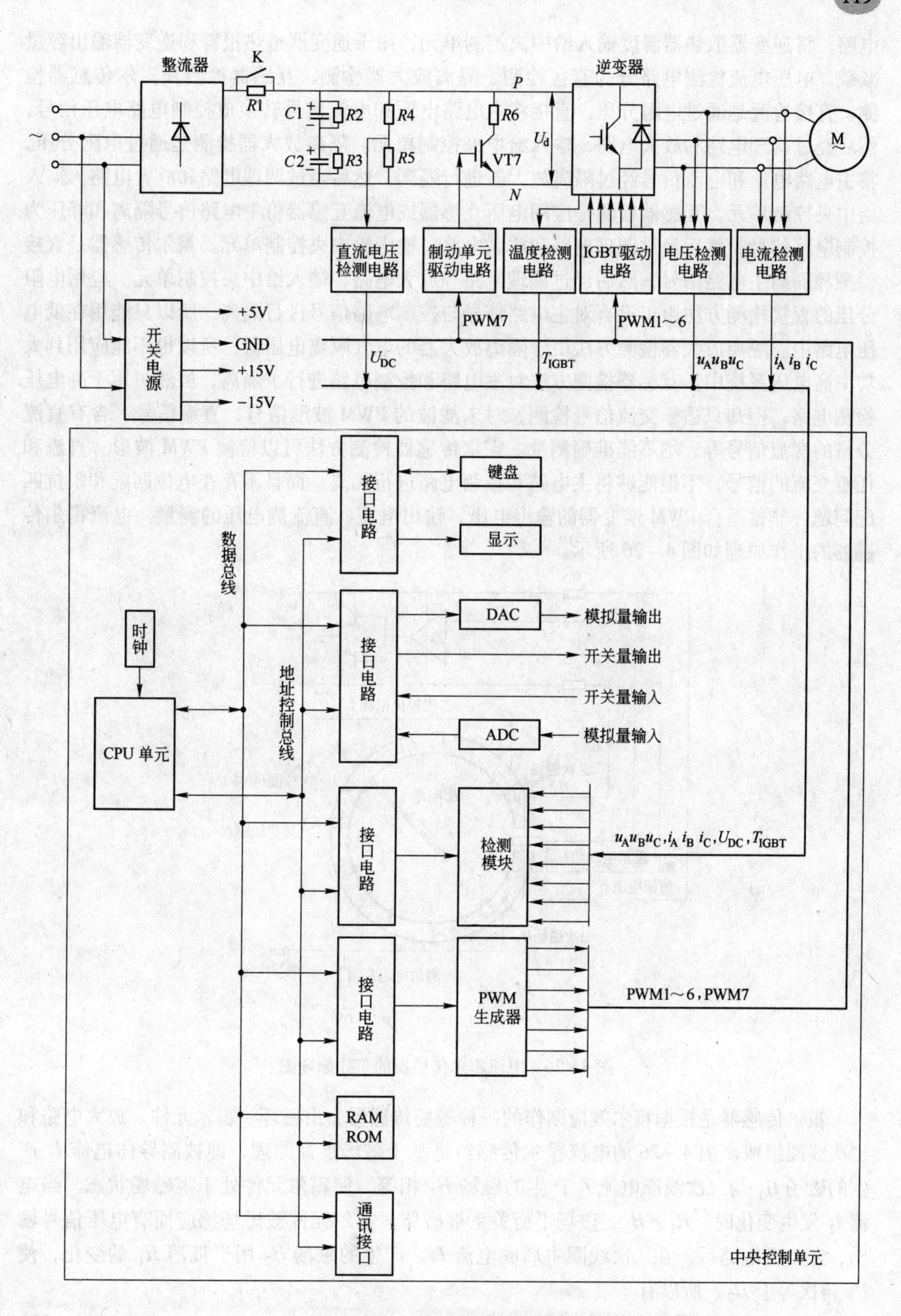

图 4－25 PWM 变频器控制系统硬件电路

电路，将逆变器散热器温度输入给中央控制单元，用于逆变器过热报警和逆变器输出容量减载。电压电流检测电路分为直接检测、隔离放大器检测、互感器检测和霍尔传感器检测。直接检测是通过电阻分压，直接将主电路电压和电流信号转换成控制电路电压信号，然后经过调理电路和放大电路，输入给中央控制单元。隔离放大器检测是通过电阻分压，将主电路电压和电流信号经过隔离放大器进行隔离，然后经过调理电路和放大电路，输入给中央控制单元。互感器检测是应用电压互感器或电流互感器将主电路信号隔离和降压为控制电路信号，然后经过调理电路和放大电路，输入给中央控制单元。霍尔传感器是直接检测和隔离主电路信号，然后经过调理电路和放大电路，输入给中央控制单元。应用电阻分压的直接检测方法由于没有对主电路信号与控制电路信号进行隔离，所以只能用在低电压电路中。隔离放大器检测方法由于隔离放大器的电气隔离电压低，所以也不能应用到大功率高电压系统中。互感器检测方法对主电路和控制电路进行了隔离，虽然可用于高电压检测电路，但却只适于交流信号检测，对未滤波的 PWM 波形信号、直流信号、含有直流分量的交流信号等，均不能准确测量。霍尔传感器检测方法可以检测 PWM 波形、直流和任意交流的信号，不但能够将主电路和控制电路进行隔离，而且不存在电位匹配和阻抗匹配问题，非常适合 PWM 逆变器的输出电压、输出电流、直流侧电压的测量。电流霍尔传感器的工作原理如图 4－26 所示。

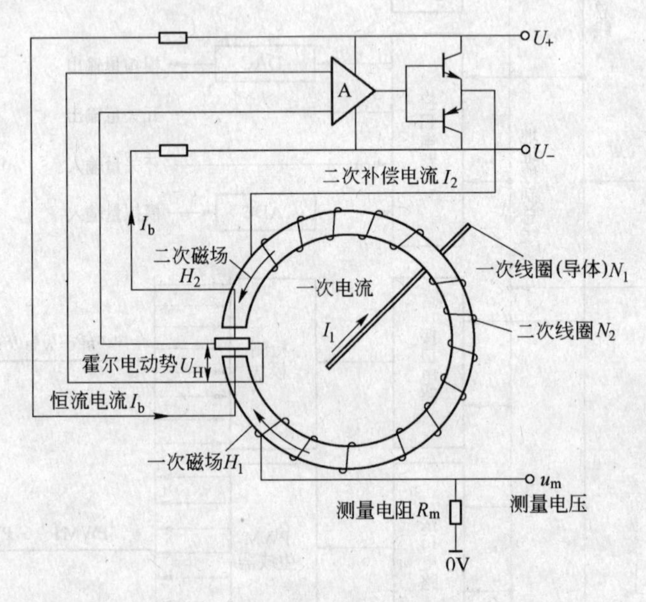

图 4－26　电流霍尔传感器的工作原理图

霍尔传感器是根据霍尔效应制作的一种磁场传感器，由磁环、霍尔元件、放大电路和二次线圈组成。图 4－26 的电流霍尔传感器是基于磁场平衡原理，即被测导体电流 I_1 产生的磁场 H_1 与二次线圈电流 I_2 产生的磁场 H_2 相等，使霍尔元件处于零磁场状态。当电流 I_1 发生变化时，$H_1 \neq H_2$，磁场平衡关系被破坏，霍尔元件被磁场感应而有电压信号输出，经放大电路后，在二次线圈中形成电流 I_2，产生的磁场 H_2 用于抵消 H_1 的变化，使 H_1 再次等于 H_2，所以有

$$N_1 I_1 = N_2 I_2 \tag{4-66}$$

式中，N_1 和 N_2 分别为一次和二次线圈匝数。

由式（4-66），根据二次电流 I_2，就可检测出一次电流 I_1。如果在二次线圈中串接一个电阻，根据式（4-66），便可从该电阻上取出被测电流 I_1 的输出电压为

$$u_m = \frac{N_1}{N_2} R_m I_1 \tag{4-67}$$

由于霍尔传感器工作在零磁场状态，通过放大电路可形成闭环调节，所以电流霍尔传感器测量精度高，成本低，非常适于大容量逆变器的输出信号测量。

4.3.1.3 驱动电路

根据主电路中功率开关管的类型和电压、电流不同，采用的驱动电路也各有差异。驱动电路一般由电气隔离、信号整形、功率放大和驱动电源组成。图 4-27 所示为一种常用的 IGBT 驱动电路。当输入 PWM 信号为高电平时，光电耦合器 VT1 及晶体管 VT2、VT3 和 VT5 导通，驱动 IGBT 导通；当输入 PWM 信号为低电平时，VT4、VT6 导通，使 IGBT 快速关断，并在关断截止期间始终加上反偏以提高耐压。该电路具有基极电流自适应功能，IGBT 导通时，驱动电路中的高反压快速二极管 D 也导通。晶体管 VT3 饱和导通时，其射极电流 i 一定，当 IGBT 的集电极电流 i_C 因负载加重而升高时，其集-射极电压 V_{CE} 随之升高，流过 D 的电流 i_D 减小，从而使 IGBT 的基极驱动电流 i_B 增大，使 V_{CE} 降低，反之，则使 V_{CE} 升高。可见 i_B 能自动适应 i_C 的变化，使 IGBT 处于饱和导通状态。当刚开始驱动 IGBT 导通时，在 V_{CE} 电压尚未降低到接近饱和电压之前，二极管 D 截止，可为 IGBT 提供较大的基极驱动电流，促使其加快开通过程。电阻 $R8$ 用于限定 IGBT 的导通时间，电阻 $R9$ 用于限定 IGBT 的关断时间。电路中的光电耦合器起电气隔离作用，GND 是中央控制单元的地。$+V_B$ 和 $-V_B$ 是驱动电路电源，电源地是 GNDB，它们是电位浮动的独立电源。

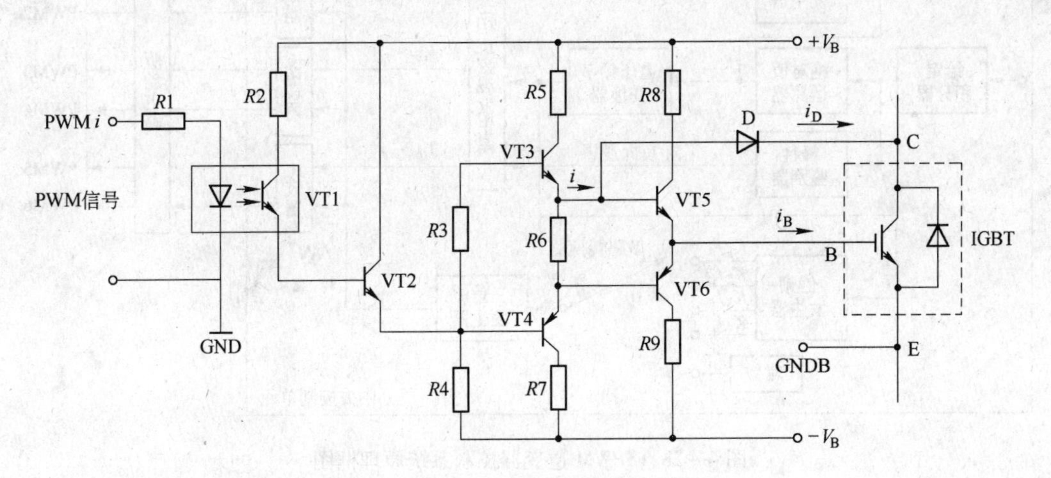

图 4-27 功率开关管 IGBT 驱动电路

4.3.1.4 开关电源

开关电源电路是一种隔离电源，输入为主电路线电压输入，输出为 +5V、+15V、-15V和地，可为中央控制单元、检测电路和驱动电路提供电源。应该注意的是，为驱动电路提供的电源必须是电位浮动的独立电源。

4.3.2　SPWM逆变器控制系统

4.3.2.1　控制系统构成

图4－28所示为一种异步电动机开环控制的SPWM逆变器控制系统。

系统的控制过程如下：

输出频率给定信号f_1^*首先要经过给定积分器，以限定输出频率的升降速率。给定积分器的输出为正时，通过控制三相输出相序，电动机正转，反之，当输出为负时，电动机反转。给定积分器输出信号的大小控制电动机转速的高低。输出频率和电压的控制，不论电动机正转或反转，都需要正的信号，所以要加一个绝对值运算器。绝对值运算器输出，一路经过函数发生器，用来实现在整个调频范围内进行输出电压和频率的协调控制和低频电压补偿，另一路经过电压频率变换器，形成频率与给定信号成正比的控制脉冲，由此信号控制在三相正弦波发生器中产生可变压变频的三相正弦参考信号，同时经倍频发生器进行倍频，再经多路转换器和三角波发生器，产生峰－峰值一定的所需载波三角波。载波三角波三相共用，与三相参考正弦波在比较器中进行比较形成三相SPWM控制信号，然后经过驱动电路，输出PWM脉冲，控制逆变器工作。

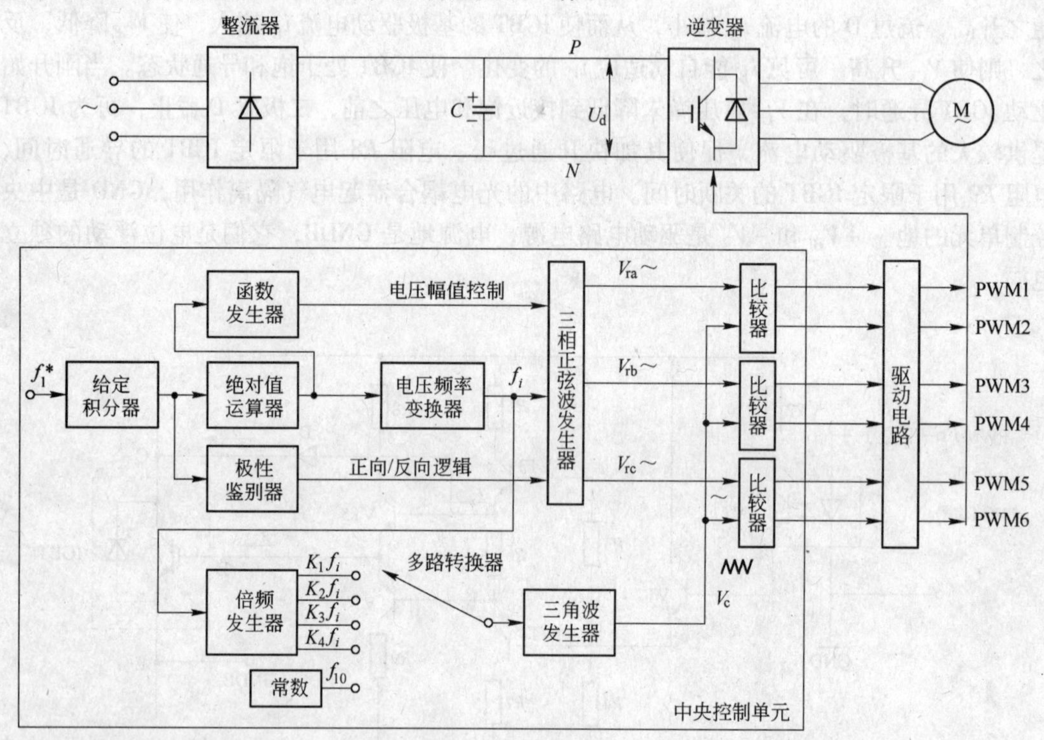

图4－28　SPWM逆变器控制系统原理框图

4.3.2.2　SPWM调制方式

控制系统可采用如图4－29所示的SPWM调制方式，即在低频输出区，采用载波频率f_c恒定的异步调制方式，而在较高输出频率范围内采用分级同步调制方式。在异步调制区内，由于载波频率恒定，而参考波频率在调频过程中不断改变，故其相位不断漂移，结果使次谐波分量增多，但由于载波比大，开关频率高，经实践表明，这些有害的影响也可以忽略不计。在同步调制区内，载波比 N 值分段改变，其最高、最低载波频率被限定在一定范围之内。经过仔细设计，异步、同步和同步之间的级间切换，可以做到输出基波电压基本上没有跳变。为了保证稳定工作，可在临界切换点处，设置一滞环区，以防止在切换点处因干扰而进行反复切换。系统控制时，在 0~50Hz 范围内，进行压频比恒定的恒转矩控制，在 50Hz 以上时，进行恒功率控制。

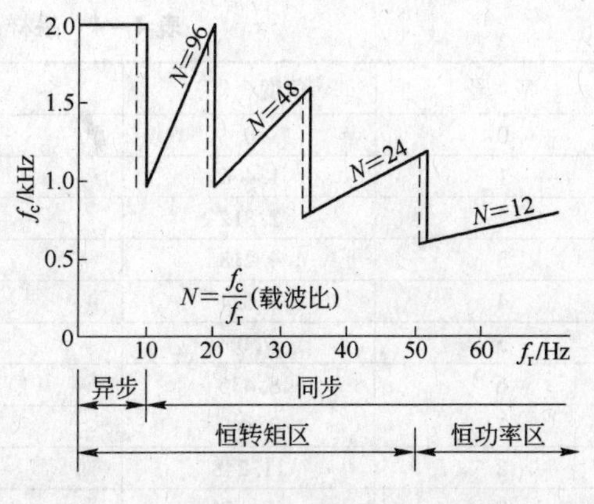

图 4-29 控制系统异步和分级同步调制方式

4.3.2.3 三相正弦参考信号发生器

SPWM 控制系统中，三相正弦参考信号发生器是个重要的单元。在微型计算机中，为了实现正弦波发生器，一般将正弦表数据存储在 ROM 中，然后通过查表的方法生成正弦波，如图 4-30 所示。

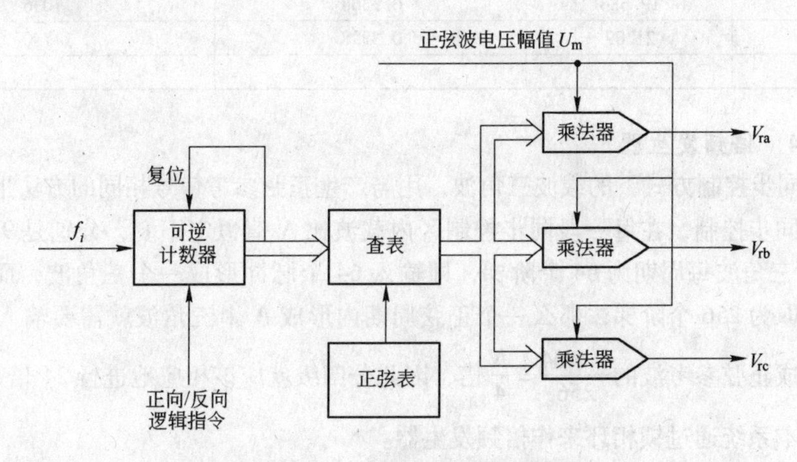

图 4-30 三相正弦波发生器框图

在只读存储器 ROM 中固化 A、B、C 三相互差 120°相角的正弦数据。首先确定在一个正弦波周期内采样 256 次，把每相一周期的正弦量量化为 256 个值，每隔 $\Delta\theta=\frac{360°}{256}=1.406°$ 取一个正弦值。为了便于整数运算，把正弦值转换成 Q15 的定标值，即正弦值乘以 2^{15} 后，四舍五入取整。表 4-4 中为 0°~360°的 256 个正弦值，这里只列出了 16 个值，其余类同。

可逆计数器将来自电压频率变换器的脉冲 f_i 计数，其输出作为 ROM 查表的地址码。分别将三相正弦量输入到各自的乘法器中，与正弦波幅值相乘后，输出三相正弦参考信号 V_{ra}、V_{rb} 和 V_{rc}。三相输出正弦波频率 $f_1=\frac{1}{256}f_i$，f_1 决定于电压频率变换器的输出脉冲频率 f_i。由于 f_i 与给定频率 f_1^* 成正比，故 f_1 由给定频率的大小决定。正弦参考信号的幅值 U_m 来自函数发生器，其与给定频率形成协调控制。可逆计数器的顺向或逆向计数由正向/反向逻辑信号控制，并以改变三相正弦参考信号波的相序，实现电动机的正反转控制。

表 4-4　采样点为 256 的正弦表

序　号	角度/（°）	正弦值	转换成 Q15 定标值
0	0	0	0
1	1.406	0.0245	803
2	2.812	0.0491	1609
3	4.218	0.0736	2412
4	5.624	0.0980	3211
5	7.03	0.1224	4011
6	8.436	0.1467	4807
7	9.842	0.1709	5600
8	11.248	0.1951	6393
9	12.654	0.2191	7179
10	14.06	0.2429	7959
11	15.466	0.2667	8739
12	16.872	0.2902	9509
13	18.278	0.3136	10276
14	19.684	0.3368	11036
15	21.09	0.3598	11790
⋮	⋮	⋮	⋮

4.3.2.4　倍频发生器

SPWM 同步控制方式下的载波三角波，用与产生正弦参考信号相同的方法形成。本系统采用四级同步控制，在每一段同步控制区内载波比 N 值恒定不变，分别是 96、48、24 和 12。现取三角波每周期为 64 个阶梯，即输入 64 个脉冲形成一个三角波，而参考正弦波每周期已取为 256 个阶梯，那么一个正弦周期内形成 N 个三角波就需要输入 $N\times64$ 个脉冲，为形成正弦参考波的$\dfrac{N\times64}{256}=\dfrac{N}{4}$倍，因此分四级就应该相应地进行 24 倍、12 倍、6 倍和 3 倍。本系统通过锁相环来作倍频发生器。

锁相环倍频发生器框图如图 4-31 所示。该倍频发生器实质上是一个数字反馈系统，输出经 K 分频后反馈到输入端，其中输入基准频率 f_i 与反馈频率 f_i' 在相位比较器中进行相位比较，并在环路滤波器的输入端产生一个与相位差值成正比的模拟误差信号，放大的误差信号驱动一个压控振荡器，以产生一个期望的输出频率。如果输出波在相位（或频率）上趋于减退，则误差电压升高以校正输出。这样将使输入波和反馈波以微小的相位差锁定在一起，从而保证输出波频率必为输入波频率的 K 倍。改变分频器的分频倍率 K 值，即可改变倍频的倍率。分频倍率可变的分频器可由计数器和多路开关组成，而多路开关应受控于输入给定信号。

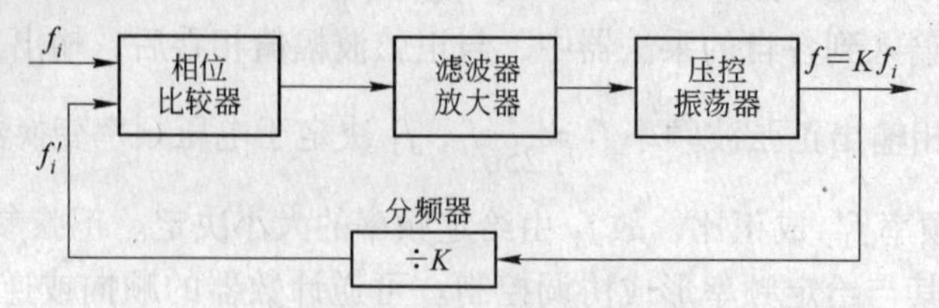

图 4-31　锁相环倍频发生器框图

4.3.3 SVPWM 逆变器控制系统

4.3.3.1 控制系统构成

图 4－32 所示为一种异步电动机开环控制的 SVPWM 逆变器控制系统。

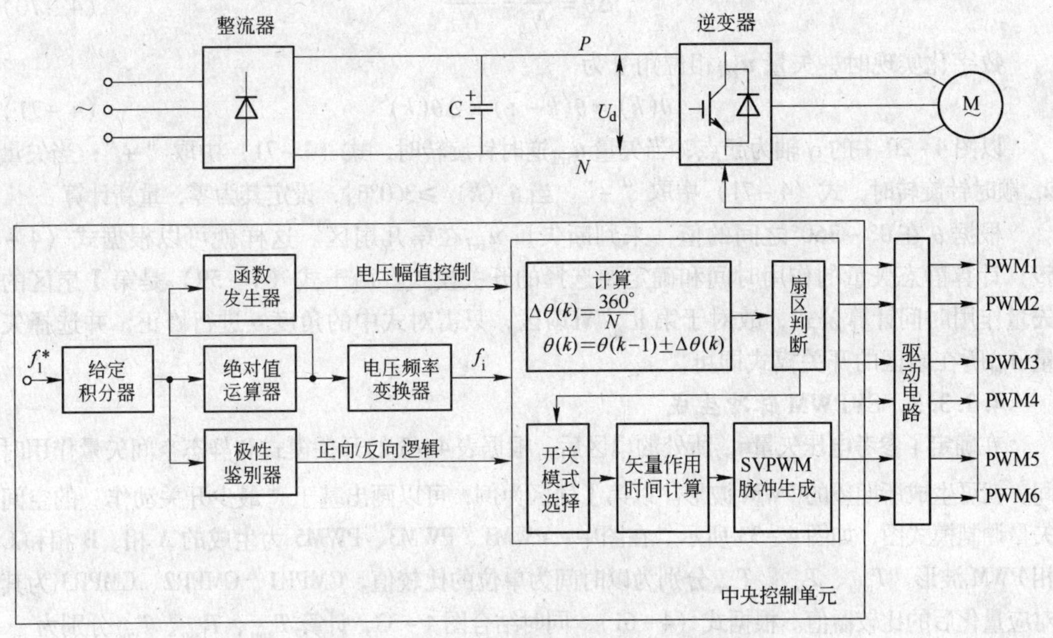

图 4－32　SVPWM 逆变器控制系统原理框图

系统的控制过程如下：

输出频率给定信号 f_1^* 首先要经过给定积分器，以限定输出频率的升降速率。给定积分器的输出为正时，通过控制三相输出相序，电动机正转，反之，当输出为负时，电动机反转。给定积分器输出信号的大小控制电动机转速的高低。输出频率和电压的控制，不论电动机正转或反转，都需要正的信号，所以要加一个绝对值运算器。绝对值运算器输出，一路经过函数发生器，用来实现在整个调频范围内进行输出电压和频率的协调控制和低频电压补偿，另一路经过电压频率变换器，形成频率与给定信号成正比的控制脉冲。根据给定频率，计算电压空间矢量相位，进行扇区判断，确定开关模式；然后计算矢量的作用时间，生成 SVPWM 波形；最后经过驱动电路，输出 PWM 脉冲，控制逆变器工作。

4.3.3.2 扇区判断

SVPWM 调制法运行时，首先要确定电压矢量 $\boldsymbol{u}_{ref}$ 所在的扇区位置，然后利用所在扇区的两相邻电压矢量和适当的零矢量来合成参考电压矢量。由于给定频率为 f_1^*，空间矢量旋转速度 $\omega=2\pi f_1^*$，则矢量 $\boldsymbol{u}_{ref}$ 相位角 θ 的变化量为 $\frac{d\theta}{dt}=\omega=2\pi f_1^*$。将其写成可实现形式为

$$\Delta\theta=2\pi f_1^*\,\Delta t \tag{4-68}$$

设 N 为载波比，则 N 也为矢量 $\boldsymbol{u}_{ref}$ 圆形轨迹在正弦波周期 $T_r=\frac{1}{f_1^*}$ 内的等分份数，则 $\Delta\theta$ 为矢量 $\boldsymbol{u}_{ref}$ 每等份的相位角变化量，Δt 为矢量 $\boldsymbol{u}_{ref}$ 走过每等份所用时间，所以有

$$\Delta t = \frac{T_r}{N} = \frac{1}{Nf_1^*} \tag{4-69}$$

将式（4-69）代入式（4-68）中，得矢量 $\boldsymbol{u}_{ref}$ 相位角 θ 的变化量为

$$\Delta\theta = \frac{2\pi}{N} = \frac{360°}{N} \tag{4-70}$$

数字化实现时，矢量 $\boldsymbol{u}_{ref}$ 相位角 θ 为

$$\theta(k) = \theta(k-1) \pm \Delta\theta(k) \tag{4-71}$$

以图4-20中的 α 轴为起点，当矢量 $\boldsymbol{u}_{ref}$ 逆时针旋转时，式（4-71）中取“+”；当矢量 $\boldsymbol{u}_{ref}$ 顺时针旋转时，式（4-71）中取“-”。当 $\theta(k) \geqslant 360°$ 时，设定其为零，重新计算。

根据 θ 在 $0°\sim360°$ 之间的值，来判断矢量 $\boldsymbol{u}_{ref}$ 在第几扇区。这样就可以根据式（4-59）计算静态矢量的作用时间和确定要选择的开关模式。由于式（4-59）是第Ⅰ扇区的矢量作用时间计算公式，故对于第Ⅱ~Ⅵ扇区，只需对式中的角度 θ 进行修正，并选择矢量 $\boldsymbol{u}_{ref}$ 所在扇区的开关模式即可。

4.3.3.3 SVPWM 脉冲生成

在确定了参考电压矢量 $\boldsymbol{u}_{ref}$ 所处的扇区后，根据表4-3的开关模式和静态空间矢量作用时间，就可生成所期望的PWM波形。以第Ⅰ扇区为例，可以画出基于“最少开关动作”的空间矢量调制模式图，如图4-33所示。在图中，PWM1、PWM3、PWM5为生成的A相、B相和C相PWM波形。T_{aon}、T_{bon}、T_{con} 分别为以时间为单位的比较值，CMPR1、CMPR2、CMPR3为其对应量化后的比较器值。根据式（4-61），同时结合图4-33，计算 T_{aon}、T_{bon}、T_{con} 分别为

$$\left.\begin{aligned} T_{aon} &= \frac{1}{4}(T_S - T_1 - T_2) \\ T_{bon} &= T_{aon} + \frac{1}{2}T_1 \\ T_{con} &= T_{bon} + \frac{1}{2}T_2 \end{aligned}\right\} \tag{4-72}$$

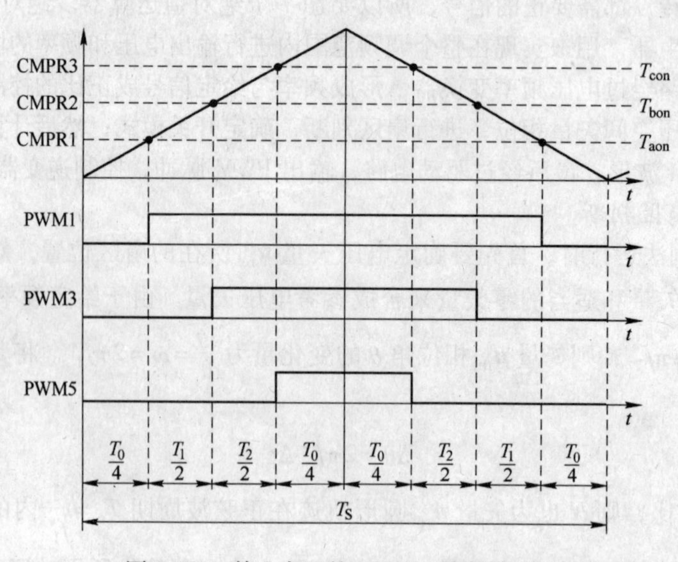

图4-33 第Ⅰ扇区的SVPWM调制模式图

在软件实现的控制程序中，参考波频率 f_r 由外部输入，假设微型计算机 DSP 的晶振为 150MHz，取系统时钟为 150MHz。设定 DSP 的事件管理器 EV 输入的是高速时钟（HSPCLK），把系统时钟二分频，即高速时钟为 75MHz。同时，设定逆变器控制系统的开关频率为 4.8kHz，当给定频率 $f_r=50\text{Hz}$ 时，则载波比为

$$N=\frac{f_c}{f_r}=\frac{4.8\times10^3}{50}=96 \tag{4-73}$$

已知定时器的计数周期都是 2×TxPR 个预定标输入时钟的周期，则每个三角波的计数值为

$$2\times\text{TxPR}=\frac{\text{EV 的时钟频率}}{\text{开关频率}}=\frac{\text{HSPCLK}}{Nf_r}=\frac{75\times10^6}{96\times50}=15625 \tag{4-74}$$

根据量化公式

$$\frac{\text{比较寄存器目标计数值}}{\text{每个三角波计数值}}=\frac{\text{比较寄存器目标值对应的时间}}{\text{三角波周期}} \tag{4-75}$$

式中，比较寄存器目标计数值为 CMPRx，三角波计数值为 2×TxPR，比较寄存器目标计数值对应的时间为 $T_{x\text{on}}$，三角波周期为 T_S。将其代入量化公式后，则可求出 $T_{x\text{on}}$ 所对应的计数值为

$$\text{CMPR}x=\frac{T_{x\text{on}}}{T_S}\times15625 \tag{4-76}$$

SVPWM 波形生成步骤如下：

（1）根据给定频率和开关频率，确定载波比 N，计算 $\Delta\theta(k)=\frac{360^\circ}{N}$，$\theta(k)=\theta(k-1)+\Delta\theta(k)$，判断参考电压空间矢量所处的扇区。

（2）根据给定频率和压频比协调控制原则，确定矢量 $\boldsymbol{u}_{\text{ref}}$ 的幅值，计算调制系数 M_{SVM}。

（3）根据式（4-61）计算主、辅矢量及零矢量的作用时间。

（4）确定量化后的三个比较寄存器 CMPR1、CMPR2、CMPR3，当 CMPRx 的值与通用定时器的计数器相匹配时，输出 PWM 波形。

4.4 三电平逆变器

4.4.1 三电平逆变器主电路结构

在低压小容量传动系统中，常采用两电平变频器。但对于高压大容量传动系统，因器件耐压问题和 du/dt 问题，则多采用多电平变频器。二极管中点箝位式三电平变频器（Neutral Point Clamped）就是一种常用的多电平变频器，简称为 NPC 三电平变频器。三电平变频器就是使用较低耐压的功率器件，无需器件串联，直接输出更高电压等级的变频器。三电平变频器的逆变器功率器件可采用 IGBT 或 GCT，其输出电压等级一般为 2.2kV、3.3kV、4.16kV 和 6kV。三电平变频器的整流器一般有多脉波整流器和 PWM 整流器两种，这里不予介绍，只描述三电平逆变器部分。

以高压 IGBT 为功率器件的 NPC 三电平逆变器主电路结构如图 4-34 所示，以 GCT

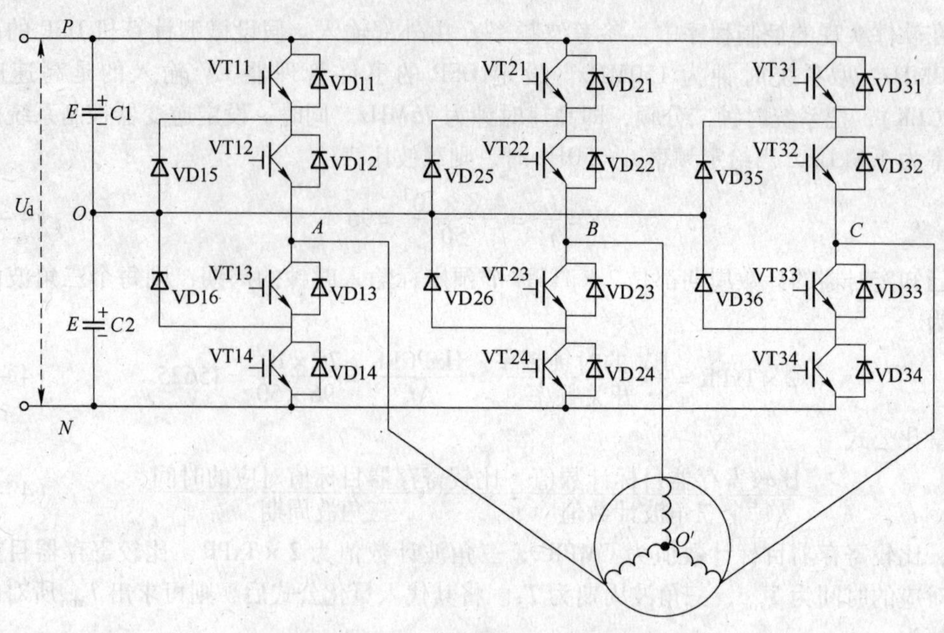

图 4－34 NPC 三电平 IGBT 逆变器主电路结构

为功率器件的 NPC 三电平逆变器主电路结构如图 4－35 所示。

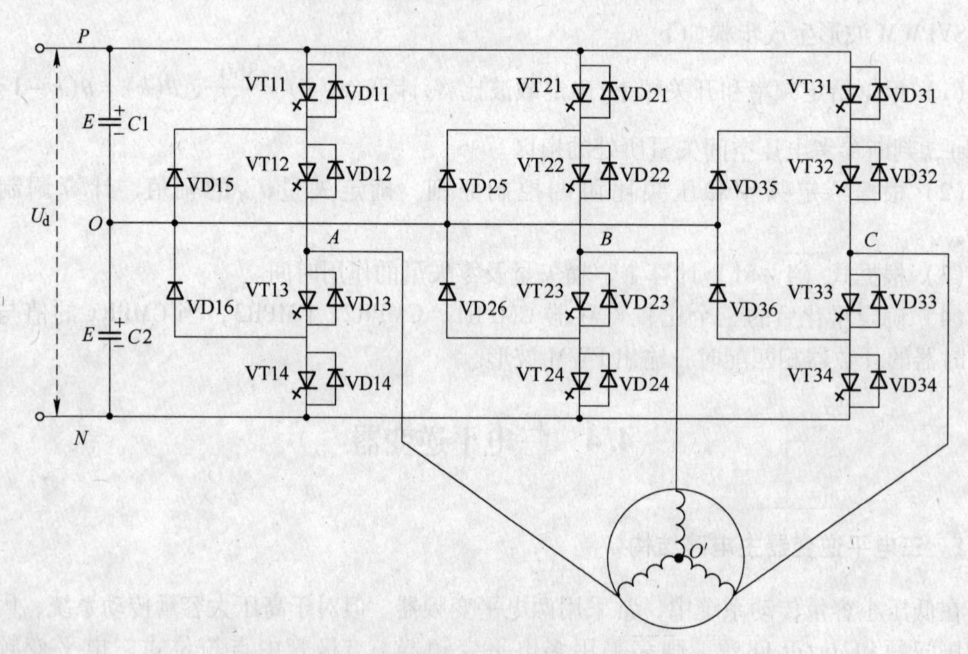

图 4－35 NPC 三电平 GCT 逆变器主电路结构

在图 4－34 和图 4－35 中，每相逆变桥由四个功率开关和它的反并联续流二极管及两个箝位二极管组成，三相桥臂共用了 12 个功率器件和 6 个箝位二极管，所有这些管子的耐压要求相同。VT11、VT12、VT13、VT14 为 A 相桥臂上的功率开关，VD11、VD12、VD13、VD14 为功率开关的反并联续流二极管，VD15 和 VD16 为连接到中点 O 的箝位二极管。VT21、VT22、VT23、VT24 为 B 相桥臂上的功率开关，VD21、VD22、VD23、

VD24 为功率开关的反并联续流二极管，VD25 和 VD26 为连接到中点 O 的箝位二极管。VT31、VT32、VT33、VT34 为 C 相桥臂上的功率开关，VD31、VD32、VD33、VD34 为功率开关的反并联续流二极管，VD35 和 VD36 为连接到中点 O 的箝位二极管。逆变器直流侧的两个直流电容给出了中点 O。以 A 相为例，当 VT12 和 VT13 导通时，逆变器输出端 A 通过其中一个箝位二极管连接到中点。每个直流电容上的电压为 E，通常为总直流电压 U_d 的一半，功率器件承受的耐压也为 U_d 的一半。

4.4.2 三电平逆变器工作原理

假设逆变器的输出负载采用星形连接，直流侧两个电容的参数相同，每组两个箝位二极管的中间点连接到直流侧两个电容的中间点（O）。

以图 4-34 中的 A 相为例，介绍 NPC 三电平逆变器工作原理。定义如下：

（1）当桥臂上端的两个功率开关 VT11 和 VT12 导通时，逆变器 A 端相对于中点 O 的相电压 u_{AO} 为 $+E$，开关状态定义为［P］状态。

（2）当桥臂下端的两个功率开关 VT13 和 VT14 导通时，逆变器 A 端相对于中点 O 的相电压 u_{AO} 为 $-E$，定义为［N］状态。

（3）当桥臂中间的两个功率开关 VT12 和 VT13 导通时，逆变器 A 端相对于中点 O 的相电压 u_{AO} 为 0，定义为［O］状态。

系统工作时，若采用脉宽调制技术（SPWM、SVPWM、SHEPWM）产生 PWM 驱动信号，则可形成图 4-36 所示的波形和开关状态。其中，$V_{g11} \sim V_{g14}$ 为功率开关驱动信号，V_{g11} 与 V_{g13} 互补，V_{g12} 与 V_{g14} 互补。由图中可以看出，u_{AO} 有三个电平：$+E$、0、$-E$，三电平逆变器由此得名。

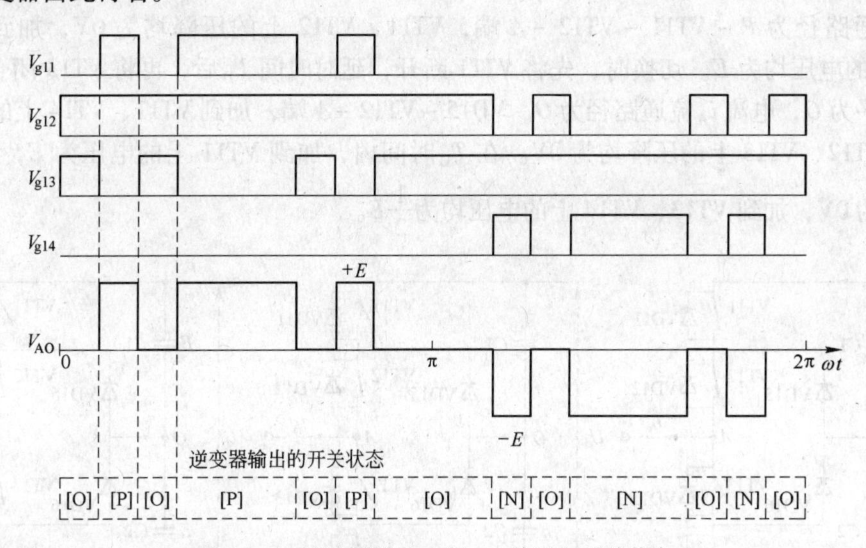

图 4-36 逆变器输出电压 u_{AO} 波形和开关状态

仿照图 4-36，可得到 NPC 三电平逆变器的三相输出相电压波形和线电压波形，如图 4-37 所示。线电压由 $u_{AB} = u_{AO} - u_{BO}$ 计算得到。由图中可以看出，线电压包括了五个电平：$+2E$、$+E$、0、$-E$、$-2E$。

NPC 三电平逆变器在工作时要完成开关状态的切换。开关状态切换分为［P］-［O］之间的状态相互切换和[O]-[N]之间的状态相互切换。虽然理论上存在[P]-[N]两个状态直接切换，但这实际上就相当于两电平的工作方式，因而很少使用。在切换过程中，一般互补的功率开关对 VT11 与 VT13、VT12 与 VT4 之间存在一小段互锁时间 T_D。下面以 A 相为例描述切换过程。

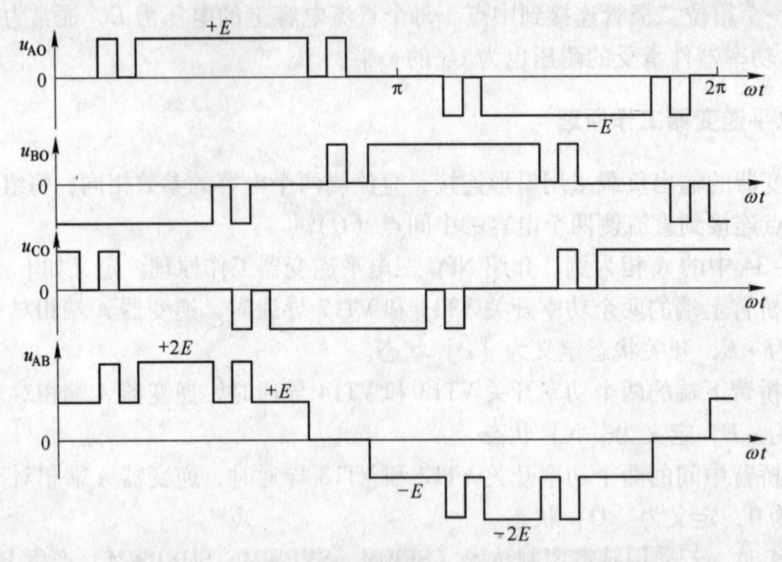

图 4-37　NPC 三电平逆变器输出相电压和线电压波形

（1）当 $i_A>0$（电流流出 A 点）时，状态[P]-[O]之间的切换过程如图 4-38 所示。

状态[P]向状态[O]的切换过程：切换前 VT11、VT12 导通，A 端输出电平为 P，电流 i_A 流通路径为 P-VT11-VT12-A 端，VT11、VT12 上的压降均为 0V，加到 VT13、VT14 上的电压均为 E。切换时，先将 VT11 断开，延时时间 T_D 后，再将 VT13 闭合，A 端输出电平为 O，电流 i_A 流通路径为 O-VD15-VT12-A 端，加到 VT11、VT14 上的电压均为 E，VT12、VT13 上的压降均为 0V。在 T_D 时间内，加到 VT11 上的电压为 E，VT12 上的压降为 0V，加到 VT13、VT14 上的电压均为 $\frac{1}{2}E$。

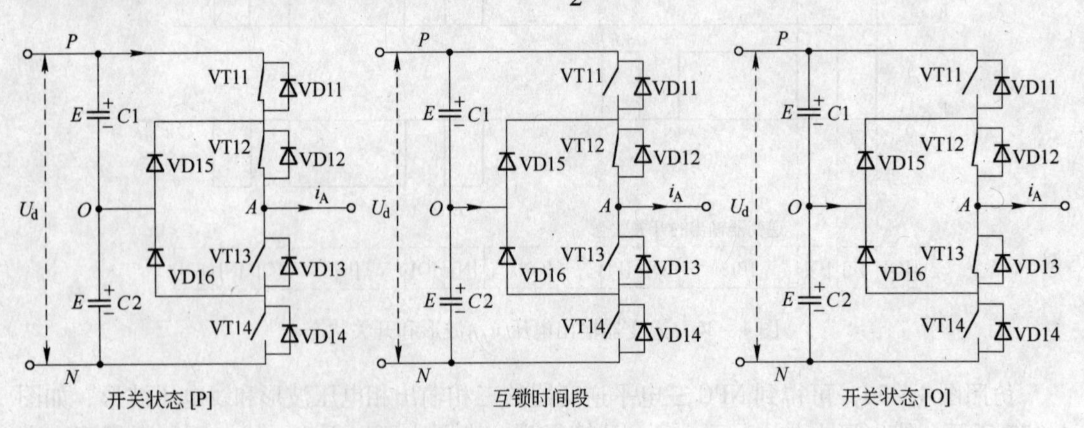

图 4-38　$i_A>0$ 时的[P]-[O]之间切换过程

状态[O]向状态[P]的切换过程与上述过程类似。

（2）当$i_A<0$（电流流入A点）时，状态[P] - [O]之间的切换过程如图4 - 39所示。

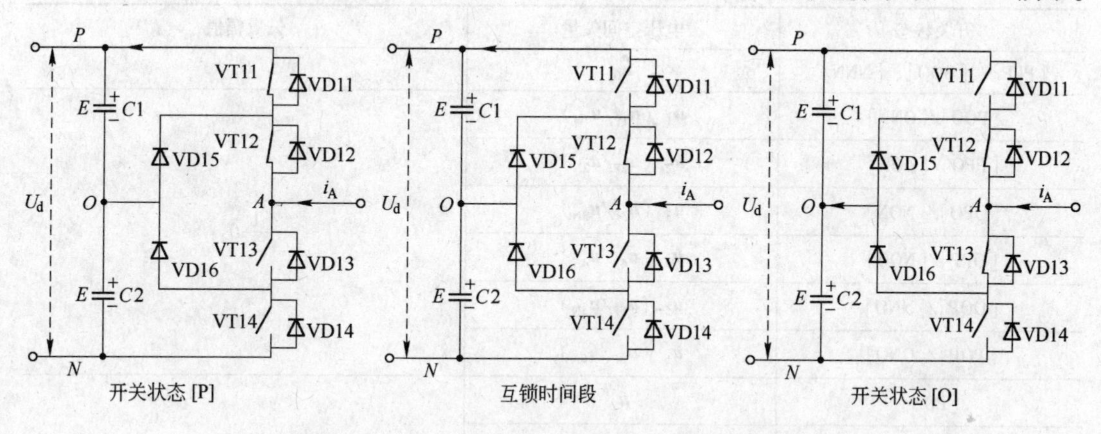

图4 - 39　$i_A<0$时的[P] - [O]之间切换过程

状态[P]向状态[O]的切换过程：状态切换前VT11、VT12导通，A端输出电平为P，电流i_A流通路径为A端 - VD12 - VD11 - P，VT11、VT12上的压降均为0V，加到VT13、VT14上的电压均为E。切换时，先将VT11断开，延时时间T_D后，再将VT13闭合，A端输出电平为O，电流i_A流通路径为A端 - VT13 - VD16 - O，加到VT11、VT14上的电压均为E，VT12、VT13上的压降均为0V。在T_D时间内，VT11、VT12上的压降均为0V，加到VT13、VT14上的电压均为E。

状态[O]向状态[P]的切换过程与上述过程类似。

按照同样切换步骤，可以进行状态[O] - [N]之间的切换。

从上面的切换过程可以看出，NPC三电平逆变器没有动态均压问题，并且线电压由五个电平组成，因此谐波畸变率和du/dt都很低。

4.4.3　三电平逆变器空间矢量调制

三电平逆变器中，每相桥臂有三种开关状态：[P]、[O]、[N]，这样三相桥臂共有$3^3=27$种开关状态，对应27个电压空间矢量，如表4 - 5所示。实际的电压空间矢量共有19个，其中一个为零矢量，还有一些重叠的电压空间矢量。

在表4 - 5中，电压空间矢量分为以下四种类型：

（1）零矢量$\boldsymbol{u}_0$：幅值为零。对应的开关状态为[PPP]、[OOO]、[NNN]。

（2）小矢量$\boldsymbol{u}_1\sim\boldsymbol{u}_6$：幅值为$\frac{1}{3}U_d$。每个小矢量又分为P型小矢量和N型小矢量。P型小矢量对应的开关状态为[P]，N型小矢量对应的开关状态为[N]。

（3）中矢量$\boldsymbol{u}_7\sim\boldsymbol{u}_{12}$：幅值为$\frac{\sqrt{3}}{3}U_d$。每个中矢量对应的开关状态为[P]、[O]、[N]的组合。

（4）大矢量$\boldsymbol{u}_{13}\sim\boldsymbol{u}_{18}$：幅值为$\frac{2}{3}U_d$。每个大矢量对应的开关状态为[P]、[N]的组合。

根据表4 - 5中的电压空间矢量，可画出一个外正六边形与一个内正六边形组合的电压空间矢量和扇区分布图，如图4 - 40所示。

表 4－5 27 个电压空间矢量和开关状态

开关状态	电压空间矢量	矢量幅值
[PPP]、[OOO]、[NNN]	$\boldsymbol{u}_0$	0
[POO]/[ONN]	$\boldsymbol{u}_1$ ($\boldsymbol{u}_{1P}/\boldsymbol{u}_{1N}$)	$\frac{1}{3}U_d$
[PPO]/[OON]	$\boldsymbol{u}_2$ ($\boldsymbol{u}_{2P}/\boldsymbol{u}_{2N}$)	
[OPO]/[NON]	$\boldsymbol{u}_3$ ($\boldsymbol{u}_{3P}/\boldsymbol{u}_{3N}$)	
[OPP]/[NOO]	$\boldsymbol{u}_4$ ($\boldsymbol{u}_{4P}/\boldsymbol{u}_{4N}$)	
[OOP]/[NNO]	$\boldsymbol{u}_5$ ($\boldsymbol{u}_{5P}/\boldsymbol{u}_{5N}$)	
[POP]/[ONO]	$\boldsymbol{u}_6$ ($\boldsymbol{u}_{6P}/\boldsymbol{u}_{6N}$)	
[PON]	$\boldsymbol{u}_7$	$\frac{\sqrt{3}}{3}U_d$
[OPN]	$\boldsymbol{u}_8$	
[NPO]	$\boldsymbol{u}_9$	
[NOP]	$\boldsymbol{u}_{10}$	
[ONP]	$\boldsymbol{u}_{11}$	
[PNO]	$\boldsymbol{u}_{12}$	
[PNN]	$\boldsymbol{u}_{13}$	$\frac{2}{3}U_d$
[PPN]	$\boldsymbol{u}_{14}$	
[NPN]	$\boldsymbol{u}_{15}$	
[NPP]	$\boldsymbol{u}_{16}$	
[NNP]	$\boldsymbol{u}_{17}$	
[PNP]	$\boldsymbol{u}_{18}$	

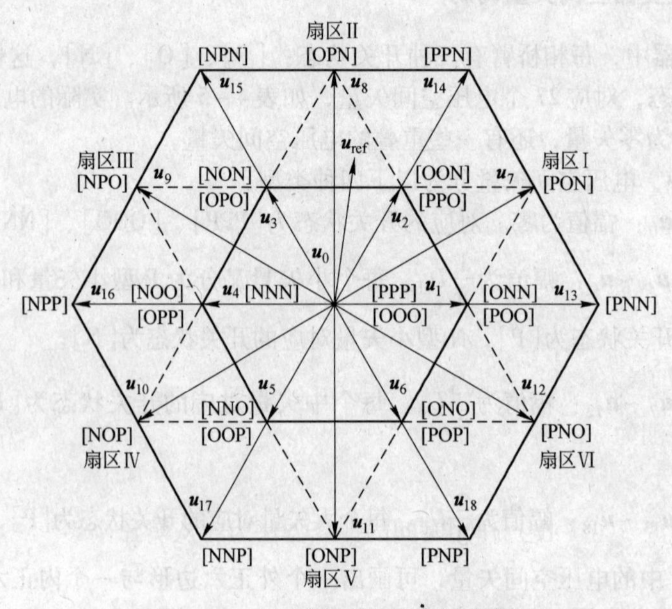

图 4－40 电压空间矢量和扇区分布图

为了进行电压空间矢量的调制，必须计算每个静态矢量作用时间。为此将图 4-40 中所示空间矢量图分为六个三角形扇区（Ⅰ~Ⅵ），每个扇区又可以进一步分为如图 4-41 所示的四个小三角区域（1~4）。与两电平逆变器类似，NPC 三电平逆变器的 SVPWM 算法也是基于磁链增量相等的原则：$\Delta\boldsymbol{\psi}_{\rm ref}=\Delta\boldsymbol{\psi}_1+\Delta\boldsymbol{\psi}_2+\Delta\boldsymbol{\psi}_7$，即在采样周期 $T_{\rm S}$ 时间内，给定矢量$\boldsymbol{u}_{\rm ref}$与采样周期 $T_{\rm S}$ 的乘积等于各静态电压空间矢量与其作用时间乘积的累加和。在图 4-41 中，当$\boldsymbol{u}_{\rm ref}$落入扇区Ⅰ的第 2 小区时，可由最近的三个静态矢量 $\boldsymbol{u}_1$、$\boldsymbol{u}_2$ 和$\boldsymbol{u}_7$ 合成，则有

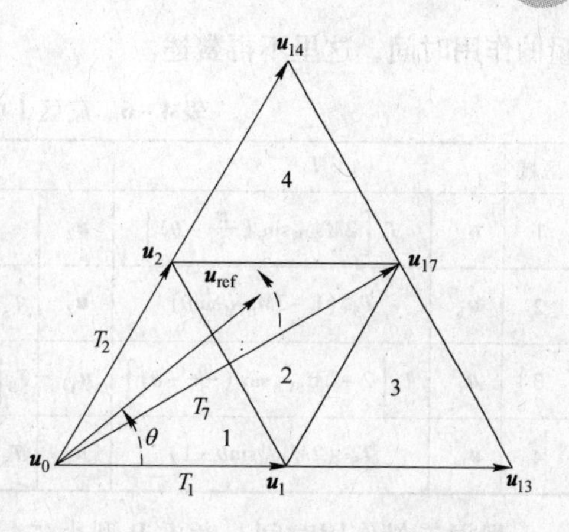

图 4-41 电压空间矢量及作用时间

$$\left.\begin{aligned}\boldsymbol{u}_1T_1+\boldsymbol{u}_2T_2+\boldsymbol{u}_7T_7&=\boldsymbol{u}_{\rm ref}T_{\rm S}\\T_1+T_2+T_7&=T_{\rm S}\end{aligned}\right\}\tag{4-77}$$

式中，T_1、T_2、T_7分别为静态矢量$\boldsymbol{u}_1$、$\boldsymbol{u}_2$ 和$\boldsymbol{u}_7$ 的作用时间。$\boldsymbol{u}_{\rm ref}$除了用最近的三个矢量合成外，也可以用其他空间矢量合成，但逆变器输出电压波形会受影响，所以一般不这样做。

图 4-41 中的电压空间矢量$\boldsymbol{u}_{\rm ref}$、$\boldsymbol{u}_1$、$\boldsymbol{u}_2$、$\boldsymbol{u}_7$ 可表示为

$$\left.\begin{aligned}\boldsymbol{u}_{\rm ref}&=U_{\rm ref}{\rm e}^{{\rm j}\theta}=U_{\rm ref}(\cos\theta+{\rm j}\sin\theta)\\\boldsymbol{u}_1&=\frac{1}{3}U_{\rm d}\\\boldsymbol{u}_2&=\frac{1}{3}U_{\rm d}{\rm e}^{{\rm j}\frac{\pi}{3}}=\frac{1}{3}U_{\rm d}\left(\cos\frac{\pi}{3}+{\rm j}\sin\frac{\pi}{3}\right)\\\boldsymbol{u}_7&=\frac{\sqrt{3}}{3}U_{\rm d}{\rm e}^{{\rm j}\frac{\pi}{6}}=\frac{\sqrt{3}}{3}U_{\rm d}\left(\cos\frac{\pi}{6}+{\rm j}\sin\frac{\pi}{6}\right)\end{aligned}\right\}\tag{4-78}$$

将式（4-78）代入式（4-77）中，按照方程两边实部和虚部分别相等的原则，可得矢量作用时间为

$$\left.\begin{aligned}T_1&=T_{\rm s}(1-2M_{\rm SVM}\sin\theta)\\T_2&=T_{\rm s}\left[1-2M_{\rm SVM}\sin\left(\frac{\pi}{3}-\theta\right)\right]\\T_7&=T_{\rm s}\left[2M_{\rm SVM}\sin\left(\frac{\pi}{3}+\theta\right)-1\right]\end{aligned}\right\}\tag{4-79}$$

式中，θ 的取值范围为$0\leqslant\theta<\frac{\pi}{3}$；$M_{\rm SVM}$为调制系数，其定义与式（4-60）相同。

给定矢量$\boldsymbol{u}_{\rm ref}$的最大幅值为图 4-40 中外六边形最大内切圆的半径，其值为 $U_{\rm rmax}=\frac{\sqrt{3}}{3}U_{\rm d}$。则 $M_{\rm SVM}$的取值范围为$0\leqslant M_{\rm SVM}\leqslant 1$。

按照上述方法，可得出$\boldsymbol{u}_{\rm ref}$在扇区Ⅰ中的电压空间矢量作用时间，如表 4-6 所示。

$\boldsymbol{u}_{\rm ref}$在其他扇区（Ⅱ~Ⅳ）作用时间的计算方法为：从实际位移角 θ 中减去一个$\frac{\pi}{3}$的倍数，使得结果处于$0\sim\frac{\pi}{3}$之间，然后应用表 4-6 中的计算公式，就可得出静态最近矢

量的作用时间，这里不再赘述。

表 4-6 扇区 I 中 u_{ref} 作用时间的计算公式

区域	T_1		T_2		T_7	
1	u_1	$T_S\left[2M_{SVM}\sin\left(\frac{\pi}{3}-\theta\right)\right]$	u_2	$T_S\ (2M_{SVM}\sin\theta)$	u_0	$T_S\left[1-2M_{SVM}\sin\left(\frac{\pi}{3}+\theta\right)\right]$
2	u_1	$T_S\ (1-2M_{SVM}\sin\theta)$	u_2	$T_S\left[1-2M_{SVM}\sin\left(\frac{\pi}{3}-\theta\right)\right]$	u_7	$T_S\left[2M_{SVM}\sin\left(\frac{\pi}{3}+\theta\right)-1\right]$
3	u_1	$T_S\left[2-2M_{SVM}\sin\left(\frac{\pi}{3}+\theta\right)\right]$	u_{13}	$T_S\left[2M_{SVM}\sin\left(\frac{\pi}{3}-\theta\right)-1\right]$	u_7	$T_S\ (2M_{SVM}\sin\theta)$
4	u_{14}	$T_S\ (2M_{SVM}\sin\theta-1)$	u_2	$T_S\left[2-2M_{SVM}\sin\left(\frac{\pi}{3}+\theta\right)\right]$	u_7	$T_S\left[2M_{SVM}\sin\left(\frac{\pi}{3}-\theta\right)\right]$

根据矢量作用时间，考虑 P 型小矢量和 N 型小矢量对中性点电压偏移的影响，可画出在扇区 I 中第 2 小区的 NPC 三电平逆变器输出电压 PWM 波形，如图 4-42 所示。

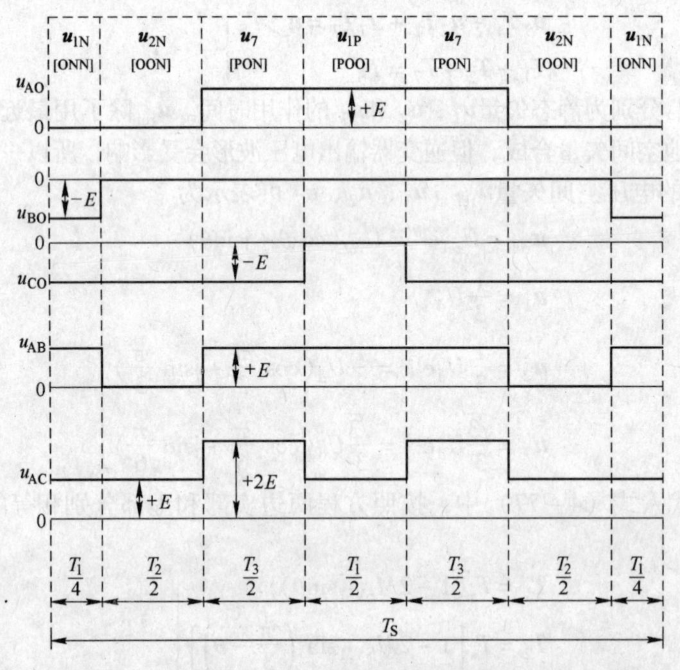

图 4-42 在扇区 I 第 2 小区的 7 段开关状态和 PWM 波形

从图 4-42 可以看出，在采样周期 T_S 时间内，应用了 P 型小矢量 $\boldsymbol{u}_{1P}$ 和 N 型小矢量 $\boldsymbol{u}_{1N}$、$\boldsymbol{u}_{2N}$，以及中矢量的 $\boldsymbol{u}_7$。逆变器输出 u_{AB} 的电平为 $+E$ 和 0，u_{AC} 的电平为 $+E$ 和 $+2E$。如果在多个采样周期内观察，u_{AB} 和 u_{AC} 就会出现如图 4-37 所示的五个电平波形。

4.5 小 结

电压型变频器是目前变频器的主流，也是先进电力电子器件的重要应用对象，对其进行详细阐述和讨论是完全必要的。本章所介绍的电压型变频调速系统为开环控制系统，主要以交流电动机为控制对象，通过调节电动机定子频率来调节电动机的转速。该系统以交流电动机稳态模型为基础，采用恒压频比控制，这就会导致低频时电动机输出转矩不足，故通常采取低频转矩补偿的方法。为了实现交流电动机的高性能控制，需要采用转速闭环的矢量控制系统，这将在后续章节中介绍。在电压型变频器中，脉宽调制（PWM）技术是主流的控制技术。本章重点强调了SPWM法、规则采样法、SVPWM法的工作原理及其具体实现；在此基础上，描述了PWM变频器的硬件电路和控制系统结构；最后，介绍了适于大功率电动机的三电平逆变器及其空间矢量调制模式。

习题与思考题

4-1 什么是单极性调制和双极性调制？

4-2 什么是异步调制和同步调制？

4-3 单相PWM逆变器怎样实现单极性调制和双极性调制？为什么三相桥式PWM逆变器通常采用双极性输出？

4-4 PWM逆变器采用异步式调制，控制比较简单，为何却多采用多级同步调制方式？

4-5 采用分级同步式PWM控制的交流调速系统，应根据什么确定载波比的切换点？

4-6 试分别绘出载波比$N=9$、调制系数$M=0.8$的单相单极性和双极性的SPWM的调制波形（包括V_c、V_r、V_{g1}和V_{g2}、V_{g3}和V_{g4}及逆变器输出的U_0、i_0波形）。

4-7 设电压源PWM逆变器的直流电源电压U_d恒定，采用同步调制方式，载波信号为峰值一定的三角波，参考信号为正弦波，试对逆变器输出电压进行谐波分析。

4-8 扩展PWM逆变器输出基波电压的线性控制范围，在脉宽调制方式上，可采取哪些措施？

4-9 采用消除谐波法消除5，7，11，13次四种谐波，试绘出其PWM波形，并列出求解各开关角α的方程式组。

4-10 SPWM调制波形应用计算机实现时，为何要使用规则采样法而不采用自然采样？有几种规则采样方法，各有何优缺点？

4-11 简述SVPWM的工作原理。根据什么原理来控制开关模式之间的切换？

4-12 SVPWM调制法中，共有几种电压空间矢量，零矢量的作用是什么？试画出电压空间矢量图，并描述参考矢量合成原理。

4-13 交流电动机交流调速时，应用SVPWM调制较SPWM调制有何优点？

4-14 绘出三相全桥式PWM逆变器主电路，并画出简化的控制电路原理框图。

4-15 设计一个用VFC、计数器、EPROM和ADC等组成的可变频双极性等腰三角波电路。

4-16 PWM交流调速系统由几大部分组成？试简述各部分的功能，并画出各部分的控制原理图和电路图。

4-17 简述中点箝位式三电平逆变器的工作原理。箝位二极管有何作用？

4-18 三电平逆变器中共有多少种电压空间矢量？试画出电压空间矢量图，并描述参考矢量合成原理。

4-19 三电平逆变器中各种电压空间矢量对中点电位的影响如何，应如何控制中点电位？

4-20 设计一个三相PWM电压型变频器系统。设计要求如下：

电机参数：Y系列电机，型号Y100，电机级数为4级，额定功率$P_N=5.5\text{kW}$，额定电流$I_N=11.6\text{A}$，额定相电压$U_N=220\text{V}$，电机额定效率$\eta_N=85.5\%$，额定频率$f_N=50\text{Hz}$，额定速度$n=1440\text{r/min}$。

变频器参数：整流器采用二极管，电压过载倍数为$K_1=2$，电流过载倍数为$K_2=2$，整流器进线电抗器压降为5%；逆变器采用IGBT，电压过载倍数为$K_3=2$，电流安全系数$K_4=3$，电机电流过载倍数为$K_5=1.5$，过载时间1min。最低输出频率1Hz。

5 异步电动机矢量控制系统

【内容提要】本章根据交流电动机的基本原理，建立了交流异步电动机的磁链方程、电压方程和转矩方程。针对交流异步电动机动态数学模型复杂和非线性的特点，通过引入空间矢量方法，分别在两相静止坐标系下和两相旋转坐标系下建立了交流异步电动机动态数学模型。通过坐标变换，以电流为例，分别得到了3相/2相变换矩阵和2相/2相变换矩阵，以及其反变换矩阵。以此为基础，仿照直流电动机调速系统，建立了异步电动机矢量控制系统。

前面章节所介绍的异步电动机 U/f 等于恒定值的变频调速系统，其结构都比较简单，虽然已基本上能够满足某些生产机械变速传动的要求，但静、动态性能还不能令人十分满意。这些控制系统都是依据异步电动机稳态下的等值电路和转矩公式得出维持恒磁通的结论，但磁通在动态下是否变化则没有考虑。另外，这些控制系统都采用了标量控制方法，即仅控制电动机的电压或电流的幅值而不控制其相位。实际上在动态过程中，如果电动机的电压或电流的相位不能得到及时的控制，必将延缓动态转矩的变化。所以这些控制方案不可能具有优良的动态性能。由此可见，要设计出具有优良静、动态性能的异步电动机调速系统，必须首先建立异步电动机的动态数学模型，然后通过空间矢量和坐标变换，将异步电动机等效变换成旋转的他励直流电动机，再通过矢量控制，分别控制电机的转矩和磁场，从而完成异步电动机的高性能控制。

5.1 异步电动机在 *ABC* 坐标系下的动态数学模型

三相异步电动机的 *ABC* 坐标系如图 5-1 所示，其在 *ABC* 坐标系下的动态数学模型包括磁链方程式、电压方程式和转矩方程式。为了便于分析，在建立交流异步电动机动态数

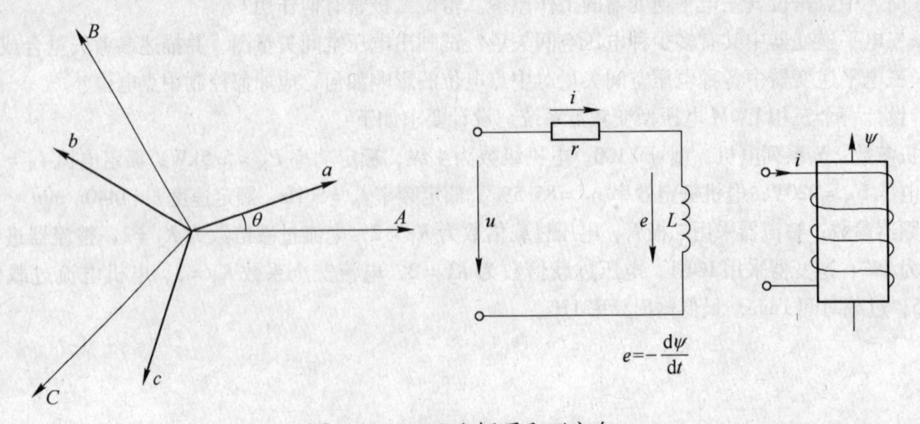

图 5-1 *ABC* 坐标系和正方向

学模型时，通常作如下的假定：

（1）三相定子绕组 A、B、C 及三相转子绕组 a、b、c 在空间对称分布，各相电流产生的磁势在气隙中呈正弦分布。

（2）无论笼型转子还是绕线转子，都被等效成三相绕线转子。

（3）不计磁路饱和及铁芯损耗的影响。

（4）不计温度和频率变化对电动机参数的影响。

（5）规定各绕组的电压、电流和磁链的正方向符合右手螺旋定则和电动机惯例。

设三相异步电动机定子和转子各有一个等效的整距、集中线圈 1 和 2，它们产生的基波磁势分别与实际定、转子一相绕组产生的基波磁势相等。因此它们的有效匝数分别为

$$\left.\begin{aligned} N_1 &= \frac{2}{\pi}\frac{W_1 k_{W1}}{p} \\ N_2 &= \frac{2}{\pi}\frac{W_2 k_{W2}}{p} \end{aligned}\right\} \tag{5-1}$$

式中　W_1，W_2——定、转子绕组每相串联匝数；

k_{W1}，k_{W2}——定、转子绕组的基波绕组系数；

p——电动机的极对数。

下面分别介绍异步电动机的磁链方程、电压方程和转矩方程。

5.1.1 磁链方程式

5.1.1.1 两线圈的主磁链

磁链是磁通链（Magnetic Flux Linkage）的简写，是导电线圈或电流回路所链环的磁通量，符号记为 ψ。磁链等于导电线圈匝数 N 与穿过该线圈各匝的平均磁通量 Φ 的乘积，故又称磁通匝，如式（5－2）所示。

$$\psi = N\Phi \tag{5-2}$$

在国际单位制中，磁链的单位是韦〔伯〕（Wb）。

根据法拉第电磁感应定律，当磁通随时间变化时，在线圈中将产生感应电动势。该电动势等于磁链随时间变化率的负值，如式（5－3）所示。

$$e = -\frac{d\psi}{dt} \tag{5-3}$$

式中，电动势 e 与磁链 ψ 的方向选取符合右手螺旋定则。

磁链与建立磁通的电流有关。设交流电动机转子不转，定子线圈 1 的轴线与转子线圈 2 的轴线重合。当定子线圈 1 通入电流 i_1 时，线圈 1 中产生的基波磁势幅值为 $F_1 = N_1 i_1$，因气隙均匀（δ = 常数）并忽略铁芯损耗，则该磁势产生的气隙磁密也是正弦波，幅值为

$$B_{1m} = \mu_0 \frac{N_1 i_1}{\delta} \tag{5-4}$$

设 l 是导体长度，r 是气隙平均半径，μ_0 是空气磁导率，p 是极对数，$\tau = \frac{2\pi r}{2p}$是极距，则由于气隙磁密波形为正弦，线圈 1 产生的每极平均磁通为

$$\Phi_1 = \frac{2}{\pi}B_{1\mathrm{m}}\tau l = \frac{2\mu_0 rl}{p\delta}N_1 i_1 = \Lambda_\mathrm{m} N_1 i_1 = \Lambda_\mathrm{m} F_1 \tag{5-5}$$

式中，$\Lambda_\mathrm{m} = \dfrac{2\mu_0 rl}{p\delta}$为气隙磁导。当不计铁芯磁阻时，气隙磁导 Λ_m 是一个常数。

根据式（5-2），磁通 Φ_1 与线圈 2 交链的磁链 ψ_{21} 为

$$\psi_{21} = N_2\Phi_1 = (N_2\Lambda_\mathrm{m}N_1)i_1 = L_{21}i_1 \tag{5-6}$$

式中 L_{21}——1、2 两线圈轴线重合时的主互感。

同理，当两线圈轴线重合时，若线圈 2 中通电流 i_2，则在线圈 1 中产生的磁链为

$$\psi_{12} = N_1\Phi_2 = (N_1\Lambda_\mathrm{m}N_2)i_2 = L_{12}i_2 \tag{5-7}$$

由于磁路对称，不计磁路饱和时，$L_{12} = L_{21}$，为常数。

在实际系统中，电动机的转子是旋转的，所以转子线圈 2 的轴线与定子线圈 1 的轴线间的夹角将随转子的转角 θ 而变化。这时两线圈的磁链也将随 θ 角而变化。由于线圈的电感是单位电流的磁链，所以两线圈之间的主互感也随 θ 角变化。现讨论两线圈轴线夹角为任意值 θ 时，线圈的磁链及主互感。

如图 5-2 所示，当定子线圈 1 通入电流 i_1 时，线圈 1 中产生的基波磁势幅值为 $F_1 = N_1 i_1$，且磁势幅值位于线圈 1 的轴线上。把这个正弦波磁势以转子线圈 2 的轴线为参考分解为 $F_1\sin\theta$ 和 $F_1\cos\theta$。$F_1\sin\theta$ 与转子线圈 2 的轴线垂直，不产生作用。$F_1\cos\theta$ 在转子线圈 2 的轴线上，产生的作用与定、转子轴线重合时 F_1 的作用相同，二者是等效的。因此线圈 2 的磁链 ψ_{21} 可表示为

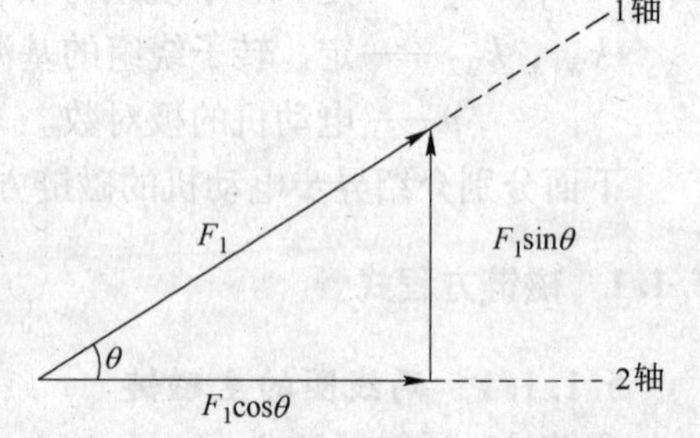

图 5-2 磁势的分解及主磁链

$$\psi_{21} = N_2\Phi_1 = N_2\Lambda_\mathrm{m}F_1\cos\theta = (N_2\Lambda_\mathrm{m}N_1\cos\theta)i_1 = (L_{21}\cos\theta)i_1 \tag{5-8}$$

即主互感为两线圈轴夹角 θ 的函数，它等于两线圈轴线重合时的主互感 L_{21} 乘以两轴线夹角 θ（电角度）的余弦。

上述关系虽然是以定子和转子两个线圈为例得出的，但对异步电动机定子 A、B、C 和转子 a、b、c 共六个等效的整距集中线圈中的任何两个线圈都适用，只要取 θ 为该两线圈轴线的夹角即可。

5.1.1.2 定、转子的漏磁链

不论是定子绕组还是转子绕组，它们的漏磁链皆由自身的磁势产生，并链于自身。设漏磁路的磁导为 Λ_σ，则漏磁链为

$$\psi_l = N\Phi_l = N\Lambda_\sigma F = N\Lambda_\sigma Ni = L_l i \tag{5-9}$$

式中，$L_l = N^2\Lambda_\sigma$ 为线圈的漏感。

5.1.1.3 定子三相绕组的磁链

定子 A 相绕组总磁链 ψ_A 由三种磁链组成：

（1）漏磁链 $\psi_{\mathrm{A}l}$；

（2）由定子三相电流产生的主磁链 ψ_AA、ψ_AB、ψ_AC；

（3）由转子三相电流产生的主磁链 ψ_Aa、ψ_Ab、ψ_Ac。

则有

$$\psi_A = \psi_{Al} + (\psi_{AA} + \psi_{AB} + \psi_{AC}) + (\psi_{Aa} + \psi_{Ab} + \psi_{Ac}) \tag{5-10}$$

根据图5-1所示绕组轴线关系及式（5-8），可得

$$\begin{aligned}\psi_A =& N_1\Lambda_{1\sigma}N_1 i_A + (N_1\Lambda_m N_1 i_A\cos 0° + N_1\Lambda_m N_1 i_B\cos 120° + N_1\Lambda_m N_1 i_C\cos 240°) + \\ & [N_1\Lambda_m N_2 i_a\cos\theta + N_1\Lambda_m N_2 i_b\cos(\theta+120°) + N_1\Lambda_m N_2 i_c\cos(\theta+240°)] \\ =& L_{sl}i_A + L_{ss}(i_A - \frac{1}{2}i_B - \frac{1}{2}i_C) + L_{sr}[i_a\cos\theta + i_b\cos(\theta+120°) + i_c\cos(\theta+240°)]\end{aligned} \tag{5-11}$$

$$\psi_B = L_{sl}i_B + L_{ss}(-\frac{1}{2}i_A + i_B - \frac{1}{2}i_C) + L_{sr}[i_a\cos(\theta+240°) + i_b\cos\theta + i_c\cos(\theta+120°)] \tag{5-12}$$

$$\psi_C = L_{sl}i_C + L_{ss}(-\frac{1}{2}i_A - \frac{1}{2}i_B + i_C) + L_{sr}[i_a\cos(\theta+120°) + i_b\cos(\theta+240°) + i_c\cos\theta] \tag{5-13}$$

式中，$L_{sl} = N_1^2\Lambda_\sigma$ 为定子绕组的漏感；$L_{ss} = N_1^2\Lambda_m$ 为定子绕组间的主自感；$L_{sr} = L_{rs} = N_1N_2\Lambda_m$ 为定、转子绕组间的主互感。

式（5-11）~式（5-13）就是三相绕组对称、气隙均匀时，定子绕组磁链的基本方程式。

5.1.1.4 转子三相绕组的磁链

和定子绕组一样，按图5-1所示的绕组轴线关系和式（5-8），可得

$$\begin{aligned}\psi_a =& \psi_{al} + (\psi_{aa} + \psi_{ab} + \psi_{ac}) + (\psi_{aA} + \psi_{aB} + \psi_{aC}) \\ =& N_2\Lambda_{2\sigma}N_2 i_a + (N_2\Lambda_m N_2 i_a\cos 0° + N_2\Lambda_m N_2 i_b\cos 120° + N_2\Lambda_m N_2 i_c\cos 240°) + \\ & [N_2\Lambda_m N_1 i_A\cos\theta + N_2\Lambda_m N_1 i_B\cos(\theta+240°) + N_2\Lambda_m N_1 i_C\cos(\theta+120°)] \\ =& L_{rl}i_a + L_{rr}(i_a - \frac{1}{2}i_b - \frac{1}{2}i_c) + L_{rs}[i_A\cos\theta + i_B\cos(\theta+240°) + i_C\cos(\theta+120°)]\end{aligned} \tag{5-14}$$

$$\psi_b = L_{rl}i_b + L_{rr}(-\frac{1}{2}i_a + i_b - \frac{1}{2}i_c) + L_{rs}[i_A\cos(\theta+120°) + i_B\cos\theta + i_C\cos(\theta+240°)] \tag{5-15}$$

$$\psi_c = L_{rl}i_c + L_{rr}(-\frac{1}{2}i_a - \frac{1}{2}i_b + i_c) + L_{rs}[i_A\cos(\theta+240°) + i_B\cos(\theta+120°) + i_C\cos\theta] \tag{5-16}$$

式中，$L_{rl} = N_2^2\Lambda_\sigma$ 为转子绕组的漏感；$L_{rr} = N_2^2\Lambda_m$ 为转子绕组间的主自感；$L_{sr} = L_{rs} = N_1N_2\Lambda_m$ 为定、转子绕组间的主互感。

式（5-15）和式（5-16）是三相绕组对称、气隙均匀时，转子绕组磁链的基本方程式。

5.1.1.5 三相异步电动机磁链的矩阵方程式

把式（5-11）和式（5-16）六个磁链方程式合起来写成矩阵形式，可得

$$\begin{bmatrix}\psi_A\\ \psi_B\\ \psi_C\\ \psi_a\\ \psi_b\\ \psi_c\end{bmatrix} = \begin{bmatrix} L_{sl}+L_{ss} & -\frac{1}{2}L_{ss} & -\frac{1}{2}L_{ss} & L_{sr}\cos\theta & L_{sr}\cos(\theta+120°) & L_{sr}\cos(\theta+240°) \\ -\frac{1}{2}L_{ss} & L_{sl}+L_{ss} & -\frac{1}{2}L_{ss} & L_{sr}\cos(\theta+240°) & L_{sr}\cos\theta & L_{sr}\cos(\theta+120°) \\ -\frac{1}{2}L_{ss} & -\frac{1}{2}L_{ss} & L_{sl}+L_{ss} & L_{sr}\cos(\theta+120°) & L_{sr}\cos(\theta+240°) & L_{sr}\cos\theta \\ L_{sr}\cos\theta & L_{sr}\cos(\theta+240°) & L_{sr}\cos(\theta+120°) & L_{rl}+L_{rr} & -\frac{1}{2}L_{rr} & -\frac{1}{2}L_{rr} \\ L_{sr}\cos(\theta+120°) & L_{sr}\cos\theta & L_{sr}\cos(\theta+240°) & -\frac{1}{2}L_{rr} & L_{rl}+L_{rr} & -\frac{1}{2}L_{rr} \\ L_{sr}\cos(\theta+240°) & L_{sr}\cos(\theta+120°) & L_{sr}\cos\theta & -\frac{1}{2}L_{rr} & -\frac{1}{2}L_{rr} & L_{rl}+L_{rr} \end{bmatrix} \begin{bmatrix}i_A\\ i_B\\ i_C\\ i_a\\ i_b\\ i_c\end{bmatrix} \tag{5-17}$$

将式（5－17）写成简单形式为

$$\boldsymbol{\psi}=\boldsymbol{L}\boldsymbol{i} \tag{5-18}$$

由式（5－18）可以看出，电动机的磁链等于电感乘以电流。由于上述矩阵中含有转子转角 θ，所以该矩阵是时变矩阵。

5.1.2 电压方程式

对于三相定子绕组，其电压方程式为

$$\left.\begin{aligned}u_{\mathrm{A}}&=R_{\mathrm{s}}i_{\mathrm{A}}+\frac{\mathrm{d}\psi_{\mathrm{A}}}{\mathrm{d}t}\\u_{\mathrm{B}}&=R_{\mathrm{s}}i_{\mathrm{B}}+\frac{\mathrm{d}\psi_{\mathrm{B}}}{\mathrm{d}t}\\u_{\mathrm{C}}&=R_{\mathrm{s}}i_{\mathrm{C}}+\frac{\mathrm{d}\psi_{\mathrm{C}}}{\mathrm{d}t}\end{aligned}\right\} \tag{5-19}$$

同理，三相转子绕组的电压方程式为

$$\left.\begin{aligned}u_{\mathrm{a}}&=R_{\mathrm{r}}i_{\mathrm{a}}+\frac{\mathrm{d}\psi_{\mathrm{a}}}{\mathrm{d}t}\\u_{\mathrm{b}}&=R_{\mathrm{r}}i_{\mathrm{b}}+\frac{\mathrm{d}\psi_{\mathrm{b}}}{\mathrm{d}t}\\u_{\mathrm{c}}&=R_{\mathrm{r}}i_{\mathrm{c}}+\frac{\mathrm{d}\psi_{\mathrm{c}}}{\mathrm{d}t}\end{aligned}\right\} \tag{5-20}$$

将以上二式写成矩阵形式，并用微分算子 $P=\frac{\mathrm{d}}{\mathrm{d}t}$代替微分运算符号，则有

$$\begin{bmatrix}u_{\mathrm{A}}\\u_{\mathrm{B}}\\u_{\mathrm{C}}\\u_{\mathrm{a}}\\u_{\mathrm{b}}\\u_{\mathrm{c}}\end{bmatrix}=\begin{bmatrix}R_{\mathrm{s}}&0&0&0&0&0\\0&R_{\mathrm{s}}&0&0&0&0\\0&0&R_{\mathrm{s}}&0&0&0\\0&0&0&R_{\mathrm{r}}&0&0\\0&0&0&0&R_{\mathrm{r}}&0\\0&0&0&0&0&R_{\mathrm{r}}\end{bmatrix}\begin{bmatrix}i_{\mathrm{A}}\\i_{\mathrm{B}}\\i_{\mathrm{C}}\\i_{\mathrm{a}}\\i_{\mathrm{b}}\\i_{\mathrm{c}}\end{bmatrix}+P\begin{bmatrix}\psi_{\mathrm{A}}\\\psi_{\mathrm{B}}\\\psi_{\mathrm{C}}\\\psi_{\mathrm{a}}\\\psi_{\mathrm{b}}\\\psi_{\mathrm{c}}\end{bmatrix} \tag{5-21}$$

在以上各式中，R_{s} 为定子绕组电阻，R_{r} 为转子绕组电阻。

式（5－21）还可写成简单形式为

$$\boldsymbol{U}=\boldsymbol{R}\boldsymbol{i}+\boldsymbol{P}\boldsymbol{\psi} \tag{5-22}$$

把式（5－18）代入式（5－22），经求导运算得

$$\boldsymbol{U}=\boldsymbol{R}\boldsymbol{i}+\boldsymbol{L}\boldsymbol{P}\boldsymbol{i}+\omega\frac{\partial\boldsymbol{L}}{\partial\theta}\boldsymbol{i} \tag{5-23}$$

式中，$\boldsymbol{L}$ 为电感矩阵；$\boldsymbol{R}$ 为电阻矩阵；$\omega=\frac{\mathrm{d}\theta}{\mathrm{d}t}$为转子角速度。

式（5－23）等号右边第一项 $\boldsymbol{Ri}$ 为绕组电阻压降矩阵；第二项 $\boldsymbol{LPi}$ 是由电流变化引起的变压器电势矩阵；第三项 $\omega\frac{\partial\boldsymbol{L}}{\partial\theta}\boldsymbol{i}$ 是运动电势矩阵，或称旋转电势矩阵，它是由于转子旋转而产生的。

5.1.3 转矩方程式

5.1.3.1 电磁转矩方程式

用瞬时值表达的异步电动机电磁转矩公式可以根据能量平衡方程式导出。

A 能量平衡方程式

三相电动机的定子 A 相绕组和转子 a 相绕组的电路示意图如图 5-3 所示。设在某段时间内扣除电阻损耗而输入到各绕组的净电能为 W_e，这段时间内磁场能量增加了 W_M，输出的有效机械能量与机械损耗的能量之和为 W_{mec}。如果不计铁损耗，则由能量守恒定律可得

$$W_e = W_M + W_{mec} \tag{5-24}$$

将式（5-24）写成微分形式，即在 dt 时间内有

$$dW_e = dW_M + dW_{mec} \tag{5-25}$$

下面对这三个微增量进行分析，以求出电磁转矩公式。

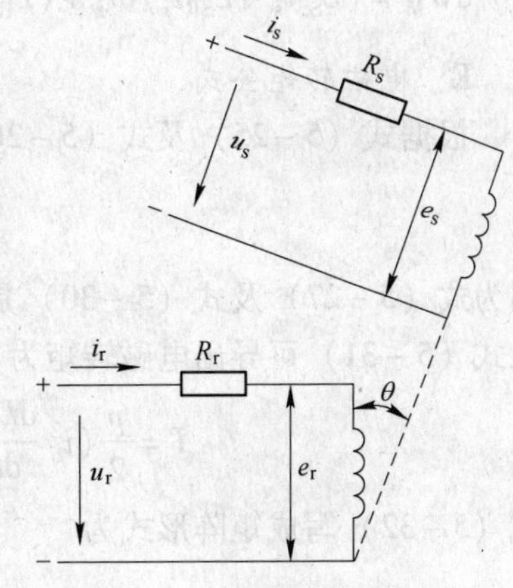

图 5-3 三相电动机定、转子电路示意图

B 机械能增量

设 T 为电动机输出的电磁转矩，p 为极对数，则有

$$dW_{mec} = T\frac{d\theta}{p} \tag{5-26}$$

C 电能增量

为了便于分析，设定子电感 $L_{SS} = L_{sl} + L_{ss}$；转子电感 $L_{RR} = L_{rl} + L_{rr}$；定、转子绕组之间的互感 $L_{SR}(\theta) = L_{sr}\cos\theta$，$L_{RS}(\theta) = L_{rs}\cos\theta$。不计铁芯饱和，$L_{sl}$、$L_{rl}$、$L_{ss}$、$L_{rr}$ 均为常数，且 $L_{sr} = L_{rs}$。根据图 5-3，净电能的增量为

$$\begin{aligned} dW_e &= [i_s(u_s - i_sR_s) + i_r(u_r - i_rR_r)]dt \\ &= (-i_se_s - i_re_r)dt = i_sd\psi_s + i_rd\psi_r \\ &= i_sd(L_{SS}i_s + L_{SR}i_r) + i_rd(L_{RR}i_r + L_{RS}i_s) \\ &= (L_{SS}i_s + L_{SR}i_r)di_s + (L_{RS}i_s + L_{RR}i_r)di_r + 2i_si_rdL_{SR} + i_s^2dL_{SS} + i_r^2dL_{RR} \end{aligned} \tag{5-27}$$

D 磁能增量

如果电动机转子不转动，即角位移 θ 为某一常数值，则 $d\theta = 0$，各电感的增量 $dL(\theta) = 0$，此时机械增量为零。那么 dt 时间内输入的净电能增量全都转变为磁场储能的增量，即 $dW_M = dW_e$。因此按式（5-27）可得磁能增量为

$$dW_M = L_{SS}i_sdi_s + L_{SR}d(i_si_r) + L_{RR}i_rdi_r \tag{5-28}$$

将式（5-28）积分得磁场储能为

$$W_M = \frac{1}{2}L_{SS}i_s^2 + L_{SR}i_si_r + \frac{1}{2}L_{RR}i_r^2 \tag{5-29}$$

式（5-29）虽然是在转子不动时导出的，但在转子转动时仍然成立。这是因为磁场能是状态函数，它只与瞬时电流和角位移所具有的数值有关。如果电动机在转动中某一时刻的电流 i 及角位移 θ 与转子静止时的某一时刻具有相同的数值，则这两种情况下的磁能是相等的。

如果转子转动，$\mathrm{d}\theta$ 和各电感的增量 $\mathrm{d}L(\theta)$ 均不为零，则磁场储能会因电流及角位移发生变化而变化。设在 $\mathrm{d}t$ 时间内电流变化了 $\mathrm{d}i_s$ 及 $\mathrm{d}i_r$，角位移变化了 $\mathrm{d}\theta$，则由式（5－29），磁场储能的增量为

$$\mathrm{d}W_M=(L_{SS}i_s+L_{SR}i_r)\mathrm{d}i_s+(L_{RR}i_r+L_{RS}i_s)\mathrm{d}i_r+i_si_r\mathrm{d}L_{SR}+\frac{1}{2}i_s^2\mathrm{d}L_{SS}+\frac{1}{2}i_r^2\mathrm{d}L_{RR} \tag{5-30}$$

E　电磁转矩公式

根据式（5－25）及式（5－26）有

$$\frac{T}{p}\mathrm{d}\theta=\mathrm{d}W_e-\mathrm{d}W_M \tag{5-31}$$

因为式（5－27）及式（5－30）是 θ 可变（转子转动）时的 $\mathrm{d}W_e$ 及 $\mathrm{d}W_M$，所以把它们代入式（5－31）可导出电磁转矩为

$$T=\frac{p}{2}\left(i_s^2\frac{\mathrm{d}L_{SS}}{\mathrm{d}\theta}+i_si_r\frac{\mathrm{d}L_{SR}}{\mathrm{d}\theta}+i_ri_s\frac{\mathrm{d}L_{RS}}{\mathrm{d}\theta}+i_r^2\frac{\mathrm{d}L_{RR}}{\mathrm{d}\theta}\right) \tag{5-32}$$

式（5－32）写成矩阵形式为

$$T=\frac{p}{2}\begin{bmatrix}i_s & i_r\end{bmatrix}\begin{bmatrix}\dfrac{\mathrm{d}L_{SS}}{\mathrm{d}\theta} & \dfrac{\mathrm{d}L_{SR}}{\mathrm{d}\theta}\\ \dfrac{\mathrm{d}L_{RS}}{\mathrm{d}\theta} & \dfrac{\mathrm{d}L_{RR}}{\mathrm{d}\theta}\end{bmatrix}\begin{bmatrix}i_s\\ i_r\end{bmatrix} \tag{5-33}$$

由于 L_{sl}、L_{rl}、L_{ss}、L_{rr} 均为常数，$\dfrac{\mathrm{d}L_{SS}}{\mathrm{d}\theta}$ 和 $\dfrac{\mathrm{d}L_{RR}}{\mathrm{d}\theta}$ 均为零，则式（5－33）可简化为

$$T=\frac{p}{2}\begin{bmatrix}i_s & i_r\end{bmatrix}\begin{bmatrix}0 & \dfrac{\mathrm{d}L_{SR}}{\mathrm{d}\theta}\\ \dfrac{\mathrm{d}L_{RS}}{\mathrm{d}\theta} & 0\end{bmatrix}\begin{bmatrix}i_s\\ i_r\end{bmatrix} \tag{5-34}$$

对于三相异步电动机，定、转子各有三个等效的相绕组，则根据式（5－34），可导出三相异步电动机电磁转矩为

$$T=\frac{p}{2}\boldsymbol{i}^{\mathrm{T}}\begin{bmatrix}0 & \dfrac{\partial \boldsymbol{L}_{SR}}{\partial\theta}\\ \dfrac{\partial \boldsymbol{L}_{RS}}{\partial\theta} & 0\end{bmatrix}\boldsymbol{i} \tag{5-35}$$

式中，$\boldsymbol{i}=\begin{bmatrix}i_A & i_B & i_C & i_a & i_b & i_c\end{bmatrix}^{\mathrm{T}}$，代入式（5－35）并展开后，得

$$\begin{aligned}T=-pL_{sr}[&(i_Ai_a+i_Bi_b+i_Ci_c)\sin\theta+(i_Ai_b+i_Bi_c+i_Ci_a)\sin(\theta+120°)\\&+(i_Ai_c+i_Bi_a+i_Ci_b)\sin(\theta-120°)]\end{aligned} \tag{5-36}$$

5.1.3.2　运动方程式

交流异步电动机运行时，其作用在电动机轴上的转矩与电动机速度变化之间的关系可用运动方程式来表达。按照电动机惯例规定正方向，运动方程式可表示为

$$T=T_L+J\frac{\mathrm{d}^2\theta_m}{\mathrm{d}t}+R_\Omega\frac{\mathrm{d}\theta_m}{\mathrm{d}t}+K_\theta\theta_m \tag{5-37}$$

式中 T_L——机械负载转矩；

J——转动惯量；

R_Ω——旋转阻力系数；

K_θ——扭转弹性常数；

θ_m——转子转动的机械角度，$\theta_m = \frac{\theta}{p}$。

式（5-18）、式（5-23）、式（5-35）及式（5-37）组成了 A、B、C 坐标系中异步电动机的基本方程式。它由七个微分方程式及一个电磁转矩公式组成。由于在微分方程式中出现了相关变量的乘积项，所以这个微分方程组是非线性的。同时，在电感阵中，定、转子互感是随转子角 θ 周期性变化的，即方程式的系数是时间的函数，因此该方程组又是时变的。所以 ABC 坐标系中异步电动机的基本方程式的求解是十分困难的，必须通过坐标变换和矢量控制，才能对异步电动机实现高性能控制。

5.2 异步电动机空间矢量

5.2.1 空间矢量的定义

由于交流三相异步电动机在结构上是对称的（三相绕组对称、气隙均匀），气隙磁场在空间按正弦规律分布，所以能够用空间矢量来表示电动机的电压、电流、磁势、磁链等实际变量，从而使三相异步电动机能够通过空间矢量和坐标变换实现矢量控制。

对于交流三相电动机系统，空间矢量的定义为：

在垂直于交流三相电动机轴的一个平面上，取三相绕组的轴线（互差120°电角度），把三相系统中的三个时间变量 $x_A(t)$、$x_B(t)$、$x_C(t)$ 看成是三个矢量的模，这三个矢量分别位于三相绕组的轴线上；当时间变量为正时，矢量的方向与各自轴线的方向一致，反之则取相反的方向；把三个矢量相加并取合成矢量的 k 倍，所得合成矢量即为三个时间变量的空间矢量。

为了表示空间矢量，在垂直于电动机轴的平面上取定子 A 相绕组轴线为实轴，引前 90° 为虚轴，构成一个复平面，如图 5-4 所示。现取 A 轴为参考轴，则 A 轴的单位矢量为 $1\angle 0°$，B 轴的单位矢量为 $\boldsymbol{\alpha}$，C 轴的单位矢量为 $\boldsymbol{\alpha}^2$，如式（5-38）所示。

$$\left.\begin{aligned} 1\angle 0° &= e^{j0°} = \mathbf{1} \\ \boldsymbol{\alpha} &= e^{j120°} = -\frac{1}{2} + j\frac{\sqrt{3}}{2} \\ \boldsymbol{\alpha}^2 &= e^{j240°} = -\frac{1}{2} - j\frac{\sqrt{3}}{2} \end{aligned}\right\} \tag{5-38}$$

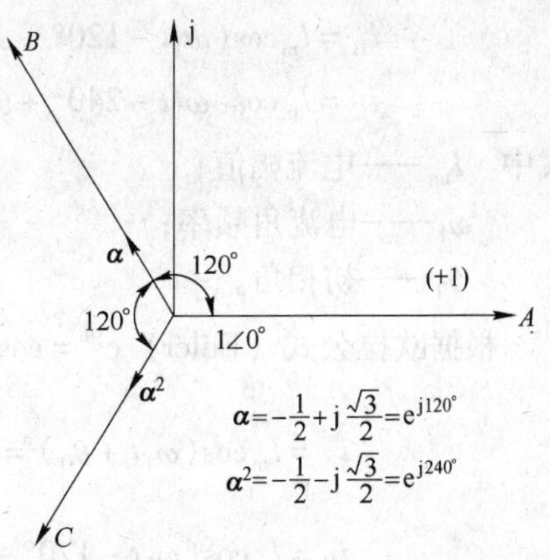

图 5-4 空间复平面和单位矢量

又知这三个轴上的单位矢量之间有如下关系：

$$\mathbf{1} + \boldsymbol{\alpha} + \boldsymbol{\alpha}^2 = 0 \tag{5-39}$$

由此，如取定子 A 轴为参考轴，则三相时间变量 $x_A(t)$、$x_B(t)$、$x_C(t)$ 的空间矢量可表示为

$$\boldsymbol{x}^A = k(x_A + \boldsymbol{\alpha} x_B + \boldsymbol{\alpha}^2 x_C) \tag{5-40}$$

空间矢量用黑体字母和右上角加一字母表示。右上角的字母表示该空间矢量的参考轴，也就是单位矢量 $1\angle 0^\circ$ 所在的坐标轴，称为“1”轴。

为了方便空间矢量与瞬时量之间的变换，在定义空间矢量的同时，也定义一个零轴分量，即 $x_0 = kk_0(x_A + x_B + x_C)$。关于 k 和 k_0 的值，有以下两种取值方法：

（1）$k=\sqrt{\dfrac{2}{3}}$ 和 $k_0=\dfrac{1}{\sqrt{2}}$ 时，为功率不变变换，也就是坐标变换前和坐标变换后，功率不变。

（2）$k=\dfrac{2}{3}$ 和 $k_0=\dfrac{1}{2}$ 时，为幅值不变变换，也就是坐标变换前和坐标变换后，空间矢量的幅值与单个变量的幅值相同。

为了更好地理解空间矢量，下面以求异步电动机定子磁势空间矢量 $\boldsymbol{F}_s^A$ 为例，来说明其物理意义。

设定子三相电流的瞬时值分别为 i_A、i_B、i_C，每相绕组的有效匝数为 N_1，各相绕组磁势的瞬时值为 $F_A = N_1 i_A$，$F_B = N_1 i_B$，$F_C = N_1 i_C$，按式（5－40）空间矢量定义，取定子 A 轴为参考轴，可得定子磁势的空间矢量为

$$\boldsymbol{F}_s^A = k(F_A + \boldsymbol{\alpha} F_B + \boldsymbol{\alpha}^2 F_C) = kN_1(i_A + \boldsymbol{\alpha} i_B + \boldsymbol{\alpha}^2 i_C) = N_1\, \boldsymbol{i}_s^A \tag{5-41}$$

式中，$\boldsymbol{i}_s^A = k(i_A + \boldsymbol{\alpha} i_B + \boldsymbol{\alpha}^2 i_C)$ 是以 A 轴为参考轴的定子电流空间矢量。在图 5－5 中示出了空间矢量 $\boldsymbol{F}_s^A$ 及 $\boldsymbol{i}_s^A$。

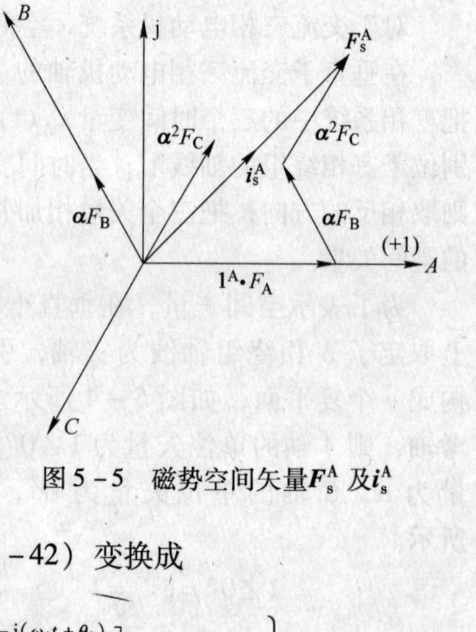

图 5－5　磁势空间矢量 $\boldsymbol{F}_s^A$ 及 $\boldsymbol{i}_s^A$

为便于了解磁势空间矢量的物理意义，设定子电流为三相稳态平衡正弦电流，则有

$$\left.\begin{aligned} i_A &= I_m\cos(\omega_1 t + \theta_0) \\ i_B &= I_m\cos(\omega_1 t - 120^\circ + \theta_0) \\ i_C &= I_m\cos(\omega_1 t - 240^\circ + \theta_0) \end{aligned}\right\} \tag{5-42}$$

式中　I_m——电流幅值；

ω_1——电流角频率；

θ_0——初相角。

根据欧拉公式（Euler）$e^{j\theta} = \cos\theta + j\sin\theta$，将式（5－42）变换成

$$\left.\begin{aligned} i_A &= I_m\cos(\omega_1 t + \theta_0) = \frac{1}{2}I_m[e^{j(\omega_1 t + \theta_0)} + e^{-j(\omega_1 t + \theta_0)}] \\ i_B &= I_m\cos(\omega_1 t - 120^\circ + \theta_0) = \frac{1}{2}I_m[\boldsymbol{\alpha}^2 e^{j(\omega_1 t + \theta_0)} + \boldsymbol{\alpha} e^{-j(\omega_1 t + \theta_0)}] \\ i_C &= I_m\cos(\omega_1 t - 240^\circ + \theta_0) = \frac{1}{2}I_m[\boldsymbol{\alpha} e^{j(\omega_1 t + \theta_0)} + \boldsymbol{\alpha}^2 e^{-j(\omega_1 t + \theta_0)}] \end{aligned}\right\} \tag{5-43}$$

将式（5－43）代入式（5－41）中，整理后得

$$\boldsymbol{F}_{\mathrm{s}}^{\mathrm{A}}=\frac{3}{2}kN_1I_{\mathrm{m}}\mathrm{e}^{\mathrm{j}(\omega_1t+\theta_0)}=(F_{\mathrm{s}}\mathrm{e}^{\mathrm{j}\theta_0})\mathrm{e}^{\mathrm{j}\omega_1t}=\dot{F}_{\mathrm{s}}\angle\omega_1t \tag{5-44}$$

式中，$\dot{F}_{\mathrm{s}}$是复常数。

式（5-44）说明，当三相电流为稳态平衡正弦电流时，定子磁势空间矢量的幅值是常数，其值为单相磁势幅值的$\frac{3}{2}k$倍，该空间矢量对定子A轴的空间相角为$\omega_1t+\theta_0$，对A轴的角速度为$\omega_1=2\pi f_1$。因稳态下ω_1和I_{m}都是常数，所以磁势空间矢量$\boldsymbol{F}_{\mathrm{s}}^{\mathrm{A}}$端点的轨迹是一个圆，即$\boldsymbol{F}_{\mathrm{s}}^{\mathrm{A}}$是圆旋转磁势。

从式（5-41）看出，定子电流空间矢量$\boldsymbol{i}_{\mathrm{s}}^{\mathrm{A}}$与定子磁势空间矢量$\boldsymbol{F}_{\mathrm{s}}^{\mathrm{A}}$仅差一有效匝数$N_1$，因此可以把$\boldsymbol{i}_{\mathrm{s}}^{\mathrm{A}}$理解为一个在空间按正弦分布的旋转磁势波，它的幅值为旋转磁势波幅值的$\frac{1}{N_1}$倍，而空间相位则表示旋转磁势波幅值的位置。

5.2.2 空间矢量的变换

按空间矢量定义，式（5-40）给出的空间矢量是以定子A轴为参考的，实际上作为参考轴的“1”轴可以任意选取，如图5-6所示，可以选取定子A轴、转子a轴或任意的x轴为“1”轴。由于参考轴选择的不同，同一空间矢量$\boldsymbol{x}$表现的形式也就不同。如图5-6所示的一个空间矢量$\boldsymbol{x}$，根据图中给出的轴距角θ_{A}、θ_{a}及θ_{x}，以及各轴之间的夹角θ_{Ax}、θ_{ax}及θ_{Aa}，可写成不同的表现形式。当要把以转子a轴为参考轴的空间矢量$\boldsymbol{x}^{\mathrm{a}}$变换成以定子$A$轴为参考轴的空间矢量$\boldsymbol{x}^{\mathrm{A}}$时，只要把空间矢量$\boldsymbol{x}^{\mathrm{a}}$的角距增加$\theta_{\mathrm{Aa}}$，就可得到空间矢量$\boldsymbol{x}^{\mathrm{A}}$，用数学公式表示为

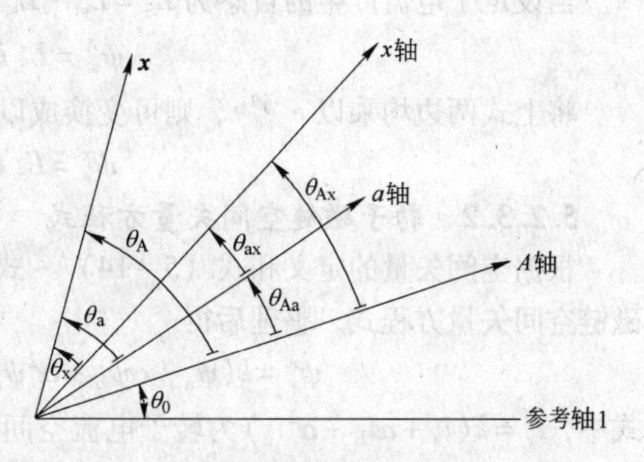

图5-6 空间矢量的变换

$$\boldsymbol{x}^{\mathrm{A}}=\boldsymbol{x}^{\mathrm{a}}\mathrm{e}^{\mathrm{j}\theta_{\mathrm{Aa}}} \tag{5-45}$$

式（5-45）就是把以a轴为参考轴的空间矢量变换到以A轴为参考轴的空间矢量的变换式。据此，可以写出以下的空间矢量变换式：

$$\boldsymbol{x}^{\mathrm{a}}=\boldsymbol{x}^{\mathrm{A}}\mathrm{e}^{-\mathrm{j}\theta_{\mathrm{Aa}}} \tag{5-46}$$

$$\boldsymbol{x}^{\mathrm{x}}=\boldsymbol{x}^{\mathrm{A}}\mathrm{e}^{-\mathrm{j}\theta_{\mathrm{Ax}}} \tag{5-47}$$

$$\boldsymbol{x}^{\mathrm{x}}=\boldsymbol{x}^{\mathrm{a}}\mathrm{e}^{-\mathrm{j}\theta_{\mathrm{ax}}}=\boldsymbol{x}^{\mathrm{a}}\mathrm{e}^{-\mathrm{j}(\theta_{\mathrm{Ax}}-\theta_{\mathrm{Aa}})} \tag{5-48}$$

在列写异步电动机空间矢量基本方程式时，由于选取的参考轴不同，基本方程式的形式也不相同。为了能写出一个一般化的异步电动机空间矢量基本方程式，可以先取定子A轴为参考，列出定子空间矢量方程式，取转子a轴为参考列出转子空间矢量方程式，这样做比较容易。然后把得到的方程式利用空间矢量变换公式变换到以任意轴x为参考轴的坐标系统中，得到一般化空间矢量方程式。在应用时可根据需要选取参考轴，例如可选A轴、a轴或以同步角速度旋转的同步轴为参考等，通过相应的极坐标变换即可得到不同坐标系下的基本方程式。

5.2.3 异步电动机空间矢量方程式

5.2.3.1 定子磁链空间矢量方程式

根据空间矢量的定义和式（5-11）~式（5-13），可以写出以A轴为参考轴的定子磁链空间矢量方程式，整理后得

$$\boldsymbol{\psi}_s^A = k(\psi_A + \boldsymbol{\alpha}\psi_B + \boldsymbol{\alpha}^2\psi_C) = L_{sl}\boldsymbol{i}_s^A + L_{sM}\boldsymbol{i}_s^A + L_M\boldsymbol{i}_r^A \tag{5-49}$$

式中，$\boldsymbol{i}_s^A = k(i_A + \boldsymbol{\alpha}i_B + \boldsymbol{\alpha}^2 i_C)$为定子电流空间矢量；$\boldsymbol{i}_r^A = k(i_a + \boldsymbol{\alpha}i_b + \boldsymbol{\alpha}^2 i_c)e^{j\theta}$为转子电流空间矢量；$L_M = \frac{3}{2}L_{sr}$为三相合成的定、转子主互感；$L_{sM} = \frac{3}{2}L_{ss}$为三相合成的定子主自感；$\theta$为转子的角位移。

当设定子漏磁链为$\boldsymbol{\psi}_{sl}^A = L_{sl}\boldsymbol{i}_s^A$，定、转子合成磁链为$\boldsymbol{\psi}_{sM}^A = L_{sM}\boldsymbol{i}_s^A + L_M\boldsymbol{i}_r^A$时，式(5-49)可写为

$$\boldsymbol{\psi}_s^A = \boldsymbol{\psi}_{sl}^A + \boldsymbol{\psi}_{sM}^A \tag{5-50}$$

当设定子电流产生的自感为$L_S = L_{sl} + L_{sM}$时，式（5-49）可写为

$$\boldsymbol{\psi}_s^A = L_S\boldsymbol{i}_s^A + L_M\boldsymbol{i}_r^A \tag{5-51}$$

将上式两边均乘以$e^{-j\theta_{Ax}}$，则可变换成以x轴为参考轴的定子磁链空间矢量方程式

$$\boldsymbol{\psi}_s^x = L_S\boldsymbol{i}_s^x + L_M\boldsymbol{i}_r^x \tag{5-52}$$

5.2.3.2 转子磁链空间矢量方程式

根据空间矢量的定义和式（5-14）~式（5-16），可以写出以a轴为参考轴的转子磁链空间矢量方程式，整理后得

$$\boldsymbol{\psi}_r^a = k(\psi_a + \boldsymbol{\alpha}\psi_b + \boldsymbol{\alpha}^2\psi_c) = L_{rl}\boldsymbol{i}_r^a + L_{rM}\boldsymbol{i}_r^a + L_M\boldsymbol{i}_s^a \tag{5-53}$$

式中，$\boldsymbol{i}_r^a = k(i_a + \boldsymbol{\alpha}i_b + \boldsymbol{\alpha}^2 i_c)$为转子电流空间矢量；$\boldsymbol{i}_s^a = k(i_A + \boldsymbol{\alpha}i_B + \boldsymbol{\alpha}^2 i_C)e^{-j\theta}$为定子电流空间矢量；$L_M = \frac{3}{2}L_{sr}$为三相合成的定、转子主互感；$L_{rM} = \frac{3}{2}L_{rr}$为三相合成的转子主自感；$\theta$为转子的角位移。

当设转子漏磁链为$\boldsymbol{\psi}_{rl}^a = L_{rl}\boldsymbol{i}_r^a$，定、转子合成磁链为$\boldsymbol{\psi}_{rM}^a = L_{rM}\boldsymbol{i}_r^a + L_M\boldsymbol{i}_s^a$时，式（5-53）可写为

$$\boldsymbol{\psi}_r^a = \boldsymbol{\psi}_{rl}^a + \boldsymbol{\psi}_{rM}^a \tag{5-54}$$

当设转子电流产生的自感为$L_R = L_{rl} + L_{rM}$时，式（5-53）可写为

$$\boldsymbol{\psi}_r^a = L_R\boldsymbol{i}_r^a + L_M\boldsymbol{i}_s^a \tag{5-55}$$

将上式两边均乘以$e^{-j\theta_{ax}}$，则可变换成以x轴为参考轴的转子磁链空间矢量方程式

$$\boldsymbol{\psi}_r^x = L_R\boldsymbol{i}_r^x + L_M\boldsymbol{i}_s^x \tag{5-56}$$

5.2.3.3 定子电压空间矢量方程式

根据空间矢量的定义和式（5-19），可以写出以A轴为参考轴的定子电压空间矢量方程式，整理后得

$$\boldsymbol{u}_s^A = k(u_A + \boldsymbol{\alpha}u_B + \boldsymbol{\alpha}^2 u_C) = R_s\boldsymbol{i}_s^A + P\boldsymbol{\psi}_s^A \tag{5-57}$$

将上式两边均乘以$e^{-j\theta_{Ax}}$，则可变换成以x轴为参考轴的定子电压空间矢量方程式

$$\boldsymbol{u}_s^x = R_s\boldsymbol{i}_s^x + P\boldsymbol{\psi}_s^x + j\dot{\theta}_{Ax}\boldsymbol{\psi}_s^x \tag{5-58}$$

将式（5-52）代入式（5-58）中，则以 x 轴为参考轴定子电压空间矢量可进一步写为

$$\boldsymbol{u}_{\mathrm{s}}^{\mathrm{x}} = R_{\mathrm{s}}\,\boldsymbol{i}_{\mathrm{s}}^{\mathrm{x}} + (P + \mathrm{j}\,\dot{\theta}_{\mathrm{Ax}})(L_{\mathrm{S}}\,\boldsymbol{i}_{\mathrm{s}}^{\mathrm{x}} + L_{\mathrm{M}}\,\boldsymbol{i}_{\mathrm{r}}^{\mathrm{x}}) \tag{5-59}$$

5.2.3.4 转子电压空间矢量方程式

根据空间矢量的定义和式（5-20），可以写出以 a 轴为参考轴的转子电压空间矢量方程式，整理后得

$$\boldsymbol{u}_{\mathrm{r}}^{\mathrm{a}} = k(u_{\mathrm{a}} + \boldsymbol{\alpha} u_{\mathrm{b}} + \boldsymbol{\alpha}^2 u_{\mathrm{c}}) = R_{\mathrm{r}}\,\boldsymbol{i}_{\mathrm{r}}^{\mathrm{a}} + P\,\boldsymbol{\psi}_{\mathrm{r}}^{\mathrm{a}} \tag{5-60}$$

将上式两边均乘以 $\mathrm{e}^{-\mathrm{j}\theta_{\mathrm{ax}}}$，则可变换成以 x 轴为参考轴的转子电压空间矢量方程式

$$\boldsymbol{u}_{\mathrm{r}}^{\mathrm{x}} = R_{\mathrm{r}}\,\boldsymbol{i}_{\mathrm{r}}^{\mathrm{x}} + P\,\boldsymbol{\psi}_{\mathrm{r}}^{\mathrm{x}} + \mathrm{j}\,\dot{\theta}_{\mathrm{ax}}\boldsymbol{\psi}_{\mathrm{r}}^{\mathrm{x}} \tag{5-61}$$

将式（5-56）代入式（5-61）中，则以 x 轴为参考轴转子电压空间矢量可进一步写为

$$\boldsymbol{u}_{\mathrm{r}}^{\mathrm{x}} = R_{\mathrm{r}}\,\boldsymbol{i}_{\mathrm{r}}^{\mathrm{x}} + (P + \mathrm{j}\,\dot{\theta}_{\mathrm{ax}})(L_{\mathrm{R}}\,\boldsymbol{i}_{\mathrm{r}}^{\mathrm{x}} + L_{\mathrm{M}}\,\boldsymbol{i}_{\mathrm{s}}^{\mathrm{x}}) \tag{5-62}$$

式中，$\dot{\theta}_{\mathrm{ax}} = \dot{\theta}_{\mathrm{Ax}} - \dot{\theta} = \dot{\theta}_{\mathrm{Ax}} - \omega$（$\omega$ 为转子电角速度）。

由此可得出以下结论：

当取 x 轴为转子 a 轴时，$\theta_{\mathrm{ax}} = 0$；

当取 x 轴为定子 A 轴时，$\theta_{\mathrm{Ax}} = 0$，$\dot{\theta}_{\mathrm{ax}} = \dot{\theta}_{\mathrm{Ax}} - \dot{\theta} = -\omega$；

当取 x 轴为同步旋转轴时，$\dot{\theta}_{\mathrm{Ax}} = \omega_1$，$\dot{\theta}_{\mathrm{ax}} = \omega_1 - \omega = s\omega_1 = \omega_{\mathrm{s}}$。

5.2.3.5 用空间矢量表示的异步电动机电磁转矩方程

根据矢量运算规则，可将三相异步电动机电磁转矩公式（5-34）表示为定子和转子电流矢量的矢量积（叉乘）形式，即

$$T = -pL_{\mathrm{M}}(\boldsymbol{i}_{\mathrm{s}}^{\mathrm{x}} \times \boldsymbol{i}_{\mathrm{r}}^{\mathrm{x}}) = pL_{\mathrm{M}}(\boldsymbol{i}_{\mathrm{r}}^{\mathrm{x}} \times \boldsymbol{i}_{\mathrm{s}}^{\mathrm{x}}) \tag{5-63}$$

将式（5-52）中的转子电流空间矢量 $\boldsymbol{i}_{\mathrm{r}}^{\mathrm{x}} = \frac{1}{L_{\mathrm{M}}}\boldsymbol{\psi}_{\mathrm{s}}^{\mathrm{x}} - \frac{L_{\mathrm{S}}}{L_{\mathrm{M}}}\boldsymbol{i}_{\mathrm{s}}^{\mathrm{x}}$ 代入式（5-63）中，并考虑 $\boldsymbol{i}_{\mathrm{s}}^{\mathrm{x}} \times \boldsymbol{i}_{\mathrm{s}}^{\mathrm{x}} = 0$，则电磁转矩可写为

$$T = pL_{\mathrm{M}}\left[\frac{1}{L_{\mathrm{M}}}(\boldsymbol{\psi}_{\mathrm{s}}^{\mathrm{x}} \times \boldsymbol{i}_{\mathrm{s}}^{\mathrm{x}}) - \frac{L_{\mathrm{S}}}{L_{\mathrm{M}}}(\boldsymbol{i}_{\mathrm{s}}^{\mathrm{x}} \times \boldsymbol{i}_{\mathrm{s}}^{\mathrm{x}})\right] = p(\boldsymbol{\psi}_{\mathrm{s}}^{\mathrm{x}} \times \boldsymbol{i}_{\mathrm{s}}^{\mathrm{x}}) \tag{5-64}$$

根据 $\boldsymbol{i}_{\mathrm{r}}^{\mathrm{x}} = \frac{1}{L_{\mathrm{M}}}\boldsymbol{\psi}_{\mathrm{s}}^{\mathrm{x}} - \frac{L_{\mathrm{S}}}{L_{\mathrm{M}}}\boldsymbol{i}_{\mathrm{s}}^{\mathrm{x}}$，从式（5-56）中解出 $\boldsymbol{i}_{\mathrm{s}}^{\mathrm{x}}$，然后代入式（5-64），考虑 $\boldsymbol{\psi}_{\mathrm{s}}^{\mathrm{x}} \times \boldsymbol{\psi}_{\mathrm{s}}^{\mathrm{x}} = 0$，则电磁转矩可写为

$$T = \frac{pL_{\mathrm{M}}}{L_{\mathrm{M}}^2 - L_{\mathrm{S}}L_{\mathrm{R}}}(\boldsymbol{\psi}_{\mathrm{s}}^{\mathrm{x}} \times \boldsymbol{\psi}_{\mathrm{r}}^{\mathrm{x}}) \tag{5-65}$$

式（5-65）表明，用空间矢量表示的异步电动机电磁转矩，有明确的物理意义，它表示电磁转矩由定子磁链和定子电流相互作用产生的。

上面以 x 轴为参考轴的空间矢量表达式是一个适合于不同参考轴的通用数学模型，应用时可根据需要选取合适的参考轴。不难看出，引入空间矢量概念后异步电动机的动态数学模型得到了简化。这是因为一个空间矢量同时考虑了三相系统的三个时间变量，结果使变量的数目大为减少。

5.3 异步电动机坐标变换

5.3.1 坐标变换的意义

在电动机理论中，为简化电动机基本方程式的求解，常采用变量变换的方法，即用一组新变量（如电压、电流等）代替基本方程式中的实际变量。这种变量变换就是坐标变换。已知 ABC 坐标系中的三个变量 x_A、x_B、x_C，根据空间矢量的定义，可合成一个空间矢量 $\boldsymbol{x}$。同理，在两相 xy 坐标系中的两个变量 x_x、x_y，也可合成同一个空间矢量 $\boldsymbol{x}$。这样变量 x_A、x_B、x_C 和 x_x、x_y 存在如下变换关系：

$$\begin{bmatrix} x_y \\ x_x \end{bmatrix} = \boldsymbol{C}_Z \begin{bmatrix} x_A \\ x_B \\ x_C \end{bmatrix} \tag{5-66}$$

$$\begin{bmatrix} x_A \\ x_B \\ x_C \end{bmatrix} = \boldsymbol{C}_F \begin{bmatrix} x_y \\ x_x \end{bmatrix} \tag{5-67}$$

式（5-66）是根据实际变量 x_A、x_B、x_C 求出新变量 x_x、x_y，这称为正变换，相应的变换矩阵 $\boldsymbol{C}_Z$ 为正变换阵。反之，式（5-67）是根据新变量求出实际变量，称为逆变换，相应的变换矩阵 $\boldsymbol{C}_F$ 为逆变换阵。显然有 $\boldsymbol{C}_F = \boldsymbol{C}_Z^{-1}$。为了保持变换前后功率不变（即恒功率变换），应满足 $\boldsymbol{C}_F^{*T} = \boldsymbol{C}_F^{-1}$。

下面以异步电动机的定子电流为例，说明坐标变换的物理意义。

已知 ABC 坐标系中的定子三相电流 i_A、i_B、i_C，若选定 k 值和以 A 轴为参考轴，则可求得定子电流空间矢量为$\boldsymbol{i}_s = k(i_A + \boldsymbol{\alpha} i_B + \boldsymbol{\alpha}^2 i_C)$。现将$\boldsymbol{i}_s$ 在互相垂直的 x、y 轴上分解为两个分量，并取 x 轴为定子 A 轴，则有

$$\boldsymbol{i}_s = i_x + \mathrm{j} i_y = k(i_A + \boldsymbol{\alpha} i_B + \boldsymbol{\alpha}^2 i_C) \tag{5-68}$$

由于异步电动机定子磁势空间矢量为$\boldsymbol{F}_s = N_1 \boldsymbol{i}_s$，且是旋转的，所以从式（5-68）可以看出，旋转磁势$\boldsymbol{F}_s$ 既可看成是由静止 ABC 坐标系中三相绕组通三相交流电流 i_A、i_B、i_C 产生的，也可看成是由静止 xy 坐标系中两相绕组通两相交流电流 i_x、i_y 产生的。从二者产生等效磁势的角度看，可把三相绕组变换为等效的两相绕组。由于轴线互相垂直的两相绕组之间互感为零，所以经过这种三相到两相的变换，可以使绕组之间的耦合关系得到简化。

在静止 xy 坐标系中，如果向两相绕组分别通直流电流 i_x、i_y，则电流空间矢量$\boldsymbol{i}_s$ 是静止的，其产生的磁势也是静止的。如果取 x 轴为同步旋转轴，则 xy 坐标系将以同步速度进行旋转，电流空间矢量$\boldsymbol{i}_s$ 及其产生的磁势也以同步速度进行旋转。这就与在静止 xy 坐标系中两相绕组通两相交流电流产生的旋转磁势完全等效。这相当于把三相静止的交流绕组，或者两相静止的交流绕组，等效变换为轴线互相垂直的旋转直流绕组，如图 5-7 所示。这样，经过坐标变换，就将对交流电动机的控制变换成了对旋转直流电动机的简单控制。

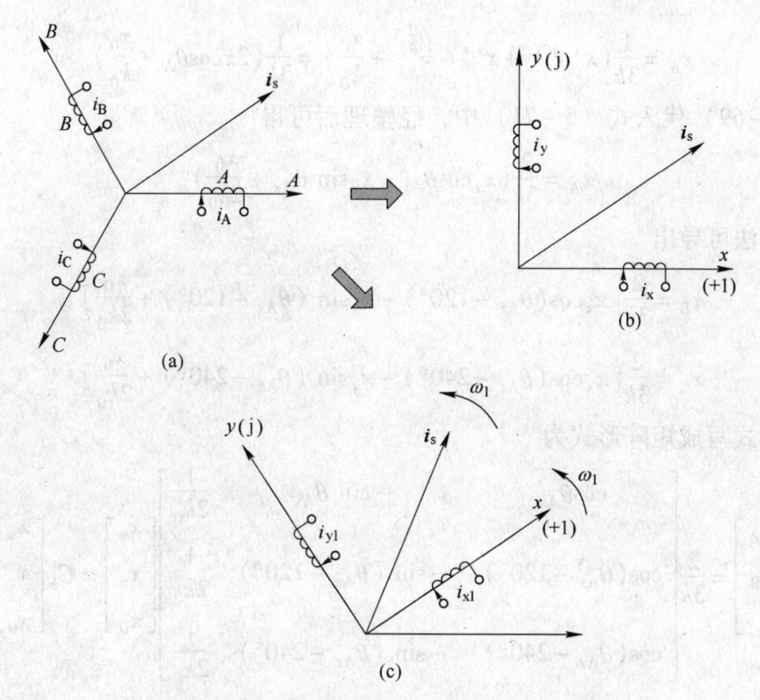

图 5-7　异步电动机定子电流坐标变换的意义

5.3.2　3 相/2 相坐标变换的一般公式

在异步电动机坐标变换中，可首先推导出 ABC 坐标系变量 x_A、x_B、x_C 与 xy 坐标系变量 x_x、x_y 之间的一般变换公式，然后把 x 轴取定子 A 轴、转子 a 轴以及 M 轴，就可分别得到 $\alpha\beta$、dq 及 MT 坐标系和相对应的变化矩阵。

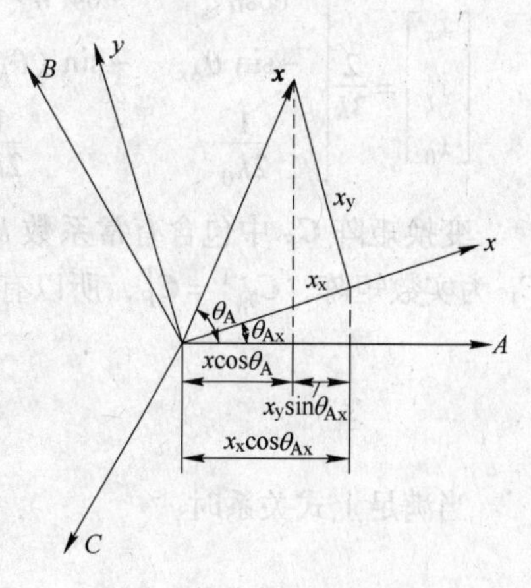

图 5-8　ABC 坐标系与 xy 坐标系的变换

设 ABC 坐标系和 xy 坐标系如图 5-8 所示，定子空间矢量 $\boldsymbol{x}$ 的 x、y 分量为 x_x、x_y。根据解析几何知识：一矢量在两正交轴线上的投影即为该矢量在两轴线上的分量，同时，一矢量在某一轴线上的投影等于其各分量在同一轴线上的投影之代数和。根据此结论，空间矢量 $\boldsymbol{x}$ 在 A 轴的投影为 $x\cos\theta_A$，在 xy 坐标系中的分量 x_x、x_y 在 A 轴的投影分别为 $x_x\cos\theta_{Ax}$ 及 $x_y\sin\theta_{Ax}$，因此有

$$x\cos\theta_A = x_x\cos\theta_{Ax} - x_y\sin\theta_{Ax} \tag{5-69}$$

根据式（5-40）、式（5-47）和零轴分量定义，可得以 x 轴为参考轴的空间矢量和共轭值为

$$\left.\begin{aligned} \boldsymbol{x}^{x} &= k(x_A + \boldsymbol{\alpha}x_B + \boldsymbol{\alpha}^2 x_C)\mathrm{e}^{-\mathrm{j}\theta_{Ax}} \\ \boldsymbol{x}^{x*} &= k(x_A + \boldsymbol{\alpha}x_B + \boldsymbol{\alpha}^2 x_C)\mathrm{e}^{\mathrm{j}\theta_{Ax}} \\ x_0 &= kk_0(x_A + x_B + x_C) \end{aligned}\right\} \tag{5-70}$$

从上式中解出 x_A，可得

$$x_A = \frac{1}{3k}(\boldsymbol{x}^x e^{j\theta_{Ax}} + \boldsymbol{x}^{x*} e^{-j\theta_{Ax}} + \frac{x_0}{k_0}) = \frac{1}{3k}(2x\cos\theta_A + \frac{x_0}{k_0}) \tag{5-71}$$

将式（5-69）代入式（5-71）中，经整理后可得

$$x_A = \frac{2}{3k}(x_x\cos\theta_{Ax} - x_y\sin\theta_{Ax} + \frac{x_0}{2k_0}) \tag{5-72}$$

按同样方法可导出

$$x_B = \frac{2}{3k}[x_x\cos(\theta_{Ax} - 120°) - x_y\sin(\theta_{Ax} - 120°) + \frac{x_0}{2k_0}] \tag{5-73}$$

$$x_C = \frac{2}{3k}[x_x\cos(\theta_{Ax} - 240°) - x_y\sin(\theta_{Ax} - 240°) + \frac{x_0}{2k_0}] \tag{5-74}$$

把以上三式写成矩阵形式为

$$\begin{bmatrix} x_A \\ x_B \\ x_C \end{bmatrix} = \frac{2}{3k}\begin{bmatrix} \cos\theta_{Ax} & -\sin\theta_{Ax} & \frac{1}{2k_0} \\ \cos(\theta_{Ax} - 120°) & -\sin(\theta_{Ax} - 120°) & \frac{1}{2k_0} \\ \cos(\theta_{Ax} - 240°) & -\sin(\theta_{Ax} - 240°) & \frac{1}{2k_0} \end{bmatrix}\begin{bmatrix} x_x \\ x_y \\ x_0 \end{bmatrix} = \boldsymbol{C}_F\begin{bmatrix} x_x \\ x_y \\ x_0 \end{bmatrix} \tag{5-75}$$

式（5-75）为从 xy 坐标系到 ABC 坐标系的坐标变换，$\boldsymbol{C}_F$ 为变换矩阵。对 $\boldsymbol{C}_F$ 求逆矩阵 $\boldsymbol{C}_Z = \boldsymbol{C}_F^{-1}$，则可推导出从 ABC 坐标系到 xy 坐标系的坐标变换为

$$\begin{bmatrix} x_x \\ x_y \\ x_0 \end{bmatrix} = \frac{2}{3k}\begin{bmatrix} \cos\theta_{Ax} & \cos(\theta_{Ax} - 120°) & \cos(\theta_{Ax} - 240°) \\ -\sin\theta_{Ax} & -\sin(\theta_{Ax} - 120°) & -\sin(\theta_{Ax} - 240°) \\ \frac{1}{2k_0} & \frac{1}{2k_0} & \frac{1}{2k_0} \end{bmatrix}\begin{bmatrix} x_A \\ x_B \\ x_C \end{bmatrix} = \boldsymbol{C}_Z\begin{bmatrix} x_A \\ x_B \\ x_C \end{bmatrix} \tag{5-76}$$

变换矩阵 $\boldsymbol{C}_F$ 中包含有常系数 k 和 k_0。当满足功率不变变换条件时，$\boldsymbol{C}_F^{*T} = \boldsymbol{C}_F^{-1}$。因 $\boldsymbol{C}_F$ 为实数矩阵，$\boldsymbol{C}_F^{*T} = \boldsymbol{C}_F^T$，所以有 $\boldsymbol{C}_F^T = \boldsymbol{C}_F^{-1}$。即 $\boldsymbol{C}_F^T\boldsymbol{C}_F = \boldsymbol{E}$（$\boldsymbol{E}$ 为单位矩阵），故有

$$\boldsymbol{C}_F^T\boldsymbol{C}_F = \begin{bmatrix} 1 & 0 & 0 \\ 0 & 1 & 0 \\ 0 & 0 & 1 \end{bmatrix} \tag{5-77}$$

当满足上式关系时

$$k = \sqrt{\frac{2}{3}} \tag{5-78}$$

$$k_0 = \frac{1}{\sqrt{2}} \tag{5-79}$$

于是得到 2 相/3 相变换阵 $\boldsymbol{C}_F$ 和 3 相/2 相变换阵 $\boldsymbol{C}_Z$ 的一般形式为

$$\boldsymbol{C}_{2\to3} = \boldsymbol{C}_F = \sqrt{\frac{2}{3}}\begin{bmatrix} \cos\theta_{Ax} & -\sin\theta_{Ax} & \frac{1}{\sqrt{2}} \\ \cos(\theta_{Ax} - 120°) & -\sin(\theta_{Ax} - 120°) & \frac{1}{\sqrt{2}} \\ \cos(\theta_{Ax} - 240°) & -\sin(\theta_{Ax} - 240°) & \frac{1}{\sqrt{2}} \end{bmatrix} \tag{5-80}$$

$$C_{3\to2}=C_Z=\sqrt{\frac{2}{3}}\begin{bmatrix}\cos\theta_{Ax} & \cos(\theta_{Ax}-120°) & \cos(\theta_{Ax}-240°)\\ -\sin\theta_{Ax} & -\sin(\theta_{Ax}-120°) & -\sin(\theta_{Ax}-240°)\\ \frac{1}{\sqrt{2}} & \frac{1}{\sqrt{2}} & \frac{1}{\sqrt{2}}\end{bmatrix} \tag{5-81}$$

在式（5-80）和式（5-81）中，如取 x 轴为定子 A 轴，则 x、y 轴变为 α、β 轴，此时将 $\theta_{Ax}=0$ 代入以上两式，即得 $\alpha\beta0$ 变换阵；如取 x 轴为转子 a 轴，则 x、y 轴变为 d、q 轴，将 $\theta_{Ax}=\theta_{Aa}=\theta$ 代入，即得 $dq0$ 变换阵。以上各变换式中的变量 x_A、x_B、x_C 和 x_x、x_y 等可以是电流、电压或磁链。x 轴可以根据需要选取。

5.3.3 3 相/2 相之间的静止变换

3 相/2 相之间的静止变换是三相静止的 ABC 坐标系与两相静止的 $\alpha\beta$ 坐标系之间的变换。取 x 轴为定子 A 轴，则得 $\alpha\beta$ 坐标系，如图 5-9 所示。

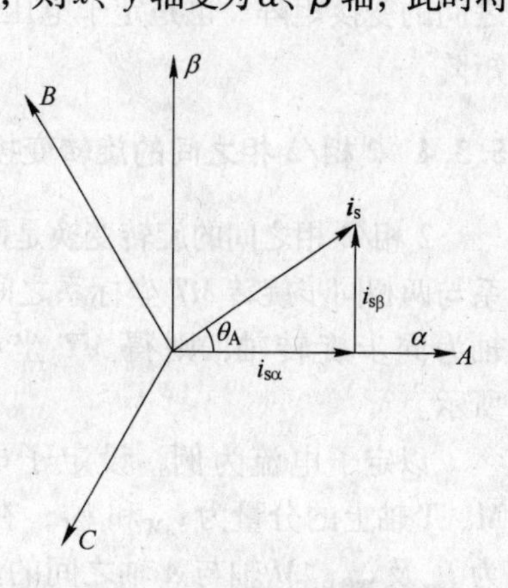

图 5-9　三相 ABC 坐标系与 $\alpha\beta$ 坐标系之间的变换

将 $\theta_{Ax}=0$ 代入式（5-75）及式（5-76）得到静止的 3 相/2 相及 2 相/3 相的变换矩阵。以定子电流为例可得到如下的两个变换式：

正变换为

$$\begin{bmatrix}i_{s\alpha}\\ i_{s\beta}\\ i_0\end{bmatrix}=C_Z\begin{bmatrix}i_A\\ i_B\\ i_C\end{bmatrix}=\sqrt{\frac{2}{3}}\begin{bmatrix}1 & -\frac{1}{2} & -\frac{1}{2}\\ 0 & \frac{\sqrt{3}}{2} & -\frac{\sqrt{3}}{2}\\ \frac{1}{\sqrt{2}} & \frac{1}{\sqrt{2}} & \frac{1}{\sqrt{2}}\end{bmatrix}\begin{bmatrix}i_A\\ i_B\\ i_C\end{bmatrix} \tag{5-82}$$

反变换为

$$\begin{bmatrix}i_A\\ i_B\\ i_C\end{bmatrix}=C_F\begin{bmatrix}i_{s\alpha}\\ i_{s\beta}\\ i_0\end{bmatrix}=\sqrt{\frac{2}{3}}\begin{bmatrix}1 & 0 & \frac{1}{\sqrt{2}}\\ -\frac{1}{2} & \frac{\sqrt{3}}{2} & \frac{1}{\sqrt{2}}\\ -\frac{1}{2} & -\frac{\sqrt{3}}{2} & \frac{1}{\sqrt{2}}\end{bmatrix}\begin{bmatrix}i_{s\alpha}\\ i_{s\beta}\\ i_0\end{bmatrix} \tag{5-83}$$

如果定子三相绕组为星形连接，并且无中线，则 $i_A+i_B+i_C=0$，因此有如下关系：

$$\left.\begin{aligned}i_0&=0\\ i_C&=-i_A-i_B\end{aligned}\right\} \tag{5-84}$$

将式（5-84）代入式（5-82）及式（5-83），整理后可得

$$\begin{bmatrix}i_{s\alpha}\\ i_{s\beta}\end{bmatrix}=\begin{bmatrix}\sqrt{\frac{3}{2}} & 0\\ \frac{1}{\sqrt{2}} & \sqrt{2}\end{bmatrix}\begin{bmatrix}i_A\\ i_B\end{bmatrix} \tag{5-85}$$

$$\begin{bmatrix} i_A \\ i_B \end{bmatrix} = \begin{bmatrix} \sqrt{\dfrac{2}{3}} & 0 \\ -\dfrac{1}{\sqrt{6}} & \dfrac{1}{\sqrt{2}} \end{bmatrix} \begin{bmatrix} i_{s\alpha} \\ i_{s\beta} \end{bmatrix} \tag{5-86}$$

同理，如果变换条件相同，则以上三相与两相之间的变换矩阵，也是定子电压和定子磁链的变换矩阵。

5.3.4　2 相/2 相之间的旋转变换

2 相/2 相之间的旋转变换是两相静止的 $\alpha\beta$ 坐标系与两相同步旋转 MT 坐标系之间的旋转变换。取 x 轴为同步旋转轴，则得 MT 坐标系，如图 5－10 所示。

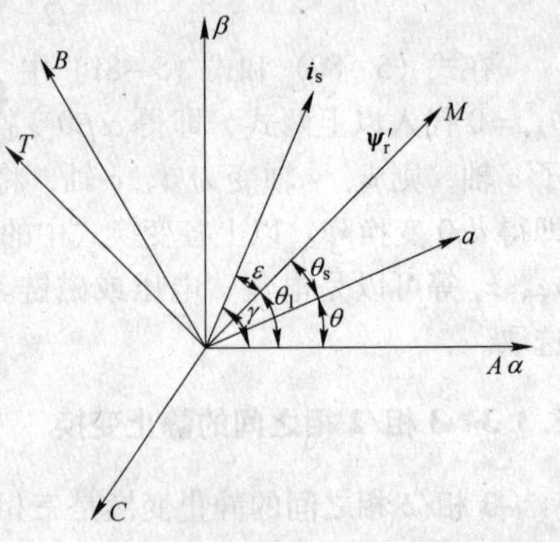

图 5－10　MT 坐标系与 $\alpha\beta$ 坐标系之间的变换

以定子电流为例，设定子电流空间矢量 $\boldsymbol{i}_s$ 在 M、T 轴上的分量为 i_{sM} 和 i_{sT}；在 α、β 轴上的分量为 $i_{s\alpha}$ 及 $i_{s\beta}$。M 轴与 A 轴之间的角距为 θ_1。

对于空间矢量 $\boldsymbol{i}_s$，当取 α 轴为参考轴时为 $\boldsymbol{i}_s^\alpha$，取 M 轴为参考轴时为 $\boldsymbol{i}_s^M$，则根据极坐标变换，有

$$\boldsymbol{i}_s^M = e^{-j\theta_1}\boldsymbol{i}_s^\alpha$$

由于 $\boldsymbol{i}_s^M = i_{sM} + ji_{sT}$、$\boldsymbol{i}_s^\alpha = i_{s\alpha} + ji_{s\beta}$ 和 $e^{-j\theta_1} = \cos\theta_1 - j\sin\theta_1$，则上式可转化为

$$\begin{aligned} i_{sM} + ji_{sT} &= (\cos\theta_1 - j\sin\theta_1)(i_{s\alpha} + ji_{s\beta}) \\ &= (i_{s\alpha}\cos\theta_1 + i_{s\beta}\sin\theta_1) + j(-i_{s\alpha}\sin\theta_1 + i_{s\beta}\cos\theta_1) \end{aligned} \tag{5-87}$$

等式两边实部与虚部应分别相等，故有

$$\left.\begin{aligned} i_{sM} &= i_{s\alpha}\cos\theta_1 + i_{s\beta}\sin\theta_1 \\ i_{sT} &= -i_{s\alpha}\sin\theta_1 + i_{s\beta}\cos\theta_1 \end{aligned}\right\} \tag{5-88}$$

写成矩阵式为

$$\begin{bmatrix} i_{sM} \\ i_{sT} \end{bmatrix} = \begin{bmatrix} \cos\theta_1 & \sin\theta_1 \\ -\sin\theta_1 & \cos\theta_1 \end{bmatrix} \begin{bmatrix} i_{s\alpha} \\ i_{s\beta} \end{bmatrix} = \boldsymbol{C}_{\alpha\beta\to MT} \begin{bmatrix} i_{s\alpha} \\ i_{s\beta} \end{bmatrix} \tag{5-89}$$

上式为 $\alpha\beta$ 坐标系到 MT 坐标系的变换，称为正变换。反之，反变换为

$$\begin{bmatrix} i_{s\alpha} \\ i_{s\beta} \end{bmatrix} = \begin{bmatrix} \cos\theta_1 & -\sin\theta_1 \\ \sin\theta_1 & \cos\theta_1 \end{bmatrix} \begin{bmatrix} i_{sM} \\ i_{sT} \end{bmatrix} = \boldsymbol{C}_{MT\to\alpha\beta} \begin{bmatrix} i_{sM} \\ i_{sT} \end{bmatrix} \tag{5-90}$$

从以上变换可以看出，如果矢量 $\boldsymbol{i}_s$ 不动，坐标轴 $\alpha\beta$ 转动了 θ_1 角后就变成了 MT 轴；或者，保持坐标轴不变而矢量往回旋转 θ_1 角亦然。所以这种变换是在复平面上的旋转变换，其变换电路常称为矢量回转器，用字母 VR 表示。以上的电流变换矩阵与电压变换矩阵和磁链变换矩阵相同。

5.3.5　3 相/2 相之间的旋转变换

3 相/2 相之间的旋转变换是三相 ABC 坐标系与两相 MT 坐标系之间的旋转变换。对于

一个空间矢量，可从三相静止的 *ABC* 坐标系变换到两相静止的 $\alpha\beta$ 坐标系，然后再变换到两相同步旋转的 *MT* 坐标系。综合这两种坐标变换，可将一个空间矢量直接从三相静止的 *ABC* 坐标系变换到两相同步旋转的 *MT* 坐标系。

以定子电流为例，推导坐标变换过程。定义零轴分量 i_0，将式（5-89）改写为

$$\begin{bmatrix} i_{sM} \\ i_{sT} \\ i_0 \end{bmatrix} = \begin{bmatrix} \cos\theta_1 & \sin\theta_1 & 0 \\ -\sin\theta_1 & \cos\theta_1 & 0 \\ 0 & 0 & 1 \end{bmatrix} \begin{bmatrix} i_{s\alpha} \\ i_{s\beta} \\ i_0 \end{bmatrix} \tag{5-91}$$

将式（5-82）代入式（5-91）中，则可得从三相 *ABC* 静止坐标系直接到两相 *MT* 同步旋转坐标系的变换为

$$\begin{aligned}
\begin{bmatrix} i_{sM} \\ i_{sT} \\ i_0 \end{bmatrix} &= \sqrt{\frac{2}{3}} \begin{bmatrix} \cos\theta_1 & \sin\theta_1 & 0 \\ -\sin\theta_1 & \cos\theta_1 & 0 \\ 0 & 0 & 1 \end{bmatrix} \begin{bmatrix} 1 & -\frac{1}{2} & -\frac{1}{2} \\ 0 & \frac{\sqrt{3}}{2} & -\frac{\sqrt{3}}{2} \\ \frac{1}{\sqrt{2}} & \frac{1}{\sqrt{2}} & \frac{1}{\sqrt{2}} \end{bmatrix} \begin{bmatrix} i_A \\ i_B \\ i_C \end{bmatrix} \\
&= \sqrt{\frac{2}{3}} \begin{bmatrix} \cos\theta_1 & \frac{\sqrt{3}}{2}\sin\theta_1 - \frac{1}{2}\cos\theta_1 & -\frac{\sqrt{3}}{2}\sin\theta_1 - \frac{1}{2}\cos\theta_1 \\ -\sin\theta_1 & \frac{1}{2}\sin\theta_1 + \frac{\sqrt{3}}{2}\cos\theta_1 & \frac{1}{2}\sin\theta_1 - \frac{\sqrt{3}}{2}\cos\theta_1 \\ \frac{1}{\sqrt{2}} & \frac{1}{\sqrt{2}} & \frac{1}{\sqrt{2}} \end{bmatrix} \begin{bmatrix} i_A \\ i_B \\ i_C \end{bmatrix} \\
&= \sqrt{\frac{2}{3}} \begin{bmatrix} \cos\theta_1 & \cos(\theta_1 - 120°) & \cos(\theta_1 + 120°) \\ -\sin\theta_1 & -\sin(\theta_1 - 120°) & -\sin(\theta_1 + 120°) \\ \frac{1}{\sqrt{2}} & \frac{1}{\sqrt{2}} & \frac{1}{\sqrt{2}} \end{bmatrix} \begin{bmatrix} i_A \\ i_B \\ i_C \end{bmatrix} \\
&= \boldsymbol{C}_{ABC \to MT} \begin{bmatrix} i_A \\ i_B \\ i_C \end{bmatrix}
\end{aligned} \tag{5-92}$$

从两相 *MT* 同步旋转坐标系直接到三相 *ABC* 静止坐标系的变换为

$$\begin{aligned}
\begin{bmatrix} i_A \\ i_B \\ i_C \end{bmatrix} &= \sqrt{\frac{2}{3}} \begin{bmatrix} \cos\theta_1 & -\sin\theta_1 & \frac{1}{\sqrt{2}} \\ \cos(\theta_1 - 120°) & -\sin(\theta_1 - 120°) & \frac{1}{\sqrt{2}} \\ \cos(\theta_1 + 120°) & -\sin(\theta_1 + 120°) & \frac{1}{\sqrt{2}} \end{bmatrix} \begin{bmatrix} i_{sM} \\ i_{sT} \\ i_0 \end{bmatrix} \\
&= \boldsymbol{C}_{MT \to ABC} \begin{bmatrix} i_{sM} \\ i_{sT} \\ i_0 \end{bmatrix}
\end{aligned} \tag{5-93}$$

式（5-92）和式（5-93）同样适用于电压变换和磁链变换。

5.3.6 直角坐标系与极坐标系之间的变换

直角坐标系与极坐标系之间的变换简称为 *K/P* 变换。在两相坐标系统中，有时需要根据空间矢量$\boldsymbol{x}^{x}$的两个分量 x_{x}、x_{y}（直角坐标）求$\boldsymbol{x}^{x}$的幅值 X 及其与参考轴之间的角距 θ_{x}（极坐标）。当已知 x_{x} 和 x_{y} 时可求得幅值 X 及 θ_{x} 为

$$\left.\begin{aligned} X &= \sqrt{x_{x}^{2}+x_{y}^{2}} \\ \theta_{x} &= \arctan\frac{x_{y}}{x_{x}} \\ \sin\theta_{x} &= \frac{x_{y}}{X} \\ \cos\theta_{x} &= \frac{x_{x}}{X} \end{aligned}\right\} \tag{5-94}$$

图 5-11 是按式（5-94）构成的直角坐标/极坐标变换器（*K/P* 变换器）框图。

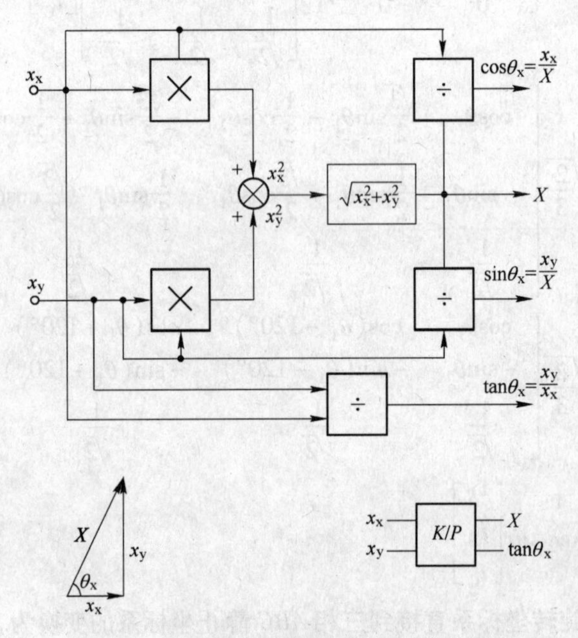

图 5-11　直角坐标系与极坐标系之间的变换

5.4 异步电动机在两相坐标系上的数学模型

5.4.1 异步电动机在任意两相坐标系上的数学模型

从前面的方程推导可知，异步电动机的动态数学模型比较复杂，如果将其用空间矢量方程表示，则异步电动机的数学模型会大大简化。经过空间矢量分解和坐标变换后，异步电动机在 *ABC* 坐标系下的磁链方程、电压方程和转矩方程就可变换为两相互相垂直坐标系上的方程。三相异步电动机的空间矢量方程式在 5.2 节已经导出，现在只要将每个方程式一分为二，就可得到用 x、y 分量表示的异步电动机基本方程式。

设以 A 轴为参考轴的定子电流空间矢量为$\boldsymbol{i}_s^A$，以 a 轴为参考轴的转子电流空间矢量为$\boldsymbol{i}_r^a$，则以 x 轴为参考轴的空间矢量方程可写成

$$\left.\begin{aligned}\boldsymbol{i}_s^x &= \boldsymbol{i}_s^A e^{-j\theta_{Ax}} = i_{sx} + ji_{sy} \\ \boldsymbol{i}_r^x &= \boldsymbol{i}_r^a e^{-j\theta_{ax}} = i_{rx} + ji_{ry}\end{aligned}\right\} \tag{5-95}$$

因此，如已知矢量$\boldsymbol{i}_s^A$ 及$\boldsymbol{i}_r^a$ 并选定 x 轴，就可以得出空间矢量电流的 x、y 分量。

根据异步电动机定子磁链空间矢量方程式（5-52）和转子磁链空间矢量方程式（5-56）可得

$$\left.\begin{aligned}\psi_{sx} &= L_S i_{sx} + L_M i_{rx} \\ \psi_{sy} &= L_S i_{sy} + L_M i_{ry} \\ \psi_{rx} &= L_R i_{rx} + L_M i_{sx} \\ \psi_{ry} &= L_R i_{ry} + L_M i_{sy}\end{aligned}\right\} \tag{5-96}$$

写成矩阵的形式为

$$\begin{bmatrix}\psi_{sx} \\ \psi_{sy} \\ \psi_{rx} \\ \psi_{ry}\end{bmatrix} = \begin{bmatrix}L_S & 0 & L_M & 0 \\ 0 & L_S & 0 & L_M \\ L_M & 0 & L_R & 0 \\ 0 & L_M & 0 & L_R\end{bmatrix}\begin{bmatrix}i_{sx} \\ i_{sy} \\ i_{rx} \\ i_{ry}\end{bmatrix} \tag{5-97}$$

根据异步电动机定子电压空间矢量方程式（5-59）和转子电压空间矢量方程式（5-62）可得

$$\left.\begin{aligned}\boldsymbol{u}_s^x &= (R_s + PL_S + j\dot{\theta}_{Ax} L_S)\boldsymbol{i}_s^x + (P + j\dot{\theta}_{Ax}) L_M \boldsymbol{i}_r^x \\ \boldsymbol{u}_r^x &= (R_r + PL_R + j\dot{\theta}_{Ax} L_S)\boldsymbol{i}_r^x + (P + j\dot{\theta}_{ax}) L_M \boldsymbol{i}_s^x\end{aligned}\right\} \tag{5-98}$$

将$\boldsymbol{u}_s^x = (u_{sx} + ju_{sy})$、$\boldsymbol{u}_r^x = (u_{rx} + ju_{ry})$和式（5-95）代入式（5-98），并考虑方程两边实部和虚部分别相等，则有

$$\left.\begin{aligned}u_{sx} &= (R_s + PL_S) i_{sx} - \dot{\theta}_{Ax} L_S i_{sy} + PL_M i_{rx} - \dot{\theta}_{Ax} L_M i_{ry} \\ u_{sy} &= \dot{\theta}_{Ax} L_S i_{sx} + (R_s + PL_S) i_{sy} + \dot{\theta}_{Ax} L_M i_{rx} + PL_M i_{ry} \\ u_{rx} &= PL_M i_{sx} - \dot{\theta}_{ax} L_M i_{sy} + (R_r + PL_R) i_{rx} - \dot{\theta}_{ax} L_R i_{ry} \\ u_{ry} &= \dot{\theta}_{ax} L_M i_{sx} + PL_M i_{sy} + \dot{\theta}_{ax} L_R i_{rx} + (R_r + PL_R) i_{ry}\end{aligned}\right\} \tag{5-99}$$

写成矩阵的形式为

$$\begin{bmatrix}u_{sx} \\ u_{sy} \\ u_{rx} \\ u_{ry}\end{bmatrix} = \begin{bmatrix}R_s + PL_S & -\dot{\theta}_{Ax} L_S & PL_M & -\dot{\theta}_{Ax} L_M \\ \dot{\theta}_{Ax} L_S & R_s + PL_S & \dot{\theta}_{Ax} L_M & PL_M \\ PL_M & -\dot{\theta}_{ax} L_M & R_r + PL_R & -\dot{\theta}_{ax} L_R \\ \dot{\theta}_{ax} L_M & PL_M & \dot{\theta}_{ax} L_R & R_r + PL_R\end{bmatrix}\begin{bmatrix}i_{sx} \\ i_{sy} \\ i_{rx} \\ i_{ry}\end{bmatrix} \tag{5-100}$$

电磁转矩公式可用定子电流和转子电流的 x、y 分量表示，形式如下：

根据式（5-36），对定子电流代以式（5-75），对转子电流，将式（5-75）中的A、B、C 换以 a、b、c，θ_{Ax}换以 $\theta_{ax}=\theta_{Ax}-\theta$，并令零轴分量等于零，然后整理可得

$$\begin{aligned}T &= -pL_M(i_{sx}i_{ry}-i_{rx}i_{sy})\\&=pL_M(i_{rx}i_{sy}-i_{sx}i_{ry})\\&=-PL_M\Im_m[(i_{sx}-\mathrm{j}i_{sy})(i_{rx}+\mathrm{j}i_{ry})]\\&=-pL_M\Im_m(\boldsymbol{i}_s^{x*}\boldsymbol{i}_r^x)\\&=\frac{1}{2}\mathrm{j}pL_M(\boldsymbol{i}_s^{x*}\boldsymbol{i}_r^x-\boldsymbol{i}_s^x\boldsymbol{i}_r^{x*})\end{aligned}\tag{5-101}$$

将从转子磁链空间矢量方程式（5-56）中得到的$\boldsymbol{i}_r^x=\frac{1}{L_R}\boldsymbol{\psi}_r^x-\frac{L_M}{L_R}\boldsymbol{i}_s^x$ 代入式（5-101）中，有

$$\begin{aligned}T &= -pL_M\Im_m(\boldsymbol{i}_s^{x*}\boldsymbol{i}_r^x)\\&=-pL_M\Im_m\left[\boldsymbol{i}_s^{x*}\left(\frac{1}{L_R}\boldsymbol{\psi}_r^x-\frac{L_M}{L_R}\boldsymbol{i}_s^x\right)\right]\\&=-p\frac{L_M}{L_R}\Im_m(\boldsymbol{i}_s^{x*}\boldsymbol{\psi}_r^x)\\&=-p\frac{L_M}{L_R}(i_{sx}\psi_{ry}-i_{sy}\psi_{rx})\\&=p\frac{L_M}{L_R}(i_{sy}\psi_{rx}-i_{sx}\psi_{ry})\end{aligned}\tag{5-102}$$

5.4.2 异步电动机在两相静止坐标系上的数学模型

对于前面任意两相互相垂直的坐标系，当 x 轴取 A 轴时，则 x 轴称为 α 轴，y 轴称为 β 轴。此坐标系称为两相静止坐标系，$\theta_{Ax}=0$，$\dot{\theta}_{ax}=\dot{\theta}_{Ax}-\omega=-\omega$。如将前述各式中变量下标 x、y 分别换以 α、β，并将$\dot{\theta}_{Ax}$代以零，则磁链方程为

$$\left.\begin{aligned}\psi_{s\alpha}&=L_Si_{s\alpha}+L_Mi_{r\alpha}\\\psi_{s\beta}&=L_Si_{s\beta}+L_Mi_{r\beta}\\\psi_{r\alpha}&=L_Ri_{r\alpha}+L_Mi_{s\alpha}\\\psi_{r\beta}&=L_Ri_{r\beta}+L_Mi_{s\beta}\end{aligned}\right\}\tag{5-103}$$

写成矩阵形式为

$$\begin{bmatrix}\psi_{s\alpha}\\\psi_{s\beta}\\\psi_{r\alpha}\\\psi_{r\beta}\end{bmatrix}=\begin{bmatrix}L_S&0&L_M&0\\0&L_S&0&L_M\\L_M&0&L_R&0\\0&L_M&0&L_R\end{bmatrix}\begin{bmatrix}i_{s\alpha}\\i_{s\beta}\\i_{r\alpha}\\i_{r\beta}\end{bmatrix}\tag{5-104}$$

电压方程式为

$$\begin{bmatrix} u_{s\alpha} \\ u_{s\beta} \\ u_{r\alpha} \\ u_{r\beta} \end{bmatrix} = \begin{bmatrix} R_s + PL_S & 0 & PL_M & 0 \\ 0 & R_s + PL_S & 0 & PL_M \\ PL_M & \omega L_M & R_r + PL_R & \omega L_R \\ -\omega L_M & PL_M & -\omega L_R & R_r + PL_R \end{bmatrix} \begin{bmatrix} i_{s\alpha} \\ i_{s\beta} \\ i_{r\alpha} \\ i_{r\beta} \end{bmatrix} \tag{5-105}$$

转矩方程式

$$T = pL_M(i_{r\alpha} i_{s\beta} - i_{s\alpha} i_{r\beta}) \tag{5-106}$$

式（5－103)、式（5－105）和式（5－106）即是异步电动机在 $\alpha\beta$ 静止坐标系下的动态数学模型。在电压矩阵方程式中，定子阻抗矩阵为常数阵，内含四个零元素；转子阻抗矩阵中含有转子电角速度 $\omega = \dot{\theta}$，因此只有在转子转速为常值时，转子阻抗矩阵才为常数阵。

5.4.3 异步电动机在转子两相旋转坐标系上的数学模型

对于前面任意两相互相垂直的坐标系，当 x 轴取 a 轴时，则 x 轴称为 d 轴，y 轴称为 q 轴。此坐标系称为两相旋转坐标系，$\theta_{ax} = 0$，$\dot{\theta}_{Ax} = \dot{\theta}_{Aa} = \omega$。如将以上各式中变量下标 x、y 分别换以 d、q，并将 $\dot{\theta}_{ax}$ 代以零，则磁链方程为

$$\left.\begin{aligned} \psi_{sd} &= L_S i_{sd} + L_M i_{rd} \\ \psi_{sq} &= L_S i_{sq} + L_M i_{rq} \\ \psi_{rd} &= L_R i_{rd} + L_M i_{sd} \\ \psi_{rq} &= L_R i_{rq} + L_M i_{sq} \end{aligned}\right\} \tag{5-107}$$

写成矩阵形式为

$$\begin{bmatrix} \psi_{sd} \\ \psi_{sq} \\ \psi_{rd} \\ \psi_{rq} \end{bmatrix} = \begin{bmatrix} L_S & 0 & L_M & 0 \\ 0 & L_S & 0 & L_M \\ L_M & 0 & L_R & 0 \\ 0 & L_M & 0 & L_R \end{bmatrix} \begin{bmatrix} i_{sd} \\ i_{sq} \\ i_{rd} \\ i_{rq} \end{bmatrix} \tag{5-108}$$

电压方程式为

$$\begin{bmatrix} u_{sd} \\ u_{sq} \\ u_{rd} \\ u_{rq} \end{bmatrix} = \begin{bmatrix} R_s + PL_S & -\omega L_S & PL_M & -\omega L_M \\ \omega L_S & R_s + PL_S & \omega L_M & PL_M \\ PL_M & 0 & R_r + PL_R & 0 \\ 0 & PL_M & 0 & R_r + PL_R \end{bmatrix} \begin{bmatrix} i_{sd} \\ i_{sq} \\ i_{rd} \\ i_{rq} \end{bmatrix} \tag{5-109}$$

转矩方程式为

$$T = pL_M(i_{rd} i_{sq} - i_{sd} i_{rq}) \tag{5-110}$$

式（5－107)、式（5－109）和式（5－110）即是异步电动机在 dq 转子旋转坐标系下的动态数学模型。在电压矩阵方程式中，转子阻抗矩阵为常数阵，内含四个零元素；定子阻抗矩阵中含有转子电角速度 $\omega = \dot{\theta}$，因此只有在转子转速为常值时，定子阻抗矩阵才为常数阵。

5.4.4 异步电动机在两相同步旋转坐标系上的数学模型

对于前面任意两相互相垂直的坐标系，当 x 轴取同步旋转轴时，则 x 轴称为 M 轴，y

轴称为 T 轴。此坐标系称为两相同步旋转坐标系，$\dot{\theta}_{Ax}=\omega_1=2\pi f_1$，$\dot{\theta}_{ax}=\omega_1-\omega=\omega_S$。

现取 x 轴的方向为转子总磁链空间矢量 $\boldsymbol{\psi}_r$ 的方向，这时有 $\psi_{rx}=\psi_{rM}=\psi_r$，$\psi_{ry}=\psi_{rT}=0$。如将以上各式中变量下标 x、y 分别换以 M、T，则磁链方程为

$$\left.\begin{aligned}\psi_{sM}&=L_S i_{sM}+L_M i_{rM}\\ \psi_{sT}&=L_S i_{sT}+L_M i_{rT}\\ \psi_{rM}&=L_R i_{rM}+L_M i_{sM}=\psi_r\\ \psi_{rT}&=L_R i_{rT}+L_M i_{sT}=0\end{aligned}\right\}\tag{5-111}$$

写成矩阵的形式为

$$\begin{bmatrix}\psi_{sM}\\ \psi_{sT}\\ \psi_r\\ 0\end{bmatrix}=\begin{bmatrix}L_S & 0 & L_M & 0\\ 0 & L_S & 0 & L_M\\ L_M & 0 & L_R & 0\\ 0 & L_M & 0 & L_R\end{bmatrix}\begin{bmatrix}i_{sM}\\ i_{sT}\\ i_{rM}\\ i_{rT}\end{bmatrix}\tag{5-112}$$

对于异步电动机，一般都设转子短路，即 $u_r=0$，有 $u_{rM}=0$，$u_{rT}=0$。则电压方程式为

$$\begin{bmatrix}u_{sM}\\ u_{sT}\\ 0\\ 0\end{bmatrix}=\begin{bmatrix}R_s+PL_S & -\omega_1 L_S & PL_M & -\omega_1 L_M\\ \omega_1 L_S & R_s+PL_S & \omega_1 L_M & PL_M\\ PL_M & -\omega_S L_M & R_r+PL_R & -\omega_S L_R\\ \omega_S L_M & PL_M & \omega_S L_R & R_r+PL_R\end{bmatrix}\begin{bmatrix}i_{sM}\\ i_{sT}\\ i_{rM}\\ i_{rT}\end{bmatrix}\tag{5-113}$$

转矩方程式由式（5-102）得

$$T=p\frac{L_M}{L_R}(i_{sT}\psi_{rM}-i_{sM}\psi_{rT})\tag{5-114}$$

对于同步旋转坐标系下的转子磁链，满足 $\psi_{rT}=0$ 和 $\psi_{rM}=\psi_r$ 的条件。所以式（5-114）可简化为

$$T=p\frac{L_M}{L_R}\psi_r i_{sT}\tag{5-115}$$

式（5-111）、式（5-113）和式（5-114）即是异步电动机在 MT 同步旋转坐标系下的动态数学模型。

结合式（5-112）和式（5-113），可得转子磁链为

$$\psi_r=\frac{L_M}{1+T_r P}i_{sM}\tag{5-116}$$

式中，$T_r=\dfrac{L_R}{R_r}$为转子回路时间常数。

式（5-116）说明，转子总磁链 ψ_r 受 i_{sM} 控制，并有一阶滞后关系。因此把 i_{sM} 称为定子电流的励磁分量，而把 i_{sT} 称为定子电流的转矩分量。可见在磁场定向的 MT 坐标系中，定子电流被分为两个独立的变量 i_{sM} 及 i_{sT}，它们可以分别对电动机的磁通和转矩进行控制，如同在他励直流电动机中用励磁电流控制磁通、用电枢电流控制转矩一样。

5.5　异步电动机的矢量控制

5.5.1　矢量控制的基本思想

矢量控制（Vector Control，简称 VC）是从 20 世纪 70 年代初期开始发展起来的一种新的控制技术，它能使异步电动机得到和直流电动机一样的调速特性，目前已经成为较理想的高性能异步电动机调速方法。在异步电动机矢量控制系统中，通常把转子磁链的方向定向到同步旋转坐标系中磁场轴的方向，所以又称为磁场定向控制（Field Orientation Control，简称 FOC）。另外，磁场定向也可以是定子磁链定向和气隙磁场定向。

他励直流电动机是一种动态性能很好的电气传动装置。由于其结构上的特点，所以它的电磁转矩和磁场都很容易控制，其工作原理可用图 5－12 来说明。

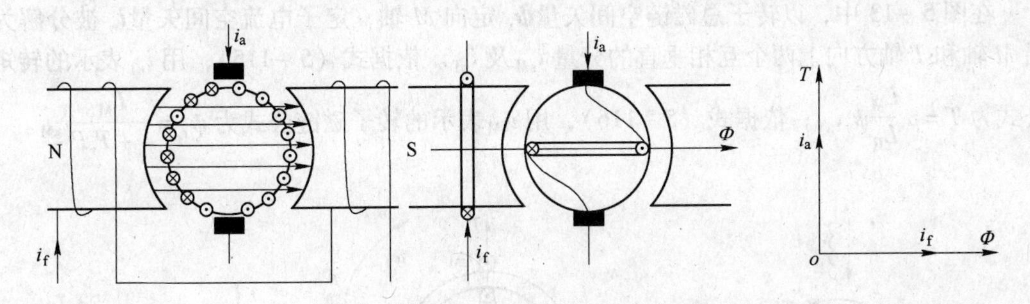

图 5－12　他励直流电动机工作原理

在励磁绕组 f 中通以励磁电流 i_f，电枢电流 i_a 则通过电刷及换向器流入电枢绕组。由于电刷和换向器的作用，使得电枢绕组虽然在转动但其产生的电枢磁场在空间却是固定不动的。因此可以用一个等效的静止绕组来代替实际的电枢绕组。这个等效静止绕组的轴线与励磁绕组轴线垂直，绕组中流过电枢电流 i_a，产生的磁场与实际电枢绕组产生的磁场相同，并且由于实际电枢绕组在旋转，因此等效静止绕组中有一感应电势 e_a。这样，就可以用等效模型来代替实际的他励直流电动机。

励磁绕组中通入的励磁电流产生主极磁通 Φ，电枢绕组电流 i_a 和 Φ 作用产生电磁转矩 T。无论电动机处于稳态或动态，它产生的电磁转矩都是 $T = C_T\Phi i_a$。由于励磁绕组轴线与等效的电枢静止绕组轴线互相垂直，再利用补偿绕组的磁势抵消掉电枢磁势对主极磁通的影响，因此可以认为主极磁通 Φ 仅与励磁电流 i_f 有关而与电枢电流 i_a 无关。在坐标系中，磁通 Φ 与转矩 T 垂直，励磁电流 i_f 与电枢电流 i_a 垂直，从而保证了励磁电流 i_f 只控制磁通，电枢电流 i_a 只控制转矩。

笼型转子异步电动机的原理图和等效变换后的原理图如图 5－13 所示。该型电动机定子上有三个对称绕组，转子绕组则由彼此互相短路的导体组成。能够直接控制的变量只有定子电压（或电流）及定子的频率。它没有独立的励磁绕组，所以有效磁通不能以简单的形式决定。异步电动机（包括笼型转子异步电动机及绕线转子异步电动机）的电磁转矩公式为

$$T = C_T\Phi_m i_r \cos\varphi_2$$

式中，Φ_m 是由定、转子电流共同作用产生的气隙合成磁通，它以同步旋转角频率 ω_1 在空间旋转；i_r 是转子电流空间矢量的幅值，不能直接控制。磁通空间矢量 Φ_m 与转子电流空间矢量$\boldsymbol{i}_r$ 之间的相位角为 $90° + \varphi_2$，而不像直流电动机那样 i_a 与 Φ 互相垂直。同时 φ_2 又是转差频率 ω_S 的函数。ω_S 越大，i_r 的去磁作用就越强。当定子电流频率增加时，转差频率 ω_S 增大，转矩增加，但气隙磁通 Φ_m 趋向于减弱。磁通的这个瞬态下降使电动机电磁转矩的响应变得迟缓。这种复杂的耦合作用使得异步电动机的电磁转矩难以准确控制。为了实现异步电动机的转矩和磁场的解耦控制，可采用转子磁场定向的矢量控制方法，完成异步电动机的高性能动态控制。

异步电动机的矢量控制就是仿效直流电动机的控制模式，在动态数学模型的基础上，经过等效变换，将异步电动机定子电流的转矩分量和磁场分量进行解耦，然后通过控制电流的转矩分量来控制异步电动机的转矩，通过控制电流的磁场分量来控制异步电动机的磁通，最终实现异步电动机的动态高性能控制的目标。

在图 5 - 13 中，以转子总磁链空间矢量$\boldsymbol{\psi}_r$ 定向 M 轴，定子电流空间矢量$\boldsymbol{i}_s$ 被分解为沿 M 轴和 T 轴方向上两个互相垂直的分量 i_{sM}及 i_{sT}。依据式（5 - 115），用 i_{sT}表示的转矩公式为 $T = p\dfrac{L_M}{L_R}\psi_r i_{sT}$；依据式（5 - 116），用 i_{sM}表示的转子磁链公式为 $\psi_r = \dfrac{L_M}{1 + T_r P} i_{sM}$。

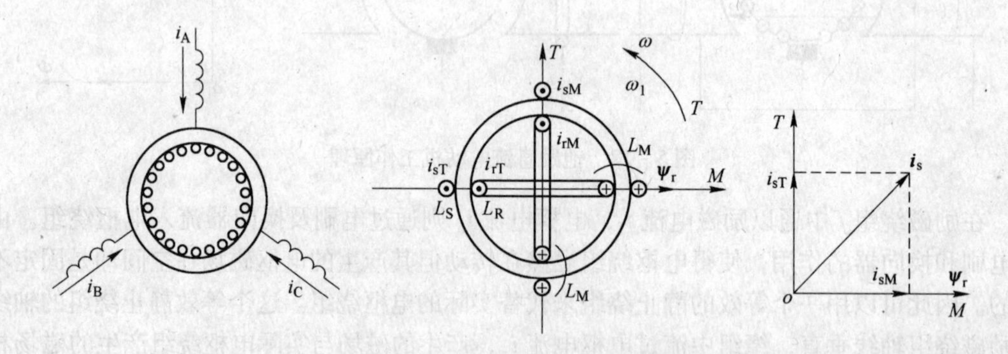

图 5 - 13　异步电动机在 MT 坐标系下的模型

由于 i_{sT}与 i_{sM}互相垂直，是解耦的，因而可以独立改变某一个变量而不致影响另一个变量。其中，i_{sM}用于产生磁链 ψ_r，它与直流电动机的励磁电流相当；i_{sT}用于产生电磁转矩，它与直流电动机的电枢电流相当。在额定频率以下运行时 ψ_r 保持不变而靠改变 i_{sT}来调节转矩 T，这与他励直流电动机的转矩控制是一样的。

经过上述矢量控制分析，应用空间矢量和坐标变换，仿照直流电动机调速系统，可以形成异步电动机矢量控制系统的原理框图，如图 5 - 14 所示。从图中可以看出，如果将虚框中的内容删除，则就是典型的直流电动机调速系统。

5.5.2　异步电动机的矢量控制原理

在图 5 - 13 的 MT 坐标系异步电动机模型中，通过坐标变换把定子三相绕组等效为与$\boldsymbol{\psi}_r$ 同步旋转的两相绕组，即轴线与$\boldsymbol{\psi}_r$ 平行的 M_s 绕组及与$\boldsymbol{\psi}_r$ 垂直的 T_s 绕组。这时 M_s、T_s 绕组中的电流 i_{sM}、i_{sT}都是直流。转子三相绕组（绕线转子异步电动机）也同样被变换

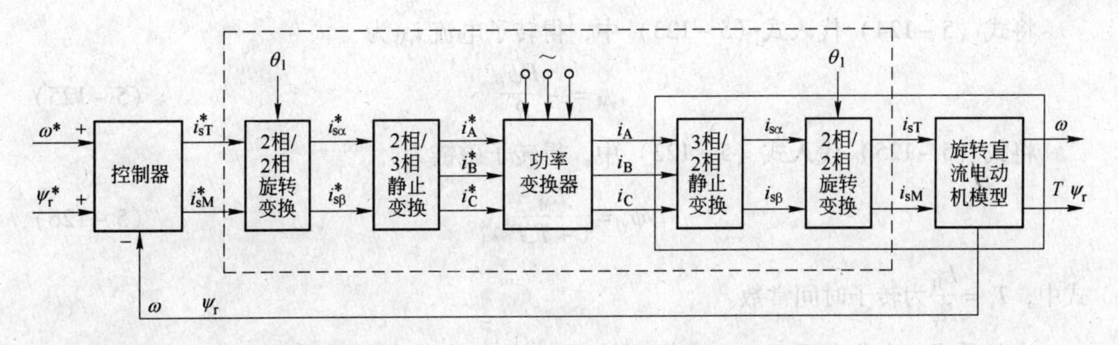

图 5－14　异步电动机矢量控制系统的原理框图

成 MT 坐标系中的 M_r、T_r 两个绕组。

5.5.2.1　电磁转矩 T

电磁转矩可以看成由转子磁链空间矢量$\boldsymbol{\psi}_r$ 与转子电流空间矢量$\boldsymbol{i}_r$ 相互作用产生的。由于 i_{rM}产生的磁势与$\boldsymbol{\psi}_r$ 方向一致，所以它不产生电磁转矩，产生转矩的只有$\boldsymbol{i}_r$ 的 T 轴分量 i_{rT}，故有

$$T = -i_{rT}\psi_r \tag{5-117}$$

根据转子磁场定向原理，T 轴上转子磁链 $\psi_{rT}=0$，从式（5－112）中得

$$L_R i_{rT} + L_M i_{sT} = 0 \tag{5-118}$$

式（5－118）说明，为了使 $\psi_{rT}=0$，定子 T 轴绕组电流 i_{sT}在转子侧产生的互感磁链 $L_M i_{sT}$必须抵消掉转子 T 轴绕组产生的磁链 $L_R i_{rT}$，这相当于直流电动机的补偿绕组作用。故 i_{sT}与 i_{rT}之间应满足下式关系：

$$i_{rT} = -\frac{L_M}{L_R} i_{sT} \tag{5-119}$$

把式（5－119）代入式（5－117）中得

$$T = \frac{L_M}{L_R}\psi_r i_{sT} \tag{5-120}$$

式（5－120）是对图 5－13 所示两极电动机模型导出的，若极对数为 p 则该式变为

$$T = p\frac{L_M}{L_R}\psi_r i_{sT} \tag{5-121}$$

5.5.2.2　转子磁链 ψ_r

转子磁链 ψ_r 是由定子 M 轴绕组电流 i_{sM}在转子侧产生的互感磁链 $L_M i_{sM}$与转子 M 轴绕组电流 i_{rM}产生的磁链 $L_R i_{rM}$两者之和，即

$$\psi_r = L_R i_{rM} + L_M i_{sM} \tag{5-122}$$

转子电流 i_{rM}由转子 M 轴绕组电势 e_{rM}产生的，则有

$$i_{rM} = \frac{e_{rM}}{R_r} \tag{5-123}$$

由于转子 M 轴绕组与转子磁链空间矢量$\boldsymbol{\psi}_r$ 方向一致，所以不产生旋转电势，但当$\boldsymbol{\psi}_r$ 发生变化时，即产生变压器电势 e_{rM}，即

$$e_{rM} = -\frac{d\psi_r}{dt} = -P\psi_r \tag{5-124}$$

将式（5－124）代入式（5－123）中，得转子电流 i_{rM} 为

$$i_{rM}=-\frac{P\psi_r}{R_r} \tag{5-125}$$

将式（5－125）代入式（5－122）中，得转子磁链为

$$\psi_r=\frac{L_M}{1+T_rP}i_{sM} \tag{5-126}$$

式中，$T_r=\frac{L_R}{R_r}$为转子时间常数。

由此看出，在稳态下 $P\psi_r=0$，此时转子 M_r 绕组中的变压器电势 $e_{rM}=0$，$i_{rM}=0$，因此 $\psi_r=L_Mi_{sM}$，完全由定子 M_s 绕组中的电流 i_{sM} 产生。当改变 i_{sM} 时，ψ_r 将发生变化，于是在转子 M_r 绕组中立即产生电势 $e_{rM}=-P\psi_r$，由此又会产生电流 i_{rM} 及磁链 L_Ri_{rM}，阻碍 ψ_r 的变化，使 ψ_r 的变化滞后于 i_{sM}。这与直流电动机中通过励磁电流调节主极磁通相当。所以转子磁链的控制，实质上是电流的控制。

5.5.2.3 转差频率 ω_s

从两相同步旋转坐标系中的电压方程式（5－113）得

$$\begin{aligned}0&=\omega_sL_Mi_{sM}+PL_Mi_{sT}+\omega_sL_Ri_{rM}+(R_r+PL_R)i_{rT}\\&=\omega_s(L_Mi_{sM}+L_Ri_{rM})+P(L_Mi_{sT}+L_Ri_{rT})+R_ri_{rT}\end{aligned} \tag{5-127}$$

根据式（5－111），转子磁场定向时，转子磁链 M 轴分量和 T 轴分量分别为

$$\left.\begin{aligned}\psi_{rM}&=L_Ri_{rM}+L_Mi_{sM}=\psi_r\\\psi_{rT}&=L_Ri_{rT}+L_Mi_{sT}=0\end{aligned}\right\} \tag{5-128}$$

将式（5－128）代入式（5－127）中得

$$\omega_s\psi_r+R_ri_{rT}=0 \tag{5-129}$$

式（5－129）说明，由于 T 轴方向 $\psi_{rT}=0$，所以在等效的转子 T 轴绕组中没有变压器电势 $P\psi_r$。但却有旋转电势 $e_{rT}=-\omega_s\psi_r$，因而产生了转子 T 轴电流 i_{rT}。

把式（5－119）和式（5－126）代入式（5－129）中得

$$\omega_s=\frac{1+T_rP}{T_r}\frac{i_{sT}}{i_{sM}} \tag{5-130}$$

由于 $\omega_s=\omega_1-\omega$，所以有

$$\omega_1=\frac{1+T_rP}{T_r}\frac{i_{sT}}{i_{sM}}+\omega \tag{5-131}$$

令$\frac{i_{sT}}{i_{sM}}=\tan\varepsilon$，则 ε 是定子电流空间矢量$\boldsymbol{i}_s$与 M 轴之间的夹角，$\theta_1=\int\omega_1\mathrm{d}t$ 为 MT 坐标系中 M 轴与 A 轴之间的夹角，如图 5－15 所示。虽然电磁转矩是由 i_{rT} 与 ψ_r 作用产生的，但式（5－129）说明，只有在一定的转差频率 ω_s 下才能产生 i_{rT}，所以转差频率 ω_s 对转矩的建立起到了非常重要的作用。在 MT 坐标系中，当通

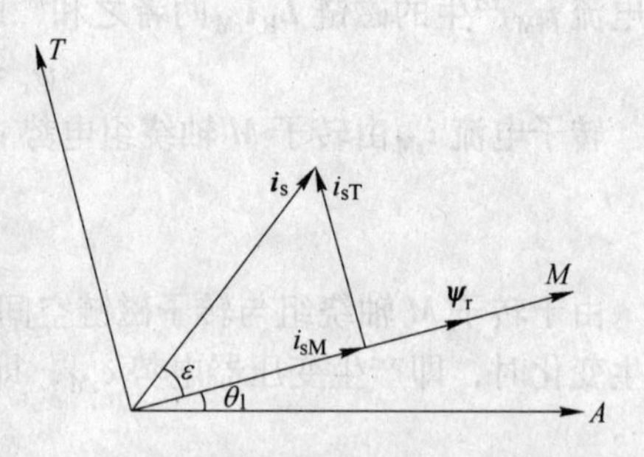

图 5－15 MT 坐标系及电流空间矢量分解

过给出定子电流 T 轴分量 i_{sT} 来控制转矩时，若保持 i_{sM} 不变，则定子电流矢量 $\boldsymbol{i}_s$ 的相位角 ε 即发生变化，从而使转差频率得到改变。可见矢量控制方法不仅控制了定子电流的幅值，而且还控制了它的相位。

式（5－121）、式（5－126）和式（5－130）是异步电动机矢量控制的基本关系式。从这些关系式可得出结论：只要把定子电流空间矢量分解成与转子磁链空间矢量 $\boldsymbol{\psi}_r$ 平行和垂直的两个分量进行控制，就可以独立地控制异步电动机的磁场和转矩。由于 MT 坐标系中的 i_{sM} 和 i_{sT} 都是直流量，所以其各自的控制与他励直流电动机的励磁电流和电枢电流的控制相对应。通常称 i_{sT} 为定子电流的转矩分量，称 i_{sM} 为励磁分量。

这里应当提及的是，当异步电动机在工频电源电压恒定情况下运行时，电动机的电磁转矩有一最大值，但在矢量控制中，由于引进了转子磁链，则当控制 i_{sM} 以维持电动机磁场恒定时，电磁转矩与定子电流的转矩分量成正比，所以电磁转矩没有上限值。此外，由于实现了 i_{sM} 和 i_{sT} 的解耦控制，因而产生了快速的动态响应，这就使得异步电动机矢量控制系统能够满足高精度和高性能的电气传动系统用途。

5.5.3 转子磁链模型

在图 5－16 所示转子磁链定向的系统中，α 轴被定位在定子 A 轴上，MT 坐标系以同步角速度 ω_1 旋转，并且转子磁链空间矢量 $\boldsymbol{\psi}_r$ 被定位在 M 轴上。为了实现矢量控制，定子电流空间矢量 $\boldsymbol{i}_s$ 的励磁分量和转矩分量必须分别对准 M 轴和 T 轴。这就需要确定转子磁链 $\boldsymbol{\psi}_r$ 的瞬时空间相角 θ_1。另外，对 MT 坐标系统运行参数的指令值和实际检测值进行数学运算和处理时，又需要知道 $\boldsymbol{\psi}_r$ 的幅值 ψ_r。直接检测空间矢量 $\boldsymbol{\psi}_r$ 的相角及幅值很困难，所以可通过检测定子电压、电流、转速，根据电动机的动态数学模型而求出转子磁链空间矢量的空间相角 θ_1 和幅值 ψ_r。对转子磁链计算的方法主要有电压模型法、电流模型法、转差频率模型法，它们各有其优缺点。在实际控制系统中，多采用电压模型法和电流模型法，或者电压模型法和转差频率模型法的混合切换控制。

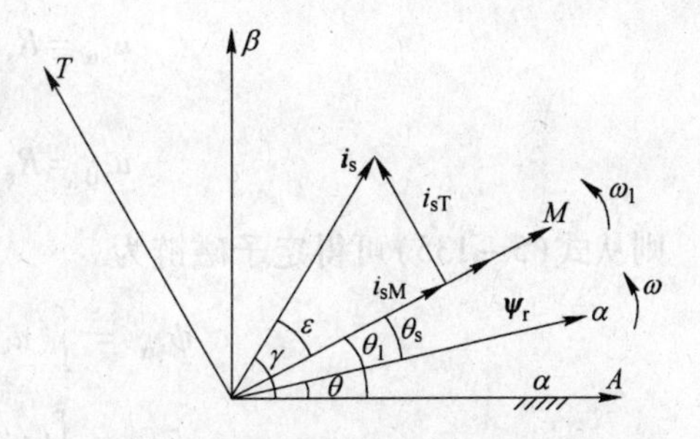

图 5－16 转子磁链定向矢量控制图

5.5.3.1 电压模型法

电压模型法主要应用定子电压和定子电流的检测值，根据异步电动机在两相静止坐标系下的数学模型来计算转子磁链空间矢量的幅值和相角。

根据 $\alpha\beta$ 坐标系下定子磁链方程式（5－103）有

$$\left.\begin{aligned}\psi_{s\alpha} &= L_S i_{s\alpha} + L_M i_{r\alpha}\\ \psi_{s\beta} &= L_S i_{s\beta} + L_M i_{r\beta}\end{aligned}\right\}$$

则转子电流为

$$
\left.\begin{aligned}
i_{r\alpha} &= \frac{1}{L_M}(\psi_{s\alpha} - L_S i_{s\alpha}) \\
i_{r\beta} &= \frac{1}{L_M}(\psi_{s\beta} - L_S i_{s\beta})
\end{aligned}\right\} \tag{5-132}
$$

根据 $\alpha\beta$ 坐标系下转子磁链方程式（5-103）有

$$
\left.\begin{aligned}
\psi_{r\alpha} &= L_R i_{r\alpha} + L_M i_{s\alpha} \\
\psi_{r\beta} &= L_R i_{r\beta} + L_M i_{s\beta}
\end{aligned}\right\} \tag{5-133}
$$

将式（5-132）代入式（5-133）中，则转子磁链为

$$
\left.\begin{aligned}
\psi_{r\alpha} &= \frac{L_R}{L_M}(\psi_{s\alpha} - L_S i_{s\alpha}) + L_M i_{s\alpha} = \frac{L_R}{L_M}(\psi_{s\alpha} - \sigma L_S i_{s\alpha}) \\
\psi_{r\beta} &= \frac{L_R}{L_M}(\psi_{s\beta} - L_S i_{s\beta}) + L_M i_{s\beta} = \frac{L_R}{L_M}(\psi_{s\beta} - \sigma L_S i_{s\beta})
\end{aligned}\right\} \tag{5-134}
$$

式中，$\sigma = 1 - \frac{L_M^2}{L_S L_R}$为漏磁链系数。

由于异步电动机定子电压为

$$
\left.\begin{aligned}
u_{s\alpha} &= R_s i_{s\alpha} + \frac{d\psi_{s\alpha}}{dt} \\
u_{s\beta} &= R_s i_{s\beta} + \frac{d\psi_{s\beta}}{dt}
\end{aligned}\right\} \tag{5-135}
$$

则从式(5-135)可得定子磁链为

$$
\left.\begin{aligned}
\psi_{s\alpha} &= \int (u_{s\alpha} - R_s i_{s\alpha})\,dt \\
\psi_{s\beta} &= \int (u_{s\beta} - R_s i_{s\beta})\,dt
\end{aligned}\right\} \tag{5-136}
$$

将式（5-136）代入式（5-134）中，可得转子磁链为

$$
\left.\begin{aligned}
\psi_{r\alpha} &= \frac{L_R}{L_M}\left[\int (u_{s\alpha} - R_s i_{s\alpha})\,dt - \sigma L_S i_{s\alpha}\right] \\
\psi_{r\beta} &= \frac{L_R}{L_M}\left[\int (u_{s\beta} - R_s i_{s\beta})\,dt - \sigma L_S i_{s\beta}\right]
\end{aligned}\right\} \tag{5-137}
$$

根据式(5-137)，应用直角坐标与极坐标的变换公式，可得转子磁链空间矢量幅值和相角为

$$
\left.\begin{aligned}
\psi_r &= \sqrt{\psi_{r\alpha}^2 + \psi_{r\beta}^2} \\
\theta_1 &= \arctan\frac{\psi_{r\beta}}{\psi_{r\alpha}} \\
\sin\theta_1 &= \frac{\psi_{r\alpha}}{\psi_r} \\
\cos\theta_1 &= \frac{\psi_{r\beta}}{\psi_r}
\end{aligned}\right\} \tag{5-138}
$$

图5－17为电压模型法的运算电路框图。式(5－137)中的$u_{s\alpha}$、$u_{s\beta}$以及$i_{s\alpha}$、$i_{s\beta}$可由检测到的定子相电压、相电流信号经3相/2相坐标变换求得。

电压模型法适用于电动机转速大于5%～10%的情况。由于电动机在低速时，定子电压较低，且定子电压降很难得到精确的补偿，所以应用电压模型法计算转子磁链不准确。

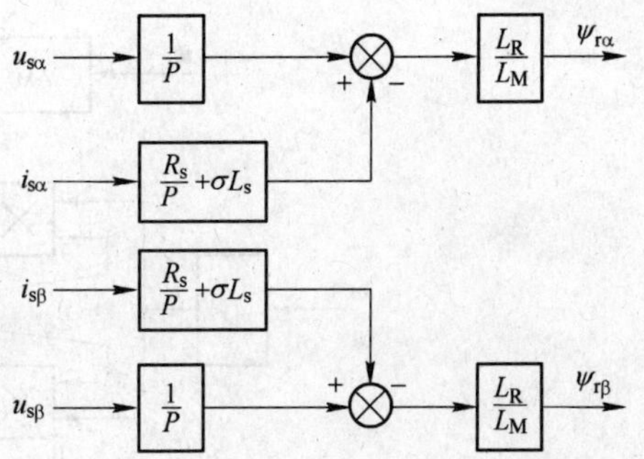

图5－17 电压模型法转子磁链运算电路框图

5.5.3.2 电流模型法

电流模型法主要应用定子电流和转子速度的检测值，根据异步电动机在两相静止坐标系下的数学模型来计算转子磁链空间矢量的幅值和相角。

根据$\alpha\beta$坐标系下转子磁链方程式(5－103)有

$$\left.\begin{aligned}\psi_{r\alpha}&=L_R i_{r\alpha}+L_M i_{s\alpha}\\ \psi_{r\beta}&=L_R i_{r\beta}+L_M i_{s\beta}\end{aligned}\right\} \tag{5－139}$$

则转子电流为

$$\left.\begin{aligned}i_{r\alpha}&=\frac{1}{L_R}(\psi_{r\alpha}-L_M i_{s\alpha})\\ i_{r\beta}&=\frac{1}{L_R}(\psi_{r\beta}-L_M i_{s\beta})\end{aligned}\right\} \tag{5－140}$$

由$\alpha\beta$坐标系下转子电压方程式（5－105），并考虑转子短路时，$u_{r\alpha}=0$，$u_{r\beta}=0$，则有

$$\left.\begin{aligned}PL_M i_{s\alpha}+\omega L_M i_{s\beta}+(R_r+PL_R)i_{r\alpha}+\omega L_R i_{r\beta}=0\\ PL_M i_{s\beta}-\omega L_M i_{s\alpha}+(R_r+PL_R)i_{r\beta}-\omega L_R i_{r\alpha}=0\end{aligned}\right\} \tag{5－141}$$

将式（5－139）代入式（5－141），整理后得

$$\left.\begin{aligned}P\psi_{r\alpha}+\omega\psi_{r\beta}+R_r i_{r\alpha}=0\\ P\psi_{r\beta}-\omega\psi_{r\alpha}+R_r i_{r\beta}=0\end{aligned}\right\} \tag{5－142}$$

将式（5－140）代入式（5－142），可得转子磁链为

$$\left.\begin{aligned}\psi_{r\alpha}&=\frac{1}{1+T_r P}(L_M i_{s\alpha}-T_r\psi_{r\beta}\omega)\\ \psi_{r\beta}&=\frac{1}{1+T_r P}(L_M i_{s\beta}+T_r\psi_{r\alpha}\omega)\end{aligned}\right\} \tag{5－143}$$

式中，$T_r=\dfrac{L_R}{R_r}$为转子时间常数。

根据式（5－143），应用直角坐标与极坐标的变换公式，得到转子磁链空间矢量幅值和相角即为式（5－138）的形式。

图5－18为电流模型法的运算电路框图。式（5－143）中的$i_{s\alpha}$、$i_{s\beta}$可由检测到的定子相电流信号经3相/2相坐标变换求得，ω可由电动机转子速度检测器直接测得。

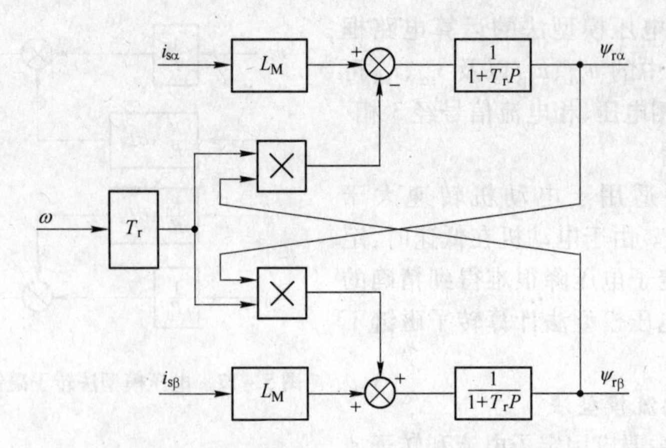

图 5－18 电流模型法转子磁链运算电路框图

电流模型法在全速度范围内均能得到较准确的 ψ_r 和 θ_1。但是应当注意，由于温度变化和趋肤效应，会使转子电阻发生较大的变化，导致转子时间常数 T_r 改变，因而可能降低转子磁链的计算精度。

5.5.3.3 转差频率模型法

转差频率模型法主要应用旋转坐标系下的定子电流的励磁分量和转矩分量计算转差频率 ω_s，然后通过检测电动机速度来计算转子磁链空间矢量的幅值和相角。

三相 ABC 坐标系下的定子电流 i_A、i_B、i_C 经 3 相/2 相静止变换后，变成 $\alpha\beta$ 坐标系下的 $i_{s\alpha}$、$i_{s\beta}$，再经 2 相/2 相的旋转变换后，得到 MT 坐标系下的 i_{sM}、i_{sT}。

根据矢量控制方程式（5－126），可得转子磁链空间矢量幅值 ψ_r 为

$$\psi_r = \frac{L_M}{1 + T_r P} i_{sM} \tag{5-144}$$

根据矢量控制方程式（5－130），可得转差频率 ω_s 为

$$\omega_s = \frac{1 + T_r P}{T_r} \frac{i_{sT}}{i_{sM}}$$

由此可得转子磁链空间矢量相角 θ_1 为

$$\theta_1 = \int \omega_1 \mathrm{d}t = \int (\omega_s + \omega) \mathrm{d}t = \int \left(\frac{1 + T_r P}{T_r} \frac{i_{sT}}{i_{sM}} \right) \mathrm{d}t + \int \omega \mathrm{d}t \tag{5-145}$$

图 5－19 为转差频率模型法的运算电路框图。式（5－143）中的 i_{sM}、i_{sT} 可由检测到的定子相电流信号经 3 相/2 相和 2 相/2 相坐标变换求得，ω 可由电动机转子速度检测器直接测得。

转差频率模型法比较准确，易于实现数字化，在矢量控制系统中被广泛采用。由于转差频率 ω_s 很小，转速 ω 的微小变化，都会造成转子磁链空间矢量的相位误差，从而带来矢量控制不准确，所以转速 ω 的检测装置必须采用高精度的编码器。

另外，转差频率模型法也可应用给定的定子电流励磁分量和转矩分量来替代实际检测值。这种替换可省去矢量变换，简化计算，但却会由于电动机参数的不准确而带来很大的模型误差。

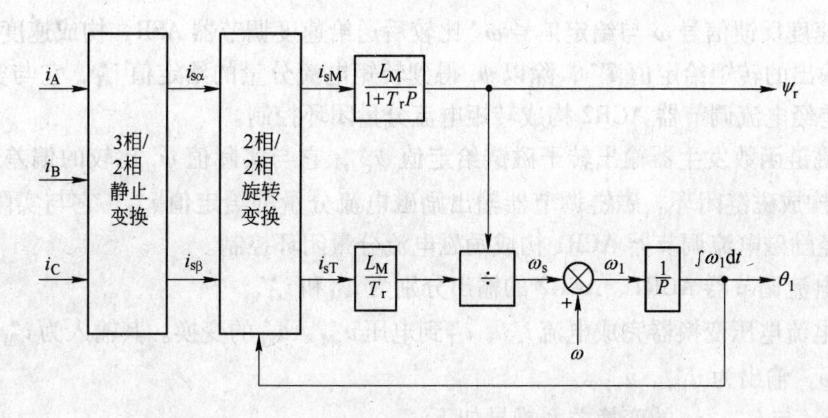

图 5－19　转差频率模型法转子磁链运算电路框图

5.5.4　异步电动机矢量控制系统

异步电动机矢量控制系统根据转子磁链计算方法的不同和 PWM 波形产生方法的不同而有多种结构形式，分述如下。

5.5.4.1　基于电压模型法的 SPWM 电压型逆变器矢量控制系统

图 5－20 为基于电压模型法的 SPWM 电压型逆变器矢量控制系统框图。在该系统中，转子磁链的计算基于电压模型法，转速闭环调节，磁链闭环调节。M 为异步电动机，TG 为转速测量装置。

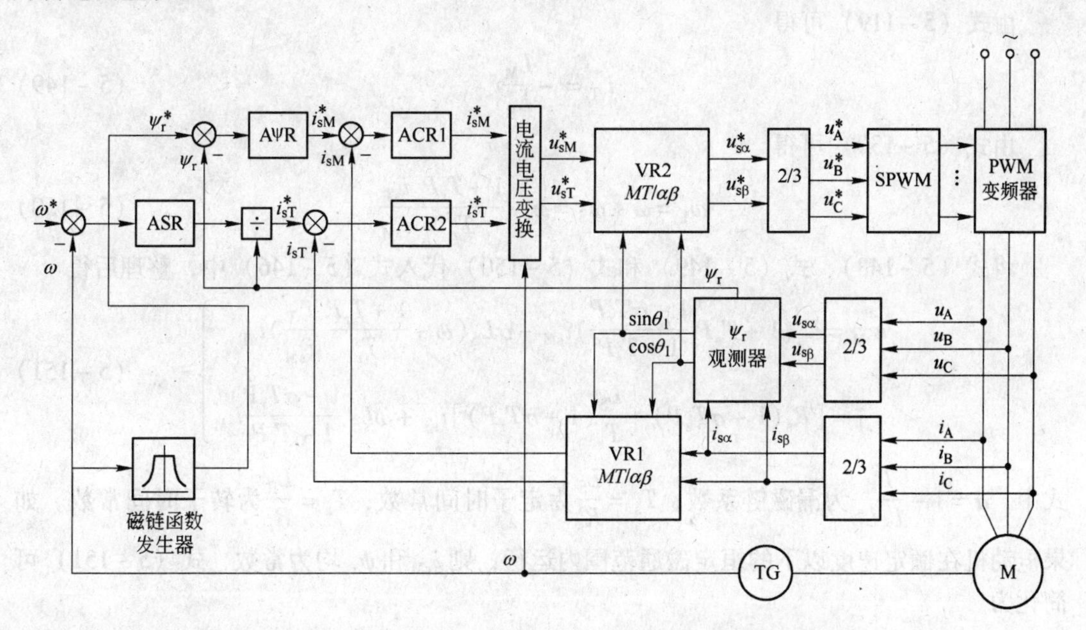

图 5－20　基于电压模型法的 SPWM 电压型逆变器矢量控制系统

（1）根据定子电压和电流的检测值，经 3 相/2 相变换得到 $u_{s\alpha}$、$u_{s\beta}$ 及 $i_{s\alpha}$、$i_{s\beta}$。由电压模型法中的式（5－137）、式（5－138）计算得出 ψ_r、$\sin\theta_1$ 和 $\cos\theta_1$。

（2）由 $\sin\theta_1$、$\cos\theta_1$ 和 $i_{s\alpha}$、$i_{s\beta}$ 经矢量回转器 VR1 运算得出 i_{sM}、i_{sT}。

（3）速度反馈信号 ω 与给定信号 ω^* 比较后送给速度调节器 ASR，构成速度闭环。速度调节器输出的转矩给定值 T^*，除以 ψ_r 得到转矩电流分量的给定值 i_{sT}^*，它与实际值 i_{sT} 比较的偏差经电流调节器 ACR2 构成转矩电流分量闭环控制。

（4）磁链函数发生器输出转子磁链给定值 ψ_r^*，它与实际值 ψ_r 比较的偏差经磁链调节器 AψR 构成磁链闭环。磁链调节器输出励磁电流分量的给定值 i_{sM}^*，它与实际值 i_{sM} 比较的偏差经励磁电流调节器 ACR1 构成励磁电流分量闭环控制。

（5）电流调节器 ACR1、ACR2 的输出分别为 i_{sM}^* 和 i_{sT}^*。

（6）电流电压变换器完成电流 i_{sM}^*、i_{sT}^* 到电压 u_{sM}^*、u_{sT}^* 的变换。其输入为 i_{sM}^*、i_{sT}^* 和电动机速度 ω，输出为 u_{sM}^*、u_{sT}^*。

u_{sM}、u_{sT} 与 i_{sM}、i_{sT} 的变换关系推导如下：

由 MT 坐标系电压方程式（5－113）可得

$$\left.\begin{aligned}u_{sM}&=(R_s+PL_S)i_{sM}-\omega_1 L_S i_{sT}+PL_M i_{rM}-\omega_1 L_M i_{rT}\\u_{sT}&=\omega_1 L_S i_{sM}+(R_s+PL_S)i_{sT}+\omega_1 L_M i_{rM}+PL_M i_{rT}\end{aligned}\right\}\tag{5-146}$$

由式（5－122）和式（5－126）可得

$$\psi_r=L_R i_{rM}+L_M i_{sM}=\frac{L_M}{1+T_r P}i_{sM}\tag{5-147}$$

从式（5－147）解出

$$i_{rM}=-\frac{L_M}{L_R}\frac{T_r P}{1+T_r P}i_{sM}\tag{5-148}$$

由式（5－119）可得

$$i_{rT}=-\frac{L_M}{L_R}i_{sT}\tag{5-149}$$

由式（5－130）可得

$$\omega_1=\omega+\omega_S=\omega+\frac{1+T_r P}{T_r}\frac{i_{sT}}{i_{sM}}\tag{5-150}$$

将式（5－148）、式（5－149）和式（5－150）代入式（5－146）中，整理后得

$$\left.\begin{aligned}u_{sM}&=R_s\left(1+T_s P\frac{1+\sigma T_r P}{1+T_r P}\right)i_{sM}-\sigma L_S\left(\omega+\frac{1+T_r P}{T_r}\frac{i_{sT}}{i_{sM}}\right)i_{sT}\\u_{sT}&=\left[R_s(1+\sigma T_s P)+\frac{L_S}{T_r}(1+\sigma T_r P)\right]i_{sT}+\omega L_S\frac{1+\sigma T_r P}{1+T_r P}i_{sM}\end{aligned}\right\}\tag{5-151}$$

式中，$\sigma=1-\frac{L_M^2}{L_S L_R}$ 为漏磁链系数；$T_s=\frac{L_S}{R_s}$ 为定子时间常数；$T_r=\frac{L_R}{R_r}$ 为转子时间常数。如果电动机在额定速度以下的恒定磁通范围内运行，则 i_{sM} 和 ψ_r 均为常数，式（5－151）可简化为

$$\left.\begin{aligned}u_{sM}&=R_s i_{sM}-\sigma L_S i T_s\left(\omega+\frac{1}{T_r}\frac{i_{sT}}{i_{sM}}\right)\\u_{sT}&=\left[R_s(1+2\sigma T_s P)+\frac{L_S}{T_r}\right]i_{sT}+L_S i_{sM}\omega\end{aligned}\right\}\tag{5-152}$$

式（5－151）或式（5－152）构成了图 5－20 的电流电压变换器。

（7）电流电压变换器输出的 u_{sM}^*、u_{sT}^* 经矢量回转器 VR1 变换为静止 $\alpha\beta$ 系统中的 $u_{s\alpha}^*$、$u_{s\beta}^*$，再经 2 相/3 相静止变换，得到静止 ABC 系统中定子三相电压给定信号 u_A^*、u_B^*、u_C^*。

（8）三相电压给定信号 u_A^*、u_B^*、u_C^* 与三角波比较后，产生 6 路 PWM 脉冲，用以控制 PWM 变频器中的逆变器。

5.5.4.2 基于电流模型法的 SPWM 电压型逆变器矢量控制系统

图 5－21 为基于电流模型法的 SPWM 电压型逆变器矢量控制系统框图。在该系统中，转子磁链的计算基于电流模型法，转速闭环调节，磁链闭环调节。M 为异步电动机，TG 为转速测量装置。

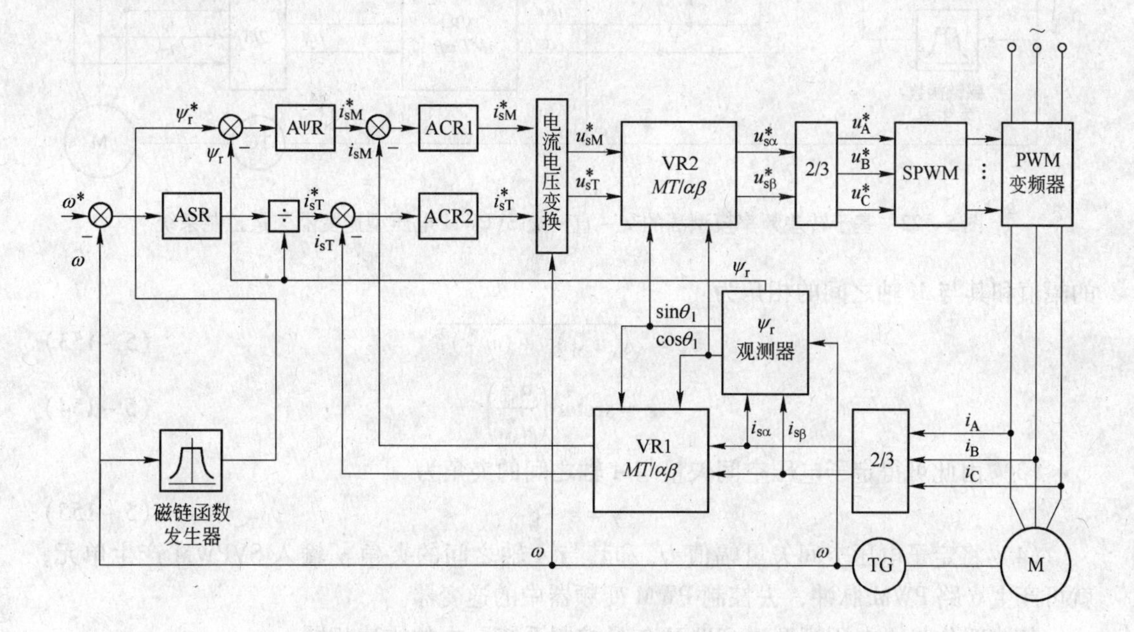

图 5－21 基于电流模型法的交－直－交 SPWM 电压型逆变器矢量控制系统

（1）根据定子电流的检测值，经 3 相/2 相变换得到 $i_{s\alpha}$、$i_{s\beta}$，再加上转速 ω 检测值，由电流模型法中的式（5－143）、式（5－138）计算得出 ψ_r、$\sin\theta_1$ 和 $\cos\theta_1$。

（2）由 $\sin\theta_1$、$\cos\theta_1$ 和 $i_{s\alpha}$、$i_{s\beta}$ 经矢量回转器 VR1 运算得出 i_{sM}、i_{sT}。

其他部分与“电压模型法 SPWM 矢量控制系统”中的步骤（3）～（8）相同。

5.5.4.3 基于转差频率模型法的 SVPWM 电压型逆变器矢量控制系统

图 5－22 为基于转差频率模型法的 SVPWM 电压型逆变器矢量控制系统框图。在该系统中，转子磁链的计算基于转差频率模型法，转速闭环调节，磁链闭环调节。M 为异步电动机，TG 为转速测量装置。

（1）根据定子电流的检测值，经 3 相/2 相变换以及 2 相/2 相变换后得到 i_{sM}、i_{sT}，再加上转速 ω 检测值，由转差频率模型法中的式（5－144）、式（5－145）计算得出 ψ_r 和 θ_1。

（2）u_{sM}^*、u_{sT}^* 经直角坐标和极坐标（K/P）变换后，电动机输入的定子电压空间矢量

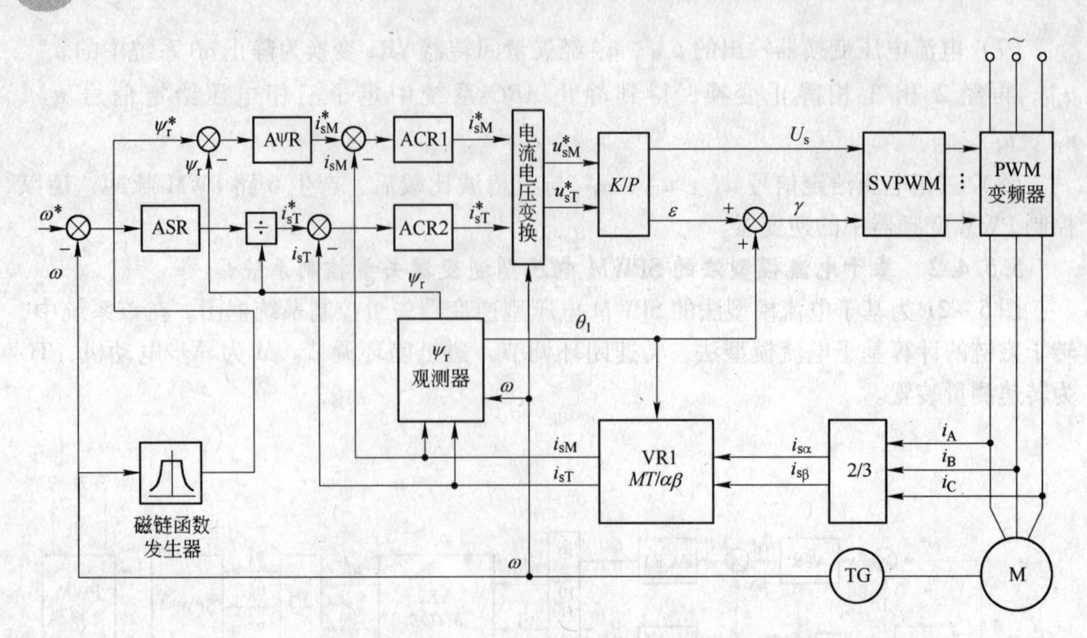

图5－22　基于转差频率模型法的交－直－交 SVPWM 电压型逆变器矢量控制系统

的幅值和其与 M 轴之间的相角为

$$U_s=\sqrt{(u_{sM}^*)^2+(u_{sT}^*)^2} \tag{5-153}$$

$$\varepsilon=\arctan\left(\frac{u_{sT}^*}{u_{sM}^*}\right) \tag{5-154}$$

（3）由此可得定子电压空间矢量与 A 轴之间的夹角为

$$\gamma=\varepsilon+\theta_1 \tag{5-155}$$

（4）将定子电压空间矢量幅值 U_s 和其与 A 轴之间的夹角 γ 输入 SVPWM 产生单元，就可产生6路 PWM 脉冲，去控制 PWM 变频器中的逆变器。

其他部分与“电压模型法 SPWM 矢量控制系统”中的描述相同。

5.5.4.4　基于电流模型法的电流型逆变器矢量控制系统

图5－23为基于电流模型法的电流型逆变器矢量控制系统框图。在该系统中，转子磁链的计算基于电流模型法，转速闭环调节，磁链闭环调节。M 为异步电动机，TG 为转速测量装置。

（1）根据定子电流的检测值，经3相/2相变换得到 $i_{s\alpha}$、$i_{s\beta}$，再加上转速 ω 检测值，由电流模型法中的式（5－143）、式（5－138）计算得出 ψ_r 和 θ_1。

（2）速度反馈信号 ω 与给定信号 ω^* 比较后送给速度调节器 ASR，构成速度闭环。速度调节器输出的转矩给定值 T^*，除以 ψ_r 得到转矩电流分量的给定值 i_{sT}^*。

（3）磁链函数发生器输出转子磁链给定值 ψ_r^*，它与实际值 ψ_r 的偏差经磁链调节器 AψR 构成磁链闭环。磁链调节器输出励磁电流分量的给定值 i_{sM}^*。

（4）i_{sM}^*、i_{sT}^*经直角坐标和极坐标（K/P）变换后，电动机定子电流空间矢量给定值的幅值和其与 M 轴之间的夹角为

$$I_s^*=\sqrt{(i_{sM}^*)^2+(i_{sT}^*)^2} \tag{5-156}$$

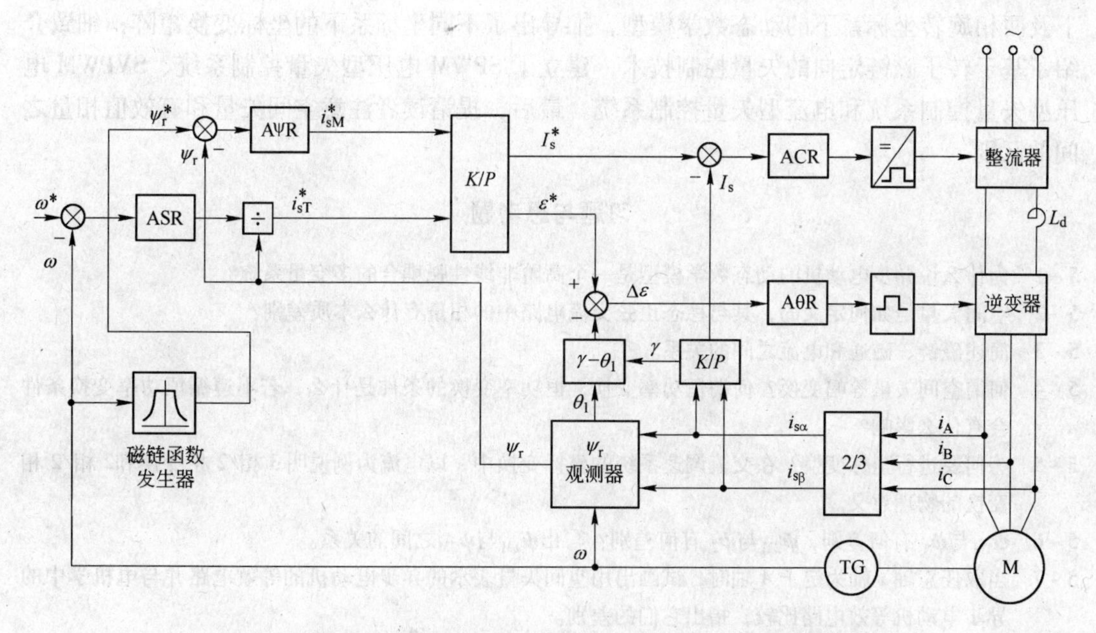

图 5－23　基于电流模型法的交－直－交电流型逆变器矢量控制系统

$$\varepsilon^* = \arctan\left(\frac{i_{sT}^*}{i_{sM}^*}\right) \tag{5-157}$$

（5）定子电流检测值 $i_{s\alpha}$、$i_{s\beta}$ 经直角坐标和极坐标（K/P）变换后，电动机定子电流空间矢量实际值的幅值和其与 A 轴之间的相角为

$$I_s = \sqrt{(i_{s\alpha})^2 + (i_{s\beta})^2} \tag{5-158}$$

$$\gamma = \arctan\left(\frac{i_{s\beta}}{i_{s\alpha}}\right) \tag{5-159}$$

（6）由此可得定子电流空间矢量与 M 轴之间的夹角实际值为

$$\varepsilon = \gamma - \theta_1 \tag{5-160}$$

（7）定子电流给定值 I_s^*，与实际值 I_s 比较，比较的偏差经过电流调节器 ACR 构成定子电流闭环控制。ACR 的输出通过触发电路控制主电路可控整流器，进而控制定子电流空间矢量的幅值。

（8）由式（5－157）和式（5－160）构成的角度偏差信号 $\Delta\varepsilon$ 送给角度调节器 AθR，构成角度闭环。AθR 的输出经过脉冲发生器控制逆变器的频率。

5.6　小　　结

异步电动机矢量控制系统是基于电动机动态数学模型而建立的，具有动态性能好、调速精度高的特点。由于异步电动机动态模型复杂，A、B、C 三相电流互相耦合，所以导致控制复杂。为此，通过引入空间矢量和进行坐标变换，将异步电动机等效为旋转的直流电动机，进行磁场控制和转矩控制的解耦，然后仿照直流电动机调速系统，建立异步电动机矢量控制系统。本章详细描述了异步电动机分别在三相静止坐标系下、两相静止坐标系下及两相旋转坐标系下的动态数学模型，推导出了不同坐标系下的坐标变换矩阵；细致介绍了基于转子磁链定向的矢量控制技术，建立了 SPWM 电压型矢量控制系统、SVPWM 电压型矢量控制系统和电流型矢量控制系统。最后，提请读者注意空间矢量和有效值相量之间的区别。

习题与思考题

5-1 为什么说异步电动机的动态数学模型是一个高阶非线性强耦合的多变量系统？

5-2 空间矢量是如何定义的，其与稳态正弦交流电路中的相量有什么本质差别？

5-3 简述磁链、磁通和电流之间的关系。

5-4 何谓空间矢量等幅变换？何谓恒功率变换，恒功率变换的条件是什么，若不遵循恒功率变换条件会有什么影响？

5-5 为何要进行坐标变换？在交流调速系统的坐标变换中，以电流为例说明 3 相/2 相变换和2 相/2 相变换的物理意义。

5-6 $\boldsymbol{\psi}_{1M}$与$\boldsymbol{\psi}_1$ 有何差别，$\boldsymbol{\psi}_{2M}$与$\boldsymbol{\psi}_2$ 有何差别？写出$\boldsymbol{\psi}_{1M}$与$\boldsymbol{\psi}_{2M}$之间的关系。

5-7 当取任意轴 x 轴为定子 A 轴时，试画出用空间矢量表示的异步电动机的等效电路并与电机学中的异步电动机等效电路比较，指出它们的差别。

5-8 试画出 $\alpha\beta$ 与 MT 坐标系下的定子电流变换电路。

5-9 说明异步电动机矢量控制的基本原理以及其与直流电动机调速的异同。

5-10 简述转子磁链模型计算的三种方法，并比较其优缺点。

5-11 分别画出基于转子磁链电压模型法、电流模型法和转差频率模型法的异步电动机矢量控制系统图，说明其与直流电动机调速系统的异同。

6　同步电动机矢量控制系统

【内容提要】本章根据同步电动机的基本原理，建立了永磁同步电动机和励磁同步电动机的数学模型。以可逆式轧机主传动的凸极励磁同步电动机为例，介绍了凸极励磁同步电动机控制系统的设计方法。给出转速、转矩、磁链和励磁电流的控制回路，并详细描述了气隙磁链的计算方法以及定子磁链矢量控制方法。

6.1　引　言

6.1.1　同步电动机概述

6.1.1.1　同步电动机的特点

与异步电动机相比，同步电动机具有以下特点：

（1）交流电动机旋转磁场的同步转速 n_1 与定子电源频率 f_1 有确定的关系，如式（6－1）所示。

$$n_1=\frac{60f_1}{p}=\frac{60\omega_1}{2\pi p} \tag{6-1}$$

异步电动机的稳态转速总是低于同步转速，而同步电动机的稳态转速恒等于同步转速。因此，同步电动机机械特性很硬。

（2）异步电动机的转子磁动势靠感应产生，而同步电动机除定子磁动势外，在转子侧还有独立的直流励磁，或者靠永久磁钢励磁。

（3）同步电动机和异步电动机的定子都有同样的交流绕组，一般都是三相的，而转子绕组则不同，同步电动机转子除直流励磁绕组（或永久磁钢）外，还可能有自身短路的阻尼绕组。

（4）异步电动机的气隙是均匀的，而同步电动机则有隐极与凸极之分。隐极电动机气隙均匀；凸极电动机的气隙则不均匀，磁极直轴磁阻小，极间交轴磁阻大，两轴的电感系数不等，从而使数学模型更复杂一些。凸极效应能产生同步转矩，单靠凸极效应运行的同步电动机称作磁阻式同步电动机。

（5）由于同步电动机转子有独立励磁，在极低的电源频率下也能运行，因此在同样条件下，同步电动机的调速范围比异步电动机更宽。

（6）异步电动机要靠加大转差才能提高转矩，而同步电动机只需要加大转矩角就能增大转矩，同步电动机较异步电动机对转矩扰动具有更强的承受能力，动态响应更快。

6.1.1.2　同步电动机的分类

按结构形式，同步电动机分为转极式同步电动机和转枢式同步电动机。转极式同步电动机的电枢固定，磁极旋转，多用于高压大容量同步电动机；转枢式同步电动机的磁极固定，电枢旋转，多用于小容量同步电动机。

按磁极形状，转极式同步电动机分为隐极式同步电动机和凸极式同步电动机。隐极式同步电动机的转子是圆柱形的，气隙均匀，一般极对数等于1，适合作高速电动机；凸极式同步电动机的转子有明显凸出的磁极，气隙不均匀，一般极对数大于1，适合作低速电动机。

按励磁方式，同步电动机分为可控励磁同步电动机和永磁同步电动机两种。

可控励磁同步电动机是同步电动机中最常见的类型，转子磁通由励磁电流产生，可以通过调节转子的励磁电流，来改变输入功率因数，可以滞后，也可以超前。当 $\cos\varphi=1.0$ 时，电枢铜损最小。这类电动机适合于大功率传动。

永磁同步电动机的转子磁通势由永久磁铁产生，无需直流励磁。永磁同步电动机具有以下突出的优点，被广泛应用于调速和伺服系统。

（1）由于采用了永磁材料磁极，特别是采用了稀土金属永磁体，如钕铁硼（NdFeB）、钐钴（SmCo）等，其磁能积高，可得较高的气隙磁通密度，因此与容量相同的电动机相比，体积小、重量轻。

（2）转子没有铜损和铁损，又没有集电环和电刷的摩擦损耗，运行效率高。

（3）转动惯量小，允许脉冲转矩大，可获得较高的加速度，动态性能好。

（4）结构紧凑，运行可靠。

永磁同步电动机按气隙磁场分布又可分为两种：

（1）正弦波永磁同步电动机。磁极采用永磁材料，输入三相正弦波电流时，气隙磁场为正弦分布，称作正弦波永磁同步电动机，或简称永磁同步电动机（Permanent Magnet Synchronous Motor，PMSM）。

（2）梯形波永磁同步电动机。磁极仍为永磁材料，但输入方波电流，气隙磁场呈梯形波分布，性能更接近于直流电动机。用梯形波永磁同步电动机构成的自控变频同步电动机又称无刷直流电动机（Brushless DC Motor，BLDM）。

另外，还有一类为开关磁阻电动机，其电动机定、转子采用双凸极结构，定子为集中绕组，施加多相交流电压后产生旋转磁场，转子上没有绕组，通过凸极产生的反应转矩来拖动转子和负载旋转。它比异步电动机更简单、坚固，但噪声和转矩脉动较大，受控制特性非线性的影响，调速性能欠佳，应用范围和容量受限制。目前已有开关磁阻电动机调速系统系列产品，但单机容量还不大。本章不涉及这类电动机。

6.1.2 同步电动机的变频调速

同步电动机的变频调速控制分两大类：他控变频和自控变频。

（1）他控变频。同步电动机的电源频率由外部给定，通常采用开环 V/f 控制，存在失步危险，动态性能非常差。它的典型应用是小功率同步电动机群 V/f 调速系统，常用于化工、纺织等行业。该调速系统示意图如图6－1所示。

多台永磁同步电动机并联接在公共的变频器上，由统一的频率给定信号 f^* 同时调节各台电动机的转速。V/f 控制保证了同步电动机气隙磁通恒定，缓慢地调节频率给定信号 f^* 可同时逐渐改变各台电动机的转速。这种开环调速系统存在的明显缺点是转子振荡和失步问题，因此各台同步电动机的负载不能太大，加减速必须很慢。

(2) 自控变频。同步电动机的电源频率由转子位置控制，无失步危险，动态性能好，其调速系统示意图如图 6-2 所示。在同步电动机轴端装有一台转子位置检测器 BQ，由它发出的转子位置信号 θ_r，控制变频装置，保证转子转速与供电频率同步。突加负载后，电动机转速降低，供电频率随之降低，并维持功角位于稳定区域内（小于90°），从而完全消除了失步的可能性。大功率同步电动机宜用自控变频，矢量控制属于自控变频。

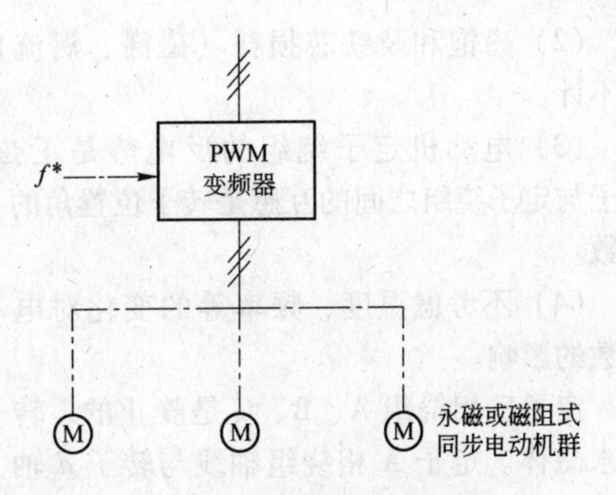

图 6-1 小功率同步电动机群 V/f 调速系统示意图

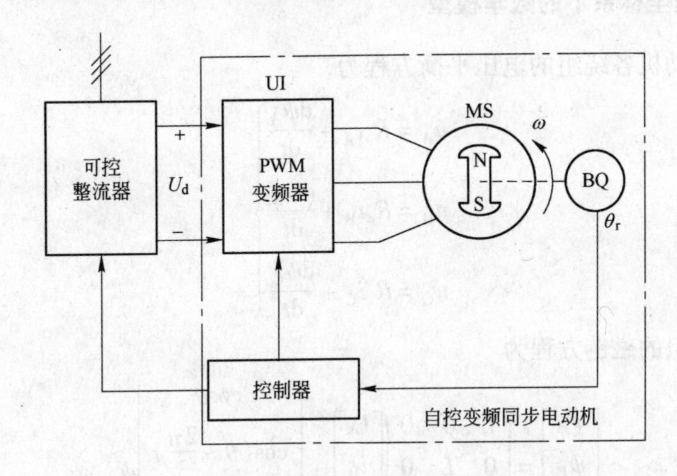

图 6-2 自控变频同步电动机调速系统示意图

6.2 永磁同步电动机矢量控制系统

由于梯形波永磁同步电动机（无刷直流电动机）的自控变频调速不涉及矢量控制，所以本节以正弦波永磁同步电动机为例来讲述永磁同步电动机矢量控制系统。

正弦波永磁同步电动机具有定子三相分布绕组和永磁转子，为在磁路结构和绕组分布上保证定子绕组中的感应电动势具有正弦波，外施的定子电压和电流也应为正弦波，一般靠交流 PWM 变压变频器提供。永磁同步电动机一般没有阻尼绕组，转子由永磁体材料构成，无励磁绕组。永磁同步电动机具有幅值恒定、方向随转子位置变化（位于 d 轴）的转子磁通势 F_m，图 6-3 为永磁同步电动机的物理模型。

永磁同步电动机（Permanent Magnet Synchronous Motor，简称 PMSM）的数学模型多根据电机统一理论，在建模过程中作如下假定：

(1) 电动机三相定子绕组 A、B、C 在空间对称分布，各相电流所产生的磁通势及永磁磁通势在气隙空间是正弦分布的，忽略磁场的高次谐波分量。

(2) 磁饱和及铁芯损耗（磁滞、涡流）忽略不计。

(3) 电动机定子绕组的反电势是正弦波，转子与定子绕组之间的互感是转子位置角的正弦函数。

(4) 不考虑温度、频率等的变化对电动机参数的影响。

定子三相绕组 A、B、C 是静止的，转子上有永磁体。定子 A 相绕组轴线与转子 d 轴方向间的夹角为 θ，转子以电角速度 ω 逆时针旋转，转子 q 轴沿逆时针方向超前 d 轴 90°电角度。

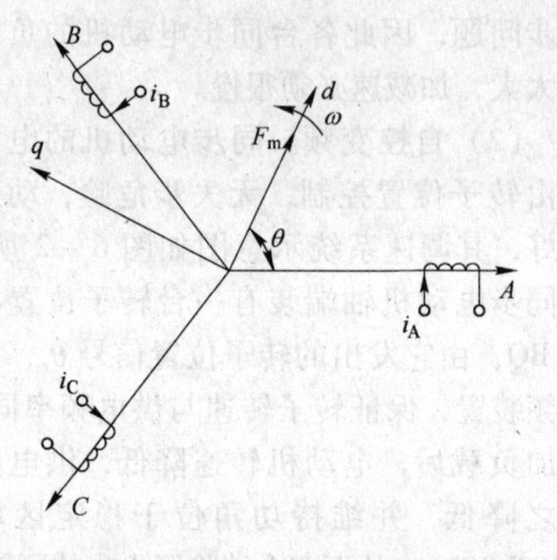

图 6-3 永磁同步电动机的物理模型

6.2.1 *ABC* 三相坐标系下的数学模型

永磁同步电动机各绕组的电压平衡方程为

$$\left.\begin{aligned} u_A &= R_s i_A + \frac{d\psi_A}{dt} \\ u_B &= R_s i_B + \frac{d\psi_B}{dt} \\ u_C &= R_s i_C + \frac{d\psi_C}{dt} \end{aligned}\right\} \tag{6-2}$$

定、转子绕组的磁链方程为

$$\begin{bmatrix} \psi_A \\ \psi_B \\ \psi_C \end{bmatrix} = \begin{bmatrix} L & 0 & 0 \\ 0 & L & 0 \\ 0 & 0 & L \end{bmatrix} \begin{bmatrix} i_A \\ i_B \\ i_C \end{bmatrix} + \begin{bmatrix} \cos\theta \\ \cos(\theta - \frac{2\pi}{3}) \\ \cos(\theta + \frac{2\pi}{3}) \end{bmatrix} \psi_m \tag{6-3}$$

电磁转矩表达式为

$$T_e = n_p [\,i_A \quad i_B \quad i_C\,] \frac{d}{d\theta} \begin{bmatrix} \cos\theta \\ \cos(\theta - \frac{2\pi}{3}) \\ \cos(\theta + \frac{2\pi}{3}) \end{bmatrix} \psi_m \tag{6-4}$$

电机运动方程为

$$\frac{d\omega}{dt} = \frac{p}{J}(T_e - T_L) \tag{6-5}$$

式中 u_A，u_B，u_C——三相定子绕组电压；

i_A，i_B，i_C——三相定子绕组电流；

ψ_A，ψ_B，ψ_C——三相定子绕组磁链；

R_s，L，ψ_m——定子相绕组的电阻、电感、转子磁场的等效磁链。

式（6-2）~式（6-5）说明永磁同步电动机是一个多变量耦合非线性时变系统，

需要将其物理模型等效地变化成类似直流电动机的模型后再进行分析和控制，因此必须对它进行变换和化简。

6.2.2 *dq* 两相坐标系下的数学模型

按照坐标变换原理，将定子电压方程从 *ABC* 三相坐标系变换到 *dq* 两相旋转坐标系，则 *dq* 坐标系上的定子电压方程为

$$\begin{bmatrix} u_d \\ u_q \end{bmatrix} = \begin{bmatrix} R_s & -\omega L_s \\ \omega L_s & R_s \end{bmatrix} \begin{bmatrix} i_d \\ i_q \end{bmatrix} + L_s \frac{d}{dt} \begin{bmatrix} i_d \\ i_q \end{bmatrix} + \omega \begin{bmatrix} 0 \\ \psi_{ms} \end{bmatrix} \tag{6-6}$$

电磁转矩方程为

$$T_e = p\psi_{ms} i_q \tag{6-7}$$

式中，$R_s = R$；$L_s = \frac{3}{2}L$；$\psi_{ms} = \sqrt{\frac{3}{2}}\psi_m$。

由式（6-6）和式（6-7）可知，由于 ψ_{ms} 恒定，电磁转矩与定子电流转矩分量 i_q 成正比，这样可以通过控制电流的转矩分量 i_q 来完成对电动机电磁转矩的线性控制。我们称这样的定子电流和转矩的控制方法为按转子磁链定向的矢量控制系统。

在基频以下的恒转矩工作区中，控制定子电流矢量，使之落在 q 轴，即令 $\boldsymbol{i}_d = \mathbf{0}$，$\boldsymbol{i}_q = \boldsymbol{i}_s$（$\boldsymbol{i}_s$ 为定子电流空间合成矢量），此时电磁转矩与定子电流的幅值成正比，控制定子电流就能很好地控制转矩，这和直流电动机完全一样。图 6-4（a）绘出了按转子磁链定向并使 $i_d = 0$ 时的 PMSM 的矢量图。这时控制方法也很简单，只要能准确地检测出转子 d 轴的空间位置，控制逆变器使三相定子的合成电流（或磁通势）矢量位于 q 轴上（领先 d 轴 90°）就可以了，这比异步电动机矢量控制系统要简单得多。

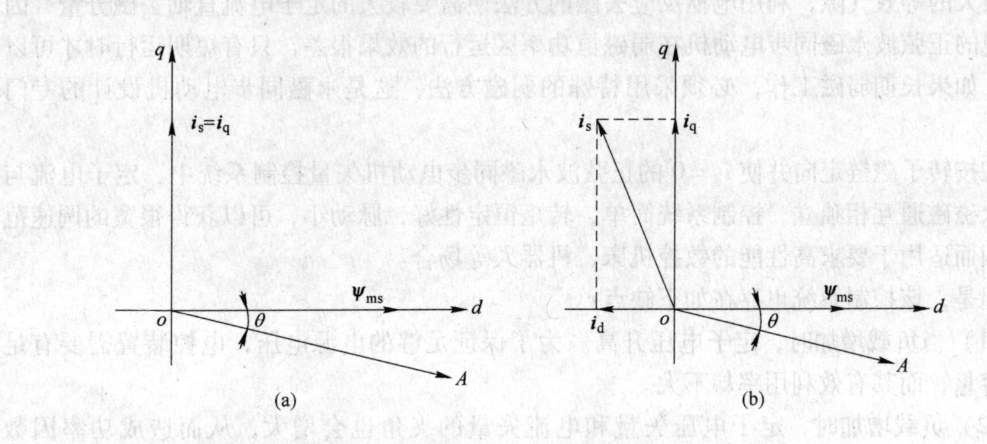

图 6-4 按转子磁链定向的正弦波永磁同步电动机空间矢量图

（a）$i_d = 0$，恒转矩调速；（b）$i_d < 0$，弱磁恒功率调速

按转子磁链定向的永磁同步电动机的调速系统框图如图 6-5 所示。

转速调节器（ASR）输出转矩给定信号 T_e^*，乘以 $1/p\psi_{ms}$，得到定子电流转矩分量给定 i_q^*（由于 $1/p\psi_{ms}$ 是常系数，在绘制结构图时这个环节往往不绘出，所以用虚线框表示）。为使电流矢量与 d 轴垂直（即期望功率因数为 1），令电流磁化分量给定为 $i_d^* = 0$。

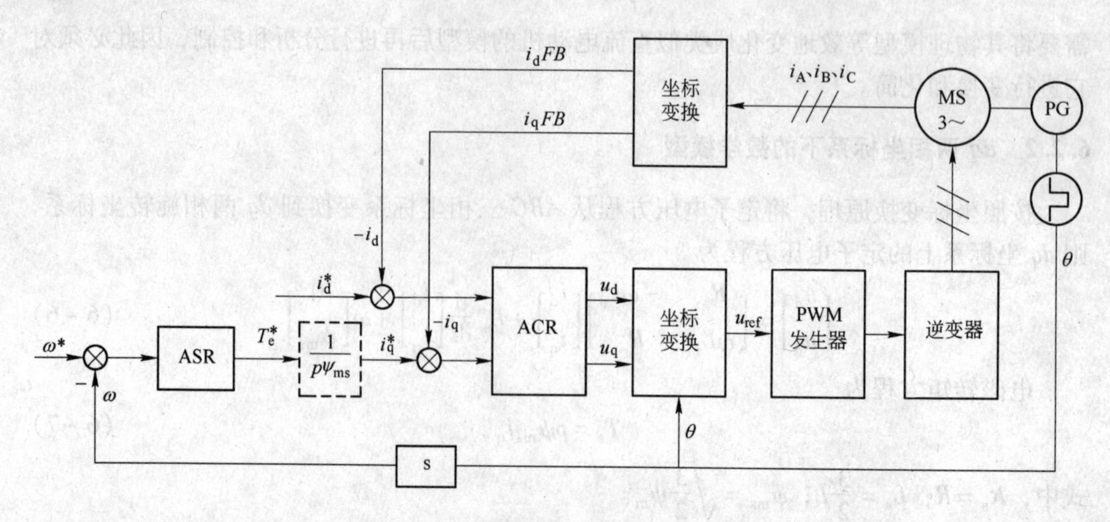

图 6－5　永磁同步电动机调速系统框图

i_d^* 和 i_q^* 经电流调节器后输出给定电压值，再通过坐标转换为控制电压参考值，送给 PWM 脉冲发生器，逆变器输出的实际定子电流矢量等于其给定矢量，即 $\boldsymbol{i}_q=\boldsymbol{i}_q^*$，从而控制了转矩。坐标变换时所需的转子位置角信号 θ 来自传感器（PG），经微分环节得到转速信号 $\boldsymbol{\omega}$ 以作为 ASR 的转速反馈信号。

如果需要基速以上的弱磁调速，最简单的办法是利用电枢反应削弱励磁，使定子电流的直轴分量 $i_d<0$，其励磁方向与转子磁通势相反，起去磁作用，这时的矢量图如图 6－4（b）所示。但是，由于稀土永磁材料的磁导率与空气相仿，磁阻很大，相当于定、转子间有很大的等效气隙，利用电枢反应去磁的方法便需要较大的定子电流直轴去磁分量，因此常规的正弦波永磁同步电动机在弱磁恒功率区运行的效果很差，只有短期运行时才可以接受。如果长期弱磁工作，必须采用特殊的弱磁方法，这是永磁同步电动机设计的专门问题。

在按转子磁链定向并使 $i_d=0$ 的正弦波永磁同步电动机矢量控制系统中，定子电流与转子永磁磁通互相独立，控制系统简单，转矩恒定性好，脉动小，可以获得很宽的调速范围，因而适用于要求高性能的数控机床、机器人等场合。

但是，该控制系统也存在如下缺点：

（1）当负载增加时，定子电压升高。为了保证足够的电源电压，电控装置需要有足够的容量，而其有效利用率却不大。

（2）负载增加时，定子电压矢量和电流矢量的夹角也会增大，从而造成功率因数降低。

（3）在常规情况下，弱磁恒功率的长期运行范围不大。

6.3　励磁同步电动机矢量控制系统

与其他交流电动机相比，励磁同步电动机矢量控制系统特点如下：

（1）与永磁同步电动机矢量控制的区别。励磁同步电动机与永磁同步电动机不同，对于永磁电动机，永磁体的磁通势很强，转子磁通势远远大于定子磁通势。而励磁同步电动机若也按转子位置定向，加载后，磁链和定子电压加大、功率因数下降严重，因此需改用按合成磁链矢量定向，在加载时适当增大励磁电流矢量的幅值和它与定子电流矢量间的夹角，保持位置磁链幅值恒定，使电动机功率因数为1，这样逆变容量最小。

（2）与异步电动机矢量控制系统的相同和不同之处。

1）异步电动机矢量控制按转子磁链定向，可以实现磁链和转矩解耦，同步电动机则不存在这个关系，所以其通常按气隙磁链或定子磁链定向。

2）异步电动机磁路各向同性，可以定义转子任何方向为 d 轴，不需要转子位置 d 轴定位，而同步电动机 d 轴固定为励磁绕组轴线，需要 d 轴定位。

3）同步电动机磁链主要靠励磁电流建立，需要一套直流励磁装置，但可以通过控制励磁电流来维持电动机功率因数 $\cos\varphi=1$，从而减小变频器容量。异步电动机靠定子电流磁化分量来建立磁链，无励磁装置，电动机功率因数不可控，从而使变频器容量增大。

4）两种电动机矢量控制系统中的定子电流控制部分相同，电压模型也相同，只是计算公式中的漏感值不同。同步电动机用定子漏感，异步电动机用定、转子全漏感。

5）两种系统的转速控制部分完全相同。

6）两种电动机的电流模型完全不同。

6.3.1 励磁同步电动机的数学模型

和异步电动机矢量控制一样，为了在负载转矩变化时保持磁链不变，励磁同步电动机的矢量控制也选取磁链矢量为定向坐标轴，即也是按磁链定向矢量控制。和异步电动机不同的是励磁同步电动机的几个磁链矢量都不能使转矩和磁链解耦，所以通常采用气隙磁链矢量 $\boldsymbol{\psi}_g$ 作为定向矢量，因为它能更直接地反映定、转子耦合关系。励磁同步电动机的物理模型和空间矢量图分别如图6-6和图6-7所示。

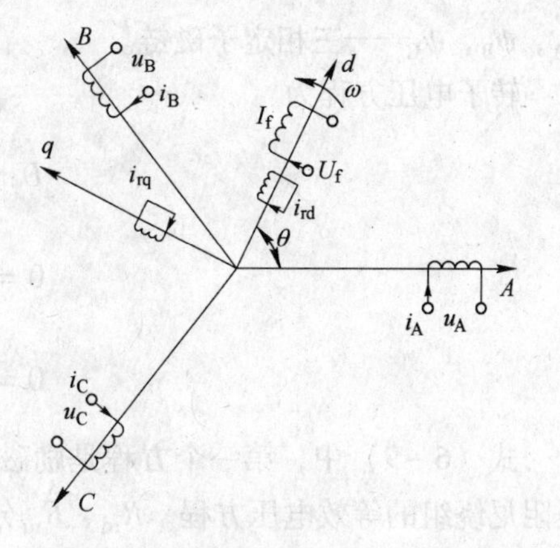

图6-6 励磁同步电动机的物理模型

在图6-6和图6-7中，ABC 为定子三相绕组静止坐标系，$\alpha\beta$ 轴系为静止坐标系（α 轴与 A 轴重合），dq 轴系是转子几何轴线坐标系（d 轴与转子磁链矢量重合），MT 轴系为定子磁链坐标系（M 轴与气隙合成磁链矢量重合）。

与异步电动机类似，在建模过程中作如下假定：

（1）忽略空间谐波，设定子三相绕组A、B、C对称，在空间中互差 $\frac{2\pi}{3}$ 电角度，产生的磁通势沿气隙空间是按正弦规律分布的。

（2）忽略磁饱和，各绕组的自感和互感都是恒定的。

（3）忽略铁芯损耗（磁滞、涡流）。

（4）不考虑温度、频率等的变化对电动机参数的影响。

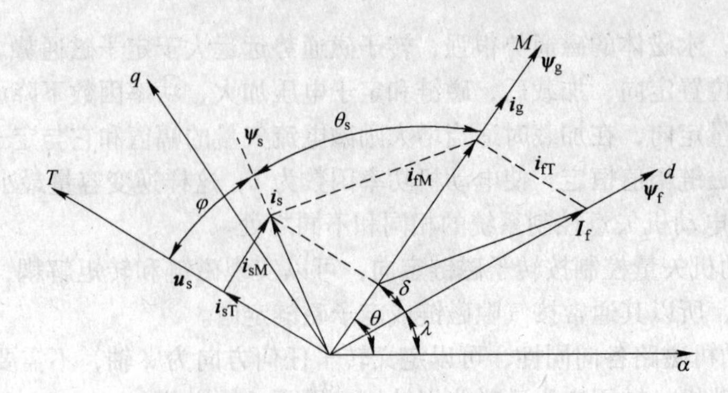

图 6-7 励磁同步电动机的空间矢量图

6.3.1.1 *ABC* 三相静止坐标系下的数学模型

ABC 三相静止坐标系下同步电动机的定子电压方程为

$$\left.\begin{aligned}u_A &= R_s i_A + \frac{d\psi_A}{dt}\\ u_B &= R_s i_B + \frac{d\psi_B}{dt}\\ u_C &= R_s i_C + \frac{d\psi_C}{dt}\end{aligned}\right\} \tag{6-8}$$

式中 R_s ——定子电阻；

ψ_A，ψ_B，ψ_C——三相定子磁链。

转子电压方程为

$$\left.\begin{aligned}U_f &= R_f I_f + \frac{d\psi_f}{dt}\\ 0 &= R_{rd} i_{rd} + \frac{d\psi_{rd}}{dt}\\ 0 &= R_{rd} i_{rq} + \frac{d\psi_{rq}}{dt}\end{aligned}\right\} \tag{6-9}$$

式（6-9）中，第一个方程是励磁绕组直流方程，R_f 是励磁绕组电阻；后两个方程是阻尼绕组的等效电压方程，R_{rd}、R_{rq} 分别为阻尼绕组的 d 轴和 q 轴电阻。

6.3.1.2 *MT* 两相旋转坐标系下的数学模型

按照坐标变换理论，在 *MT* 两相旋转坐标系下，同步电动机定子电压方程为

$$\begin{bmatrix}u_{sM}\\ u_{sT}\end{bmatrix} = C_{2s/2r}\begin{bmatrix}u_{s\alpha}\\ u_{s\beta}\end{bmatrix} = C_{2s/2r}\cdot C_{3/2}\begin{bmatrix}u_A\\ u_B\\ u_C\end{bmatrix} \tag{6-10}$$

$$\begin{bmatrix}i_{sM}\\ i_{sT}\end{bmatrix} = C_{2s/2r}\begin{bmatrix}i_{s\alpha}\\ i_{s\beta}\end{bmatrix} = C_{2s/2r}\cdot C_{3/2}\begin{bmatrix}i_A\\ i_B\\ i_C\end{bmatrix} \tag{6-11}$$

定义定子电压、定子电流及气隙磁链空间合成矢量为

$$\left.\begin{aligned}\boldsymbol{u}_s &= (u_{sM} + \mathrm{j}u_{sT})\mathrm{e}^{\mathrm{j}\theta} \\ \boldsymbol{i}_s &= (i_{sM} + \mathrm{j}i_{sT})\mathrm{e}^{\mathrm{j}\theta} \\ \boldsymbol{\psi}_g &= \psi_g \mathrm{e}^{\mathrm{j}\theta}\end{aligned}\right\} \tag{6-12}$$

且有

$$\frac{\mathrm{d}\boldsymbol{i}_s}{\mathrm{d}t} = \left(\frac{\mathrm{d}i_{sM}}{\mathrm{d}t} + \mathrm{j}\frac{\mathrm{d}i_{sT}}{\mathrm{d}t}\right)\mathrm{e}^{\mathrm{j}\theta} + (\mathrm{j}\omega i_{sM} - \omega i_{sT})\mathrm{e}^{\mathrm{j}\theta} \tag{6-13}$$

式中 ω——同步旋转角速度，$\omega = \frac{\mathrm{d}\theta}{\mathrm{d}t}$，$\theta$ 为定子磁链与 α 轴夹角。

根据矢量控制中坐标变换的基本原则可知

$$\boldsymbol{u}_s = R_s \boldsymbol{i}_s + L_{s\sigma}\frac{\mathrm{d}\boldsymbol{i}_s}{\mathrm{d}t} + \frac{\mathrm{d}\boldsymbol{\psi}_g}{\mathrm{d}t} \tag{6-14}$$

式中 $L_{s\sigma}$——定子绕组漏电感。

由于电流调节过程很快，可认为在电流调节期间磁链幅值不变，即

$$\frac{\mathrm{d}\psi_g}{\mathrm{d}t} \approx 0 \tag{6-15}$$

则

$$\frac{\mathrm{d}\boldsymbol{\psi}_g}{\mathrm{d}t} = \left(\frac{\mathrm{d}\psi_g}{\mathrm{d}t} + \mathrm{j}\omega\psi_g\right)\mathrm{e}^{\mathrm{j}\theta} \approx \mathrm{j}\omega\psi_g\mathrm{e}^{\mathrm{j}\theta} \tag{6-16}$$

把式（6-12）和式（6-16）代入式（6-14）得到

$$\begin{bmatrix} u_{sM} \\ u_{sT} \end{bmatrix} = \begin{bmatrix} R_s & -\omega L_{s\sigma} \\ \omega L_{s\sigma} & R_s \end{bmatrix}\begin{bmatrix} i_{sM} \\ i_{sT} \end{bmatrix} + \frac{\mathrm{d}}{\mathrm{d}t}\begin{bmatrix} L_{s\sigma} & 0 \\ 0 & L_{s\sigma} \end{bmatrix}\begin{bmatrix} i_{sM} \\ i_{sT} \end{bmatrix} + \omega\begin{bmatrix} 0 \\ \psi_g \end{bmatrix} \tag{6-17}$$

电磁转矩表达式为

$$T_e = p\psi_g i_{sT} \tag{6-18}$$

电动机运动方程为

$$\frac{\mathrm{d}\omega}{\mathrm{d}t} = \frac{p}{J}(T_e - T_L) \tag{6-19}$$

6.3.2 转矩、磁链和励磁电流的控制

6.3.2.1 转矩控制

由式（6-18）知，转矩 T_e 与 ψ_g 和 i_{sT} 两个变量有关，因此在气隙磁链幅值 ψ_g 恒定的情况下，转矩只受定子电流转矩分量 i_{sT} 控制，电流转矩分量给定值 i_{sT}^* 可以根据来自转速调节器（ASR）输出的转矩期望值 T_e^* 算出：

$$i_{sT}^* = \frac{T_e^*}{p\psi_g} \tag{6-20}$$

6.3.2.2 气隙磁链及励磁电流控制

由上述可知，在控制转矩的同时还需控制气隙磁链幅值 ψ_g，以使其等于期望值 ψ_g^*，且不受负载转矩变化的影响。电动机可工作于恒转矩工作区和弱磁工作区（恒功率工作区）。在额定转速以上，属于弱磁工作区，气隙磁链的给定值随着转速增加而减小，以避

免电流控制器饱和；在额定转速以下，属于恒转矩工作区，系统工作在满磁条件下，气隙磁链给定值保持恒定。磁链的反馈值 ψ_g 通过磁链观测器算出，与磁链给定值 ψ_g^* 比较后，送入磁链调节器，产生磁场电流值 i_M^*。

通常希望在稳态运行时，电动机工作于单位功率因数，这意味着在稳态下，$i_s = i_{sT}$，且与定子电压 u_s 同相，它们都超前 ψ_g 90°。稳态下励磁电流 I_f 与磁场电流有以下关系：

$$I_f = \frac{i_g}{\cos\delta} \tag{6-21}$$

式中，δ 为 i_g 与 I_f 向量之间的夹角。这个等式决定了励磁电流给定值 I_f^*，反馈回路对它实现控制。定子电流磁化分量给定值 i_{sM}^* 由下式确定：

$$i_{sM}^* = i_g^* - I_f\cos\delta \tag{6-22}$$

上述的励磁电流及定子磁化电流分量的给定方式，当 I_f 还没有完全建立时（在达到稳态之前），由式（6-22）计算可得到一个非零的 i_{sM}^*，但在稳态情况下，$i_{sM}^*=0$，满足式（6-22）。若在恒转矩运行区，突然增加速度给定值 ω^*，对于恒定磁链 ψ_g，电流 i_g 将趋于不变，但 δ 角将增加，从而需要更大的励磁电流，但因 I_f 的响应延迟，将产生一定量的 i_{sM}，这将有助于维持 ψ_g 的恒定。随着电流 I_f 的逐渐建立，i_{sM} 将会减少，直至在系统稳态时完全消失，此时满足式（6-22）。因此，在暂态情况下，电机的功率因数将会偏离单位值1。

综上所述，系统矢量控制过程是，把算出的定子电流给定 i_{sT}^* 和 i_{sM}^* 分别与实际定子电流的转矩分量 i_{sT} 和磁化分量 i_{sM} 相比较，其误差通过电流调节器（ACR）后产生电压给定值 u_{sT}^* 和 u_{sM}^*，通过矢量计算及坐标变换后，得到定子三相电压给定值，作为 PWM 输入；把算出的励磁电流给定 I_f^* 与其反馈值之差，送至励磁电流调节器（AFR），产生励磁电压给定值 U_f^*，作为励磁整流器的输入；最终实现对电机转矩和磁链的控制。

励磁同步电动机矢量控制框图如图 6-8 所示。

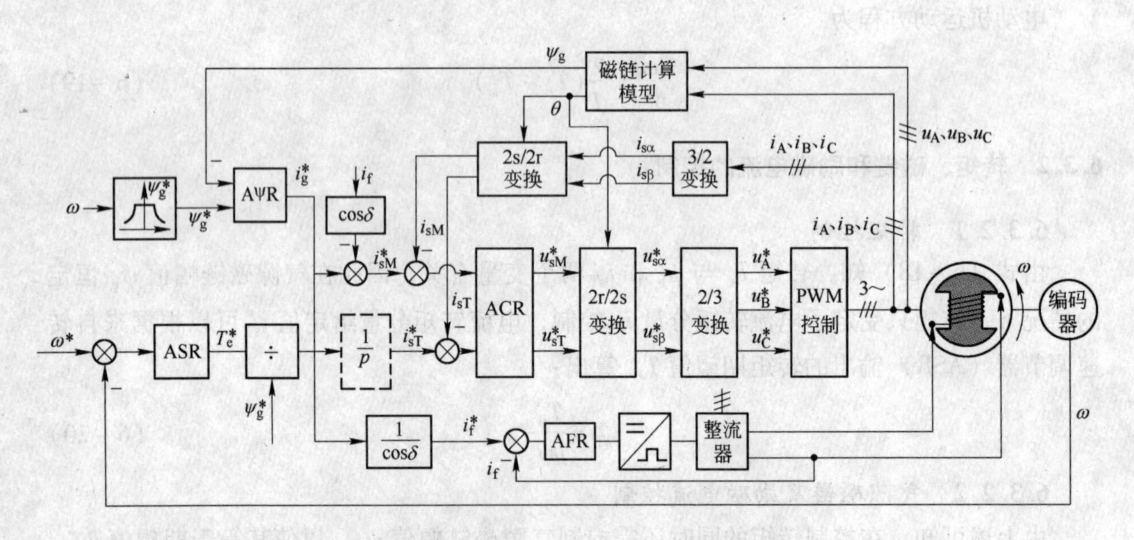

图 6-8　励磁同步电动机矢量控制框图

结合图 6-8，对励磁同步电动机矢量控制中的各环节作用总结如下：

（1）转速调节器的作用。

1）转速调节器是轧机主传动调速系统的主导调节器，它使转速 ω 可以很快地跟随给定转速 ω^* 变化，稳态时可以减小转速误差，采用合适的调节器，则可实现无静差。

2）对负载变化起抗扰作用。

3）其输出限幅决定轧机电动机允许的最大电流。

（2）电流调节器的作用。

1）作为内环的调节器，在转速外环的调节过程中，它的作用是使电流紧紧跟随其给定值（即外环调节器的输出量）变化。

2）对内环扰动起到及时抗扰的作用。

3）在转速动态过程中，保证获得轧机电动机允许的最大电流，从而加快动态过程。

4）当电动机过载甚至堵转时，限制电枢电流的最大值，起快速的自动保护作用，一旦故障消除，系统立即自动恢复正常。这个作用对系统的可靠运行来说十分重要。

（3）磁链调节器及励磁调节器的作用。通过磁链调节器和励磁调节器实现磁链的闭环控制，通过调节励磁电流的大小，使定子磁链实际值等于其给定值，保证定子磁链恒定。

（4）磁链计算模型的作用。磁链计算模型用于计算定子磁链矢量 ψ_s 的幅值和磁链位置角信号 θ，以及转子磁链与气隙磁链间的夹角 δ，供转矩和磁链控制用。

（5）2r/2s、2s/2r、2/3、3/2 变换环节的作用。按照矢量变换原则，实现系统变量在各坐标轴之间的转换。

6.3.3 气隙磁链计算方法

在励磁同步电机磁链定向矢量控制中，准确检测电动机磁链幅值和空间位置角是一个重要环节。磁链的直接检测比较困难，现在实用的系统中多采用按模型计算的方法，即利用容易测得的电压、电流或转速等信号，借助于磁链模型，实时计算磁链的幅值和空间位置角。磁链模型可以从电动机数学模型中推导出来，常用的方法有基于电压模型的方法和基于电流模型的方法。

6.3.3.1 基于电压模型的方法

同步电动机的电压模型输入量为气隙磁链在定子绕组感应的电动势矢量 $\boldsymbol{e}_g$，输出为气隙磁链矢量的幅值 ψ_g 和空间位置角 θ。

$$\boldsymbol{\psi}_g = \int \boldsymbol{e}_g \mathrm{d}t \tag{6-23}$$

$$\boldsymbol{e}_g = \boldsymbol{u}_s - R_s \boldsymbol{i}_s - L_{s\sigma}\frac{\mathrm{d}\boldsymbol{i}_s}{\mathrm{d}t} = e_{g\alpha} + \mathrm{j}e_{g\beta} \tag{6-24}$$

$$\left.\begin{aligned}\psi_{g\alpha} &= \int e_{g\alpha}\mathrm{d}t = \int\left(u_{s\alpha} - R_s i_{s\alpha} - L_{s\sigma}\frac{\mathrm{d}i_{s\alpha}}{\mathrm{d}t}\right)\mathrm{d}t \\ \psi_{g\beta} &= \int e_{g\beta}\mathrm{d}t = \int\left(u_{s\beta} - R_s i_{s\beta} - L_{s\sigma}\frac{\mathrm{d}i_{s\beta}}{\mathrm{d}t}\right)\mathrm{d}t\end{aligned}\right\} \tag{6-25}$$

由式（6-26）和式（6-27）便可得到气隙磁链的幅值及空间位置角为

$$\psi_g = \sqrt{\psi_{g\alpha}^2 + \psi_{g\beta}^2} \tag{6-26}$$

$$\theta = \arctan \frac{\psi_{g\alpha}}{\psi_{g\beta}} \tag{6-27}$$

δ 的求解是将 $\psi_{g\alpha}$ 和 $\psi_{g\beta}$ 按矢量变换原理，转换为 ψ_{gd} 和 ψ_{gq} 后，由式（6-28）求得。

$$\delta = \arctan \frac{\psi_{gd}}{\psi_{gq}} \tag{6-28}$$

由于同步电动机的电压模型方法是基于气隙电动势积分，而随转速降低，电动势幅值减小，误差加大，故只能适用于中高速 $\omega > 5\% \sim 10\%$。

6.3.3.2　基于电流模型的方法

可控励磁同步电动机在 dq 坐标系下的等效电路如图 6-9 所示。

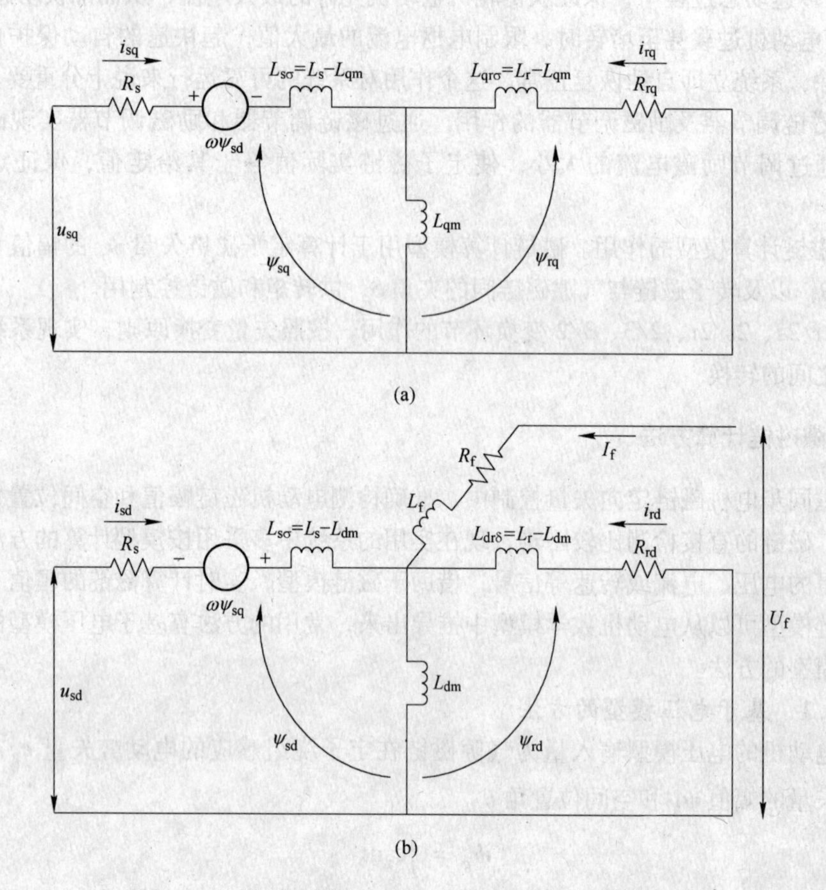

图 6-9　可控励磁同步电动机在 dq 坐标系下的等效电路图

（a）d 轴等效电路图；（b）q 轴等效电路图

根据坐标变换原理，可求得 dq 坐标系下的定子电流 i_{sd}、i_{sq} 为

$$\begin{bmatrix} i_\alpha \\ i_\beta \end{bmatrix} = \sqrt{\frac{2}{3}} \begin{bmatrix} 1 & -\frac{1}{2} & -\frac{1}{2} \\ 0 & \frac{\sqrt{3}}{2} & -\frac{\sqrt{3}}{2} \end{bmatrix} \begin{bmatrix} i_A \\ i_B \\ i_C \end{bmatrix} \tag{6-29}$$

$$\begin{bmatrix} i_{sd} \\ i_{sq} \end{bmatrix} = \begin{bmatrix} \cos\lambda & \sin\lambda \\ -\sin\lambda & \cos\lambda \end{bmatrix} \begin{bmatrix} i_{\alpha} \\ i_{\beta} \end{bmatrix} \tag{6-30}$$

式中，λ 通过编码器测得转子位置而计算得到。

按照图 6－9，可得到 dq 坐标系下的气隙磁链表达式为

$$\left.\begin{aligned} \psi_{gd} &= L_{dm}(I_f + i_{sd}) \frac{(R_{rd} + sL_{qr\sigma})}{R_{rd} + (sL_{dr\sigma} + L_{dm})} \\ \psi_{gq} &= L_{qm} i_{sq} L_{r\sigma} \frac{(R_{rq} + sL_{qr\sigma})}{R_{rq} + (sL_{qr\sigma} + L_{qm})} \end{aligned}\right\} \tag{6-31}$$

式中 L_{dm}——d 轴定子与转子间的互感；

L_{qm}——q 轴定子与转子间的互感；

$L_{r\sigma}$——阻尼绕组全电感；

$L_{dr\sigma}$——等效阻尼绕组 d 轴自感；

$L_{qr\sigma}$——等效阻尼绕组 q 轴自感。

按坐标变换原理，可得到气隙磁链在 $\alpha\beta$ 轴的值 ψ_{α} 和 ψ_{β}，再按照式（6－26）和式（6－27）便可得到气隙磁链的幅值及空间位置角 ψ_g 和 θ，而 δ 可按式（6－28）算出。

由式（6－31）可知，同步电动机电流模型因使用电动机参数较多，受参数变化的影响大，精度不如电压模型，但由于它与定子电压无关，不论转速高低都能正常工作，故适合于 $\omega<5\%\sim10\%$ 的工况。

6.3.3.3 电压电流切换模型

在实际系统中，电压模型和电流模型两种都用，在 $\omega>10\%$ 时按电压模型工作，在 $\omega<5\%$ 时按电流模型工作，$5\%<\omega<10\%$ 区间则是两种模型的过渡区间。电压电流切换模型如图 6－10 所示。

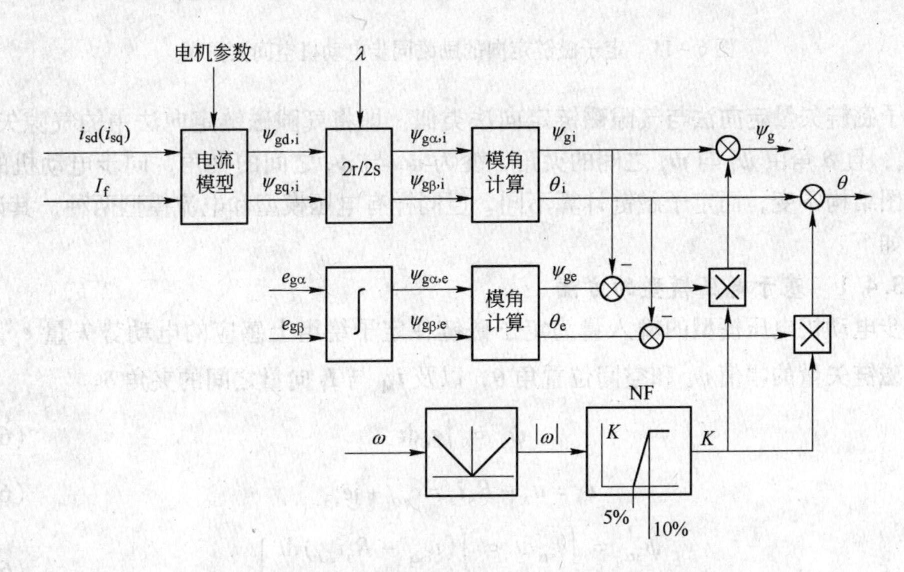

图 6－10 电压电流切换模型的气隙磁链计算模型

电压电流切换模型的输出 ψ_g 和 θ 为

$$\psi_{g}=\psi_{gi}+K(\psi_{ge}-\psi_{gi}) \tag{6-32}$$

$$\theta=\theta_{i}+K(\theta_{e}-\theta_{i}) \tag{6-33}$$

信号 K 来自函数发生器 NF：若 $|\omega|<5\%$，$K=0$，$\psi_g=\psi_{gi}$，$\theta=\theta_i$，电流模型独立工作；若 $|\omega|>10\%$，$K=1$，$\psi_g=\psi_{ge}$，$\theta=\theta_e$，电压模型独立工作；$5\%<|\omega|<10\%$，$0<K<1$，ψ_g 在 ψ_{gi} 和 ψ_{ge} 之间，θ 在 θ_e 和 θ_i 之间平滑过渡。

注：图 6-10 中的定子电流、定子电压以及励磁电流均采用测量值。

6.3.4 定子磁链矢量控制方法

在实际工业系统中，由于凸极电动机磁路不对称，气隙磁化电流矢量与气隙磁链矢量不重合，采用气隙磁链定向方法会使励磁电流的计算比较复杂，控制误差较大，而且气隙磁链的估算精度也会受磁路饱和的影响，后续的补偿处理很繁琐。而定子磁化电流矢量与定子磁链矢量不会因磁路不对称而产生不重合现象，励磁电流的计算相对简单，且定子磁链估算精度只受定子电阻变化的影响，因而实际生产中，目前已有多家公司采用定子磁链定向矢量控制方法。

按定子磁链定向的励磁同步电动机空间矢量图如图 6-11 所示。

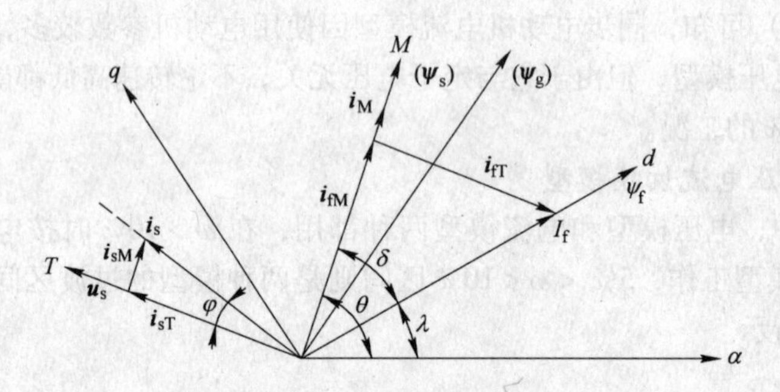

图 6-11 定子磁链定向的励磁同步电动机空间矢量图

定子磁链矢量定向法与气隙磁链定向法类似，即将气隙磁链定向法中的气隙矢量 $\boldsymbol{\psi}_g$ 换为 $\boldsymbol{\psi}_s$，且 δ 角由 $\boldsymbol{\psi}_f$ 与 $\boldsymbol{\psi}_g$ 之间的夹角，变为 $\boldsymbol{\psi}_f$ 与 $\boldsymbol{\psi}_s$ 之间的夹角，同步电动机的矢量控制框图结构不变，而定子磁链计算不同，但同样有电压模型和电流模型两种，其计算方法分述如下。

6.3.4.1 基于电压模型的方法

同步电动机电压模型的输入量为定子磁链在定子绕组上感应的电动势矢量 $\boldsymbol{e}_s$，输出为定子磁链矢量的幅值 ψ_s 和空间位置角 θ，以及 $\boldsymbol{i}_M$ 与 $\boldsymbol{I}_f$ 向量之间的夹角 δ。

$$\boldsymbol{\psi}_s=\int\boldsymbol{e}_s\mathrm{d}t \tag{6-34}$$

$$\boldsymbol{e}_s=\boldsymbol{u}_s-R_s\boldsymbol{i}_s=e_{s\alpha}+\mathrm{j}e_{s\beta} \tag{6-35}$$

$$\left.\begin{aligned}\psi_{s\alpha}&=\int e_{s\alpha}\mathrm{d}t=\int(u_{s\alpha}-R_si_{s\alpha})\mathrm{d}t\\ \psi_{s\beta}&=\int e_{s\beta}\mathrm{d}t=\int(u_{s\beta}-R_si_{s\beta})\mathrm{d}t\end{aligned}\right\} \tag{6-36}$$

由式（6-36）可以看出，定子磁链的电压计算模型比气隙磁链的电压计算模型少了一个漏磁项，从而避免了漏磁饱和问题。

把$\psi_{s\alpha}$，$\psi_{s\beta}$转换成ψ_{sd}、ψ_{sq}后，按式（6-37）~式（6-39）便可得到定子磁链的幅值ψ_s、i_M与I_f向量之间的夹角δ及定子磁链空间位置角θ为

$$\psi_s=\sqrt{\psi_{sd}^2+\psi_{sq}^2} \tag{6-37}$$

$$\delta=\arctan\frac{\psi_{sq}}{\psi_{sd}} \tag{6-38}$$

$$\theta=\lambda+\delta \tag{6-39}$$

6.3.4.2 基于电流模型的方法

按照图6-9，可以得到dq坐标系下的定子磁链表达式为

$$\left.\begin{aligned}\psi_{sd}&=L_{s\sigma}i_{sd}+L_{dm}(I_f+i_{sd})\frac{(R_{rd}+sL_{r\sigma d})}{R_{rd}+(sL_{r\sigma d}+L_{dm})}\\ \psi_{sq}&=L_{s\sigma}i_{sq}+L_{qm}i_{sq}L_{r\sigma}\frac{(R_{rq}+sL_{r\sigma q})}{R_{rq}+(sL_{r\sigma q}+L_{qm})}\end{aligned}\right\} \tag{6-40}$$

由式（6-40）可看出，等式右边第二项为气隙磁链在dq坐标系下的表达式。

再按照式（6-36）~式（6-38）便可求得定子磁链的幅值ψ_s、i_M与I_f向量之间的夹角δ及定子磁链空间位置角θ。

6.3.4.3 电压电流切换模型

与气隙磁链的切换模型相似，同样在$\omega>10\%$时按电压模型工作，在$\omega<5\%$时按电流模型工作，$5\%<\omega<10\%$区间是两种模型的过渡区间。得到的定子磁链的电压电流切换模型如图6-12所示。

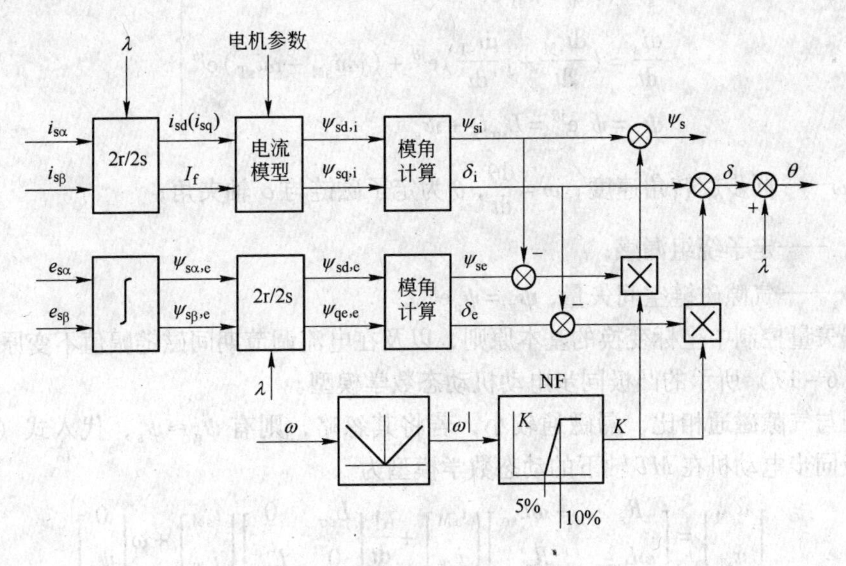

图6-12 电压电流切换模型的定子磁链计算模型

切换模型的输出ψ_s和δ为

$$\psi_s=\psi_{si}+K(\psi_{se}-\psi_{si}) \tag{6-41}$$

$$\delta=\delta_i+K(\delta_e-\delta_i) \tag{6-42}$$

信号 K 来自函数发生器 NF：若 $|\omega|<5\%$，$K=0$，$\psi_s=\psi_{si}$，$\delta=\delta_i$，电流模型独立工作；若 $|\omega|>10\%$，$K=1$，$\psi_s=\psi_{se}$，$\delta=\delta_e$，电压模型独立工作；$5\%<|\omega|<10\%$，$0<K<1$，ψ_s 在 ψ_{si} 和 ψ_{se} 之间，δ 在 δ_e 和 δ_i 之间平滑过渡。

6.4　凸极励磁同步电动机控制系统

逆变回路控制系统的主要功能是控制电动机的转矩和转速，可逆式轧机主传动属于大功率应用场合，根据工艺要求，选择适用于中低速大功率的凸极励磁同步电动机驱动轧机。凸极电动机磁路不对称会导致气隙磁化电流矢量与气隙磁链矢量不重合，进而使励磁电流的计算比较复杂，控制误差较大，而且气隙磁链的估算精度会受磁路饱和的影响，后续的补偿处理很繁琐，但定子磁化电流矢量与定子磁链矢量不会因磁路不对称而产生不重合现象，励磁电流的计算相对简单，且定子磁链估算精度只受定子电阻变化的影响，因而采用定子磁链矢量控制方法可实现凸极同步电动机更精准控制。

6.4.1　凸极励磁同步电动机模型

由 6.3 节可得到凸极同步电动机在 ABC 三相静止坐标系下的定子电压方程，再由按定子磁链定向的空间矢量图 6－11，可定义定子电压、定子电流及定子磁链空间合成矢量为

$$\left.\begin{aligned}
\boldsymbol{u}_s &= (u_{sM}+\mathrm{j}u_{sT})\mathrm{e}^{\mathrm{j}\theta}\\
\boldsymbol{i}_s &= (i_{sM}+\mathrm{j}i_{sT})\mathrm{e}^{\mathrm{j}\theta}\\
\frac{\mathrm{d}\boldsymbol{i}_s}{\mathrm{d}t} &= \left(\frac{\mathrm{d}i_{sM}}{\mathrm{d}t}+\mathrm{j}\frac{\mathrm{d}i_{sT}}{\mathrm{d}t}\right)\mathrm{e}^{\mathrm{j}\theta}+(\mathrm{j}\omega i_{sM}-\omega i_{sT})\mathrm{e}^{\mathrm{j}\theta}\\
\boldsymbol{\psi}_s &= \psi_s\mathrm{e}^{\mathrm{j}\theta}=L_{s\sigma}\boldsymbol{i}_s+\boldsymbol{\psi}_g
\end{aligned}\right\} \tag{6-43}$$

式中　ω——同步旋转角速度，$\omega=\frac{\mathrm{d}\theta}{\mathrm{d}t}$，$\theta$ 为定子磁链与 α 轴夹角；

$L_{s\sigma}$——定子绕组漏感；

$\boldsymbol{\psi}_g$——气隙磁链空间矢量，$\boldsymbol{\psi}_g=\psi_g\mathrm{e}^{\mathrm{j}\theta}$。

根据矢量控制中坐标变换的基本原则，以及在电流调节期间磁链幅值不变原理，可得到如式（6－17）所示的凸极同步电动机动态数学模型。

又因与气隙磁通相比，漏磁通较小，若将其忽略，则有 $\psi_g\approx\psi_s$，代入式（6－17），得到凸极同步电动机在 MT 轴下的动态数学模型为

$$\begin{bmatrix}u_{sM}\\u_{sT}\end{bmatrix}=\begin{bmatrix}R_s & -\omega L_{s\sigma}\\ \omega L_{s\sigma} & R_s\end{bmatrix}\begin{bmatrix}i_{sM}\\i_{sT}\end{bmatrix}+\frac{\mathrm{d}}{\mathrm{d}t}\begin{bmatrix}L_{s\sigma} & 0\\0 & L_{s\sigma}\end{bmatrix}\begin{bmatrix}i_{sM}\\i_{sT}\end{bmatrix}+\omega\begin{bmatrix}0\\ \psi_s\end{bmatrix} \tag{6-44}$$

电磁转矩表达式为

$$T_e=p\psi_s i_{sT} \tag{6-45}$$

电动机运动方程为

$$\frac{\mathrm{d}\omega}{\mathrm{d}t}=\frac{p}{J}(T_e-T_L) \tag{6-46}$$

6.4.2 凸极励磁同步电动机的转矩、电流控制

6.4.2.1 转矩控制

与气隙磁链定向的同步电动机矢量控制系统类似，在保证定子磁链恒定的条件下，电动机转矩与定子电流转矩分量成正比，因而可通过定子电流转矩分量的大小来控制电动机转矩，同样给定值 i_{sT}^* 可以根据来自转速调节器（ASR）输出的转矩期望值 T_e^* 算出：

$$i_{sT}^* = \frac{T_e^*}{p\psi_s} \tag{6-47}$$

6.4.2.2 定子磁链及励磁电流的控制

在轧机主传动控制系统中，通常希望在稳态运行时，电动机工作于单位功率因数，即在稳态情况下，存在如下关系：

$$I_f = \frac{i_M}{\cos\delta} \tag{6-48}$$

式中，δ 是 i_M 与 I_f 向量之间的夹角，即定子磁链与转子磁链的夹角。这个等式决定了励磁电流给定值 I_f^*，而定子电流磁化分量给定值 i_{sM}^* 由下式确定：

$$i_{sM}^* = i_M^* - I_f\cos\delta \tag{6-49}$$

同样，在暂态情况下，电动机的功率因数将会偏离单位值 1。

综上可得到如图 6-13 所示的凸极同步电动机矢量控制框图。

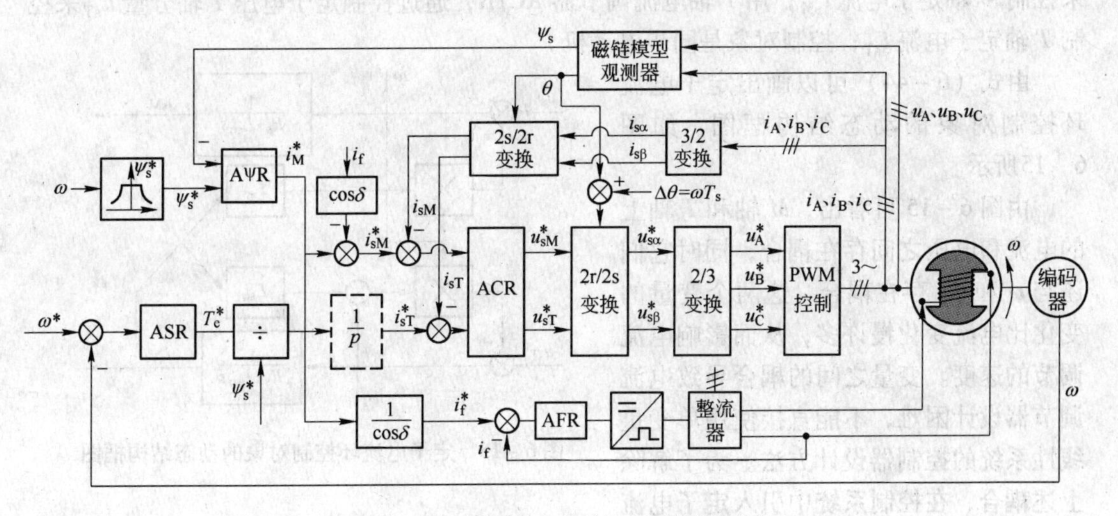

图 6-13 凸极同步电动机矢量控制框图

6.4.3 系统控制器的设计

6.4.3.1 定子电流控制器设计

A 前馈补偿解耦

三相交流电流控制块 ACC 用于控制实际的定子电流矢量 $\boldsymbol{i}_s$，以使其等于给定矢量 $\boldsymbol{i}_s^*$，整个 ACC 由两个电流环组成，ACMR 和 ACTR 分别是这两个环的电流调节器，它们的给

定分别是定子电流空间合成矢量 $\boldsymbol{i}_s^*$ 在 *MT* 坐标系的两个直流分量 i_{sT}^* 和 i_{sM}^*，反馈量是 i_{sT} 和 i_{sM}，输出是定子电压空间合成矢量给定 $\boldsymbol{u}_s^*$ 在 *MT* 轴的分量 u_{sT}^* 和 u_{sM}^*，经坐标变换得到定子电压空间合成矢量给定 $\boldsymbol{u}_s^*$，作为 PWM 输入。控制系统中的变量为相对值，在忽略 PWM 滞后的情况下，逆变器输出实际电压矢量 $\boldsymbol{u}_s$ 等于其给定矢量 $\boldsymbol{u}_s^*$。

凸极同步电动机 ACC 控制框图如图 6－14 所示。

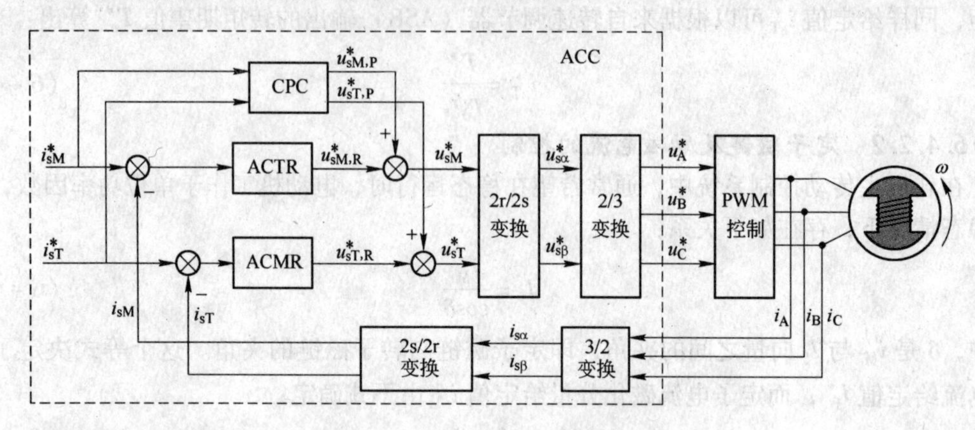

图 6－14　凸极同步电动机 ACC 控制框图

ACC 的设计思想是：用 *M* 轴的电流调节器 ACMR，通过控制定子电压 *M* 轴分量 u_{sM} 来控制 *M* 轴定子电流 i_{sM}；用 *T* 轴电流调节器 ACTR，通过控制定子电压 *T* 轴分量 u_{sT} 来控制 *T* 轴定子电流 i_{sT}；控制对象是同步电动机。

由式（6－44）可以画出定子电流环控制对象的动态结构框图，如图 6－15所示。

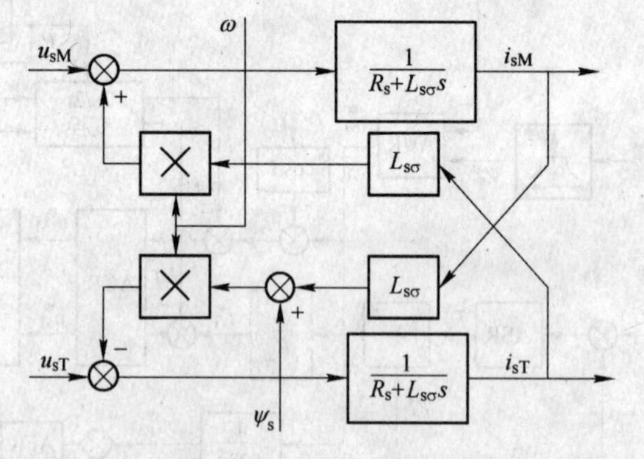

图 6－15　定子电流环控制对象的动态结构框图

由图 6－15 可看出，*M* 轴和 *T* 轴上的电流和电压之间存在耦合，同时它们还与 ω 和 ψ_s 存在耦合，这两个变量的变化比电流变化慢许多，从而影响电流调节的速度。变量之间的耦合导致电流调节器设计困难，不能直接使用单变量线性系统的控制器设计方法。为了解除上述耦合，在控制系统中引入定子电流前馈补偿环节 CPC，如图 6－14 所示，这样定子电压给定 u_{sM}^*（u_{sT}^*）由预控输出 $u_{sM,P}^*$（$u_{sT,P}^*$）和电流调节器输出 $u_{sM,R}^*$（$u_{sT,R}^*$）两部分组成，即

$$\left.\begin{aligned} u_{sT}^* &= u_{sT,P}^* + u_{sT,R}^* \\ u_{sM}^* &= u_{sM,P}^* + u_{sM,R}^* \end{aligned}\right\} \tag{6-50}$$

与整流回路相同，由于电流实际值信号 i_{sM} 和 i_{sT} 含有较大脉动成分，故在实际系统中，CPC 的计算用给定量 i_{sT}^* 和 i_{sM}^*、ψ_s^* 来代替实际值。另外，在式（6－44）中，有定子电阻项，而它易受温度变化的影响，故将其放入预控环节，令预控输出电压为

$$\left.\begin{aligned} u_{sM,P}^{*} &= R_s i_{sM}^{*} - \omega L_{s\sigma} i_{sT}^{*} \\ u_{sT,P}^{*} &= R_s i_{sT}^{*} + \omega L_{s\sigma} i_{sM}^{*} + \omega \psi_s^{*} \end{aligned}\right\} \tag{6-51}$$

电流环 CPC 结构框图如图 6－16所示。

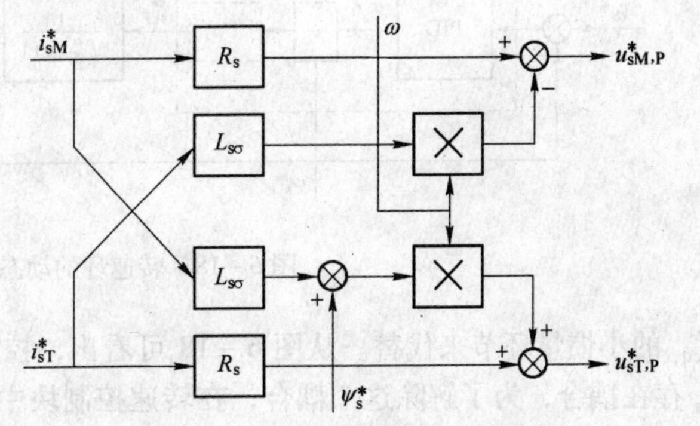

图 6－16 电流环 CPC 结构框图

B 电流调节器设计

忽略 PWM 的滞后，认为定子电压实际值近似等于其给定值，即

$$\left.\begin{aligned} u_{sM} &= u_{sM}^{*} \\ u_{sT} &= u_{sT}^{*} \end{aligned}\right\} \tag{6-52}$$

把式（6－50）～式（6－52）代入式（6－44），得

$$\left.\begin{aligned} u_{sM} &= L_{s\sigma} \frac{\mathrm{d}i_{sM}}{\mathrm{d}t} \\ u_{sT} &= L_{s\sigma} \frac{\mathrm{d}i_{sT}}{\mathrm{d}t} \end{aligned}\right\} \tag{6-53}$$

由式（6－53）可知，对电流调节器而言，控制对象是无耦合的积分环节。由于定子电流的变化速度快，滞后小，并希望实现无静差，故采用常规 PI 控制方法设计电流环控制器。

若忽略采样保持环节和 PWM 控制环节的延迟时间，可得到定子电流环的动态结构框图如图 6－17 所示。

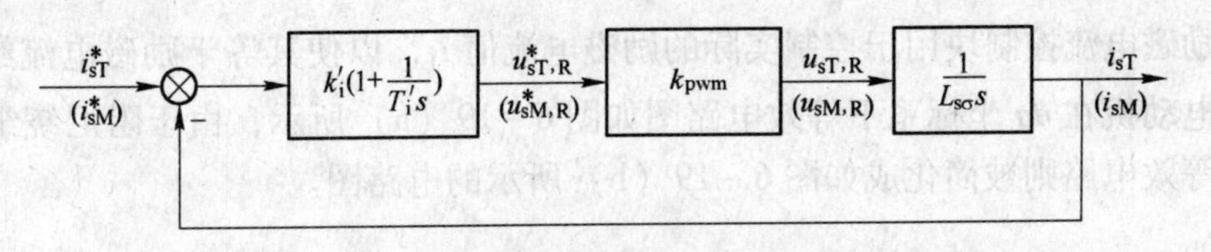

图 6－17 定子电流环的动态结构框图

在电流环中除调节器外，只有一个时间常数为 $L_{s\sigma}$ 的积分环节，是典型二阶控制系统，这样参照整流回路电流环调节器参数计算方法设置电流调节器 ACTR 和 ACMR 的 PI 参数，可获得良好的动态性能。

6.4.3.2 转速控制器设计

转速控制环是主传动调速系统的外环，转速块的输入是转速给定与实际值的差（$\omega^* - \omega$），输出是转矩电流给定 i_{sT}^*，转速环控制对象的输入是转矩电流实际值 i_{sT}，输出是转速实际值 ω。

在主传动逆变回路，被控量电动机速度是一个过程量，其变化比电流慢得多，时间常数和滞后也较大，故采用 PID 控制方法来设计速度调节器，以得到满意的动态性能。转速环的动态结构框图如图 6－18 所示（由于 $1/p$ 为常数，通常不画出，故用虚框表示）。

在转速环的动态结构框图中，与整流器类似，整个电流环也用一个等效时间常数

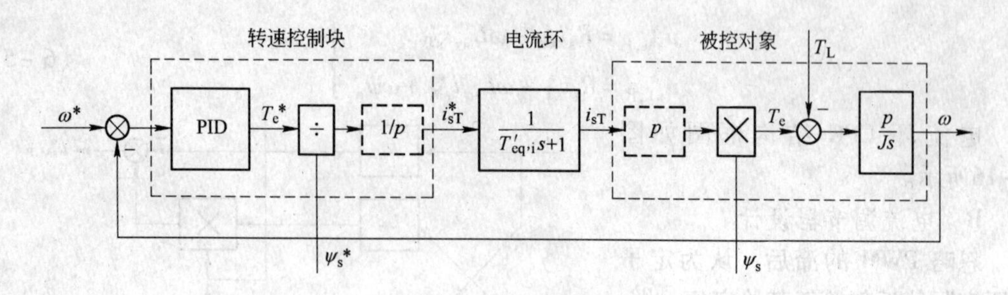

图 6 - 18　转速环的动态结构框图

$T'_{eq,i}$的小惯量环节来代替。从图 6 - 18 可看出，控制对象中的乘法器使得转速 ω 与磁链 ψ_s 存在耦合，为了解除这个耦合，在转速控制块中除了转速控制器 PID 外，又增加了一个除以 ψ_s 的除法器，这样安排后，ASR 的输出是转矩给定 T_e^*，除法器的输出才是转矩电流给定值 i_{sT}^*。图 6 - 18 中的乘法和除法作用相互抵消，耦合解除。

设 PID 控制器的传递函数为

$$G_{PID} = k_{ps} + \frac{k_{is}}{s} + k_{ds}s \tag{6-54}$$

则从转矩给定到实际转矩输出的传递函数为

$$G(s) = \frac{p(k_{ps}s^2 + k_{is}s + k_{ds}s)}{(T'_{eqi}s+1)Js^2} \tag{6-55}$$

从式（6 - 55）可知，速度环是一个三阶控制系统，可按“典型系统的工程设计方法”来选取参数，在此不再详述。

6.4.3.3　励磁电流控制器设计

直流励磁电流控制块用于控制实际的励磁电流值 I_f，以使其等于励磁电流给定值 I_f^*。凸极同步电动机在 dq 坐标系下等效电路图如图 6 - 19（a）所示，由于阻尼绕组 R_r 很小，忽略它后等效电路则被简化成如图 6 - 19（b）所示的电路图。

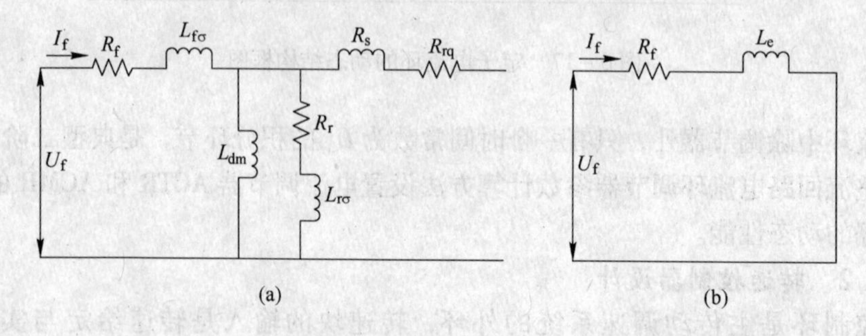

图 6 - 19　凸极同步电动机 dq 坐标系下等效及简化电路图

（a）等效电路图；（b）简化电路图

等效电感为

$$L_e = L_{f\sigma} + \frac{L_{dm}L_{r\sigma}}{L_{dm}+L_{r\sigma}} \tag{6-56}$$

式中　L_{dm}——d 轴主电感；

$L_{f\sigma}$——转子励磁绕组；

$L_{r\sigma}$——d 轴阻尼绕组漏感。

等效转子电压方程为

$$U_f = R_f I_f + L_e I_f \tag{6-57}$$

由于转子电阻易受温度变化的影响，所以将 $R_f I_f$ 项作为前馈补偿，此时，励磁电流控制块的结构框图如图 6-20 所示。

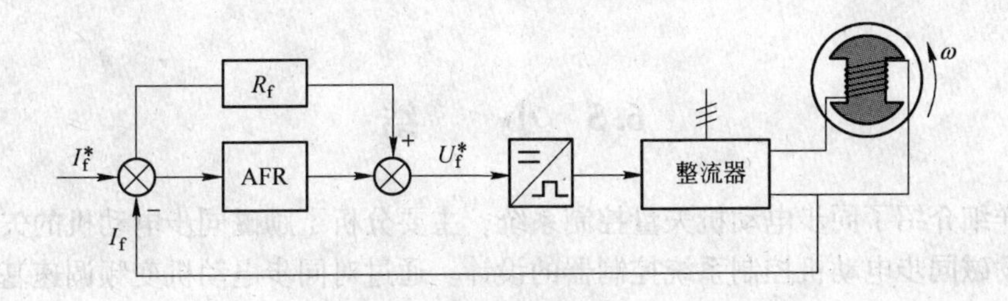

图 6-20 励磁电流控制块结构框图

励磁电流环动态结构框图如图 6-21 所示。

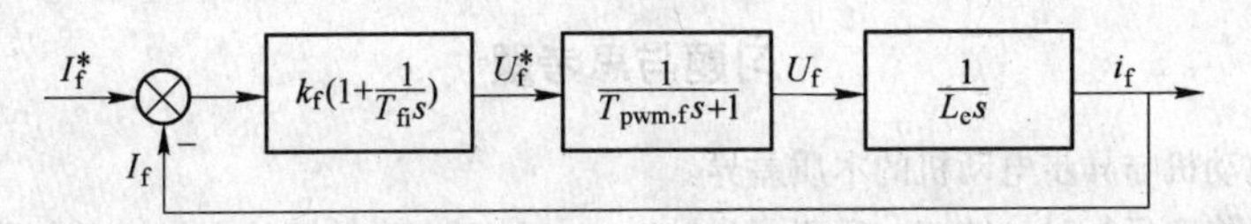

图 6-21 励磁电流环动态结构框图

图 6-21 中，励磁绕组是时间常数为 L_e 的积分环节，整流器是时间常数为 $T_{pwm,f}$（$T_{pwm,f}$为励磁电流环采样和可控整流的滞后及环中所有滤波时间常数之和）的小惯性环节，控制器选用 PI 控制器，其参数按“典型系统的工程设计方法”进行选取。

6.4.3.4 磁链控制器设计

对于磁链控制环，本书只介绍恒转矩工作区的磁链控制方法。

磁链控制块用以产生磁化电流给定信号 i_M^* 并维持磁通恒定，通过励磁电流环的磁链控制器去控制电动机磁链，其主要作用是消除磁链静态误差。

受转子中阻尼绕组的阻尼作用影响，磁链比磁场电流滞后：

$$\psi_s = \frac{L_M}{T_r s + 1} i_M^* \tag{6-58}$$

式中 L_M——M 轴等效主电感；

T_r——阻尼时间常数。

在磁链环中，磁链控制块的输入是磁链的给定值与实际值的偏差（$\psi_s^* - \psi_s$），输出为励磁电流给定值 I_f^*，励磁电流环等效为一个时间常数为 $T_{eq,f}$的一阶惯性环节（等效方法参考整流回路），被控对象的输入为励磁电流的实际值 I_f，输出为定子磁链实际值 ψ_s，磁链环的动态框图如图 6-22 所示。

从给定到实际值，磁链环为一个三阶控制系统，可按“典型系统的工程设计方法”选取控制器参数。

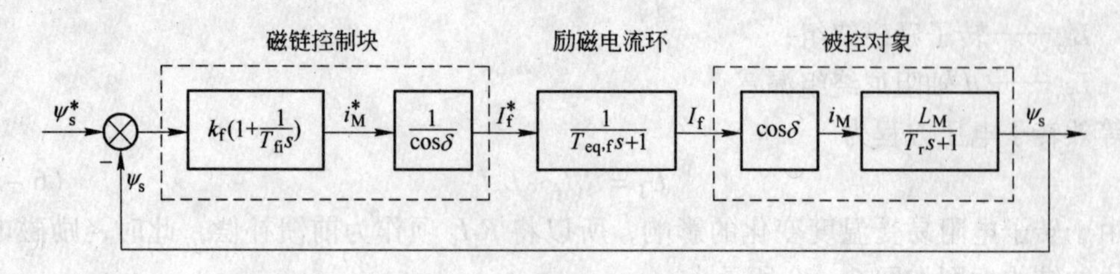

图 6-22 磁链环动态结构图

6.5 小 结

本章详细介绍了同步电动机矢量控制系统，主要分析了励磁同步电动机的矢量控制方法和凸极励磁同步电动机控制系统控制器的设计。通过对同步电动机变频调速基本原理的介绍，推导出励磁同步电动机的数学模型，并设计出转速、转矩、磁链和励磁电流的控制回路。通过工程中的近似处理，得出基于电压模型和电流模型的磁链模型，从而实现对凸极励磁同步电动机的转速、转矩和电流的控制。

习题与思考题

6-1 比较同步电动机与异步电动机的本质差异。

6-2 同步电动机稳定运行时，转速 n 等于同步转速 n_1，这时电磁转矩的变化体现在哪里？

6-3 励磁同步电动机的功率因数是否可调，如何调？

6-4 从非线性、强耦合、多变量的基本特征出发，比较同步电动机和异步电动机的动态数学模型。

6-5 试述同步电动机按气隙磁链定向和按转子磁链定向的矢量控制系统的工作原理，并与异步电动机矢量控制系统作比较。

6-6 从电压频率协调控制而言，同步电动机的调速与异步电动机的调速有何差异？

参考文献

[1] 佟纯厚．近代交流调速［M］．2 版．北京：冶金工业出版社，1995.
[2] 彭鸿才．电机原理及拖动［M］．2 版．北京：机械工业出版社，2010.
[3] 阮毅，陈伯时．电力拖动自动控制系统——运动控制系统［M］．4 版．北京：机械工业出版社，2010.
[4] 刘建昌．自动控制系统［M］．2 版．北京：冶金工业出版社，2001.
[5] 吴守箴，臧英杰．电气传动的脉宽调制控制技术［M］．2 版．北京：机械工业出版社，2002.
[6] 马小亮．高性能变频调速及其典型控制系统［M］．北京：机械工业出版社，2011.
[7] Bin WU. 大功率变频器及交流传动［M］．北京：机械工业出版社，2007.
[8] 汤蕴璆，张奕黄，范瑜．交流电机动态分析［M］．北京：机械工业出版社，2005.
[9] 满永奎，韩安荣．通用变频器及其应用［M］．3 版．北京：机械工业出版社，2012.
[10] Bose B K. 现代电力电子学与交流传动［M］．王聪等译．北京：机械工业出版社，2005.
[11] 李华德．电力拖动控制系统［M］．北京：机械工业出版社，2006.
[12] 胡崇岳．现代交流调速技术［M］．北京：机械工业出版社，1998.

冶金工业出版社部分图书推荐